29012

Expérimentez et vous croirez !

52 LIVRAISONS
par la poste
12 francs.

UNE LIVRAISON
par la poste
75 centimes.

REVUE

CONTEMPORAINE

DES SCIENCES OCCULTES ET NATURELLES

CONSACRÉE

A L'ÉTUDE ET A LA PROPAGATION DE LA DOCTRINE MAGNÉTIQUE APPLIQUÉE A LA
THÉRAPEUTIQUE , A LA DÉMONSTRATION DE L'IMMORTALITÉ DE L'AME ET AU
DÉVELOPPEMENT DE NOS FACULTÉS NATURELLES , A LA RÉFUTATION
DE CERTAINES CROYANCES ET DE CERTAINS PRÉJUGÉS POPULAIRES,
A LA CONSÉCRATION DU PRINCIPE DE LA SOLIDARITÉ
UNIVERSELLE , ETC.

Psycologie et physiologie de la vie universelle

PUBLIÉE AVEC L'APPROBATION OU LE CONCOURS

de plusieurs docteurs en médecine, avocats, théologiens , savants, littérateurs , magnétiseurs,
médiums, et de simples croyants, etc., etc.

Par MANLIUS SALLES

Cartomancie — Nécromancie — Chiromancie — et autres sciences mystérieuses
dévoilées par la pratique du magnétisme.

1er VOLUME. — 1re LIVRAISON

PRIX : 50 CENTIMES.

A PARIS

Au comptoir de la librairie de province, rue Jacob , 50 , et dans les librairies de

L. HACHETTE, rue Pierre-Sarrasin, 14.
J.-B. BAILLIÈRE, rue Hautefeuille.
E. DENTU, Palais-Royal , galerie d'Orléans.
GARNIER frères , Palais-Royal et rue des
Saints-Pères.

Michel LÉVY frères , rue Vivienne.
LIBRAIRIE NOUVELLE, boul. des Italiens, 15.
A. ARNAULT DE VRESSE, rue Rivoli, 55.
G. BARBA, rue de Seine.
PAGNÈRE, rue de Seine-Saint-Germain.

A NIMES

Au bureau de la *Revue*, boulevart de la Madeleine, chez MANLIUS SALLES,
libraire , éditeur du journal le *Glaneur du Gard*.

CONDITIONS DE LA SOUSCRIPTION

à la Revue des Sciences occultes et naturelles.

Cette *Revue* paraîtra à la librairie Manlius Salles, à Nîmes, par livraison de 16 pages in-8°, y compris la couverture imprimée, sur beau papier satiné, au prix de soixante-quinze centimes la livraison.

Prix de la souscription : pour la France, 12 fr. ; pour l'étranger, la taxe en sus.

On souscrit en envoyant un mandat de 12 fr. sur la poste à l'ordre du directeur du journal, à Nîmes, boulevart de la Madeleine ; par l'intermédiaire de tous les libraires, directeurs de poste ou de messageries de la France et de l'étranger, on en envoyant 12 fr. en timbres-poste par lettre affranchie. (Écrire lisiblement l'adresse.)

Nota. Nous prions ceux de nos collègues qui recevront ce prospectus, d'être assez obligeants pour le publier, le commenter ou le mentionner dans quelques-uns de leurs prochains numéros ; nous leur offrons, en échange, et par réciprocité, nos colonnes et celles du *Glaneur du Gard*, publié à Nîmes, ainsi que nos sincères remerciments.

MANLIUS SALLES,

Libraire, boulevart de la Madeleine, à Nîmes. propriétaire
du *Glaneur du Gard*, éditeur et co-rédacteur de la
Revue des Sciences occultes et naturelles.

SOMMAIRE.

Nîmes, typ. Baldy, rue Sainte-Ursule.

Expérimentez et vous croirez !

154

52 LIVRAISONS
par la poste
12 francs.

REVUE

UNE LIVRAISON
par la poste
75 centimes.

CONTEMPORAINE

DES SCIENCES OCCULTES ET NATURELLES

CONSACRÉE

À L'ÉTUDE ET À LA PROPAGATION DE LA DOCTRINE MAGNÉTIQUE APPLIQUÉE A LA
THÉRAPEUTIQUE, À LA DÉMONSTRATION DE L'IMMORTALITÉ DE L'AME ET AU
DÉVELOPPEMENT DE NOS FACULTÉS NATURELLES, A LA RÉFUTATION
DE CERTAINES CROYANCES ET DE CERTAINS PRÉJUGÉS POPULAIRES,
A LA CONSÉCRATION DU PRINCIPE DE LA SOLIDARITÉ
UNIVERSELLE, ETC.

Psychologie et physiologie de la vie universelle

PUBLIÉE AVEC L'APPROBATION OU LE CONCOURS

de plusieurs docteurs en médecine, avocats, théologiens, savants, littérateurs, magnétiseurs,
médiums, et de simples croyants, etc, etc.

Par MANLIUS SALLES

Membre correspondant de la Société du Mesmérisme de Paris.

Cartomancie — Nécromancie — Chiromancie — et autres sciences mystérieuses
dévoilées par la pratique du magnétisme.

1er VOLUME. — 2me ET 3me LIVRAISON

PRIX : 1 FRANC.

A PARIS

Au comptoir de la librairie de province, rue Jacob, 50, et dans les librairies de.

L. HACHETTE, rue Pierre-Sarrasin, 14.
J.-B. BAILLIÈRE, rue Hautefeuille
E. DENTU, Palais-Royal, galerie d'Orléans.
GARNIER frères, Palais-Royal et rue des
Saints-Pères.

Michel LÉVY frères, rue Vivienne.
LIBRAIRIE NOUVELLE, boul. des Italiens, 15.
A. ARNAULT DE VRESSE, rue Rivoli, 55.
G. BARBA, rue de Seine.
PAGNÈRE, rue de Seine-Saint-Germain.

A NIMES

Au bureau de la *Revue*, boulevart de la Madeleine, chez MANLIUS SALLES,
libraire, éditeur du journal le *Glaneur du Gard*.

CONDITIONS DE LA SOUSCRIPTION
à la Revue des Sciences occultes et naturelles.

Cette *Revue* paraîtra à la librairie Manlius Salles, à Nimes, par livraison de 16 pages in-8°, couverture imprimée, sur beau papier satiné, au prix de soixante-quinze centimes la livraison.

Prix de la souscription : pour la France, 12 fr. ; pour l'étranger, la taxe en sus.

On souscrit en envoyant un mandat de 12 fr. sur la poste à l'ordre du directeur du journal, à Nimes, boulevart de la Madeleine ; par l'intermédiaire de tous les libraires, directeurs de poste ou de messageries de la France et de l'étranger ; ou en envoyant 12 fr. en timbres poste par lettre affranchie. (Ecrire lisiblement l'adresse.)

Nota. Nous prions ceux de nos collègues qui recevront cette livraison, d'être assez obligeants pour la citer, la commenter ou la mentionner dans quelques-uns de leurs prochains numéros ; nous leur offrons, en échange, ainsi que nos sincères remerciments, nos colonnes et celles du *Glaneur du Gard*, publié à Nimes.

MANLIUS SALLES,

Libraire, boulevart de la Madeleine, à Nimes, propriétaire
du *Glaneur du Gard*, éditeur et co-rédacteur de la
Revue des Sciences occultes et naturelles.

SOMMAIRE.

Nimes, typ. Baldy, rue Sainte-Ursule.

JOURNAL DU MAGNÉTISME

Publié par une société de magnétiseurs et de médecins, sous la direction de M. le baron DU POTET, président du jury magnétique,

Paraissant le 10 et le 25 de chaque mois, en livraisons de 32 pages.

Paris. . . . . . Un an, 10 fr. ; six mois, 6 fr. ; trois mois, 3 fr.
Départements   »   12   »   6   »   3
Etranger. . .   »   14   »   7   »   4

A Paris, rue de Beaujolais, Palais-Royal, 5.

Expérimentez et vous croirez !

52 LIVRAISONS
par la poste
12 francs.

UNE LIVRAISON
par la poste
75 centimes.

REVUE

CONTEMPORAINE

DES SCIENCES OCCULTES ET NATURELLES

CONSACRÉE

À L'ÉTUDE ET À LA PROPAGATION DE LA DOCTRINE MAGNÉTIQUE APPLIQUÉE A LA
THÉRAPEUTIQUE , À LA DÉMONSTRATION DE L'IMMORTALITÉ DE L'AME ET AU
DÉVELOPPEMENT DE NOS FACULTÉS NATURELLES , À LA RÉFUTATION
DE CERTAINES CROYANCES ET DE CERTAINS PRÉJUGÉS POPULAIRES,
À LA CONSÉCRATION DU PRINCIPE DE LA SOLIDARITÉ
UNIVERSELLE , ETC.

Psychologie et physiologie de la vie universelle

PUBLIÉE AVEC L'APPROBATION OU LE CONCOURS

de plusieurs docteurs en médecine, avocats, théologiens, savants, littérateurs, magnétiseurs,
médiums, et de simples croyants, etc., etc.

Par MANLIUS SALLES

Membre correspondant de la Société du Mesmérisme de Paris.

Cartomancie — Nécromancie — Chiromancie — et autres sciences mystérieuses
dévoilées par la pratique du magnétisme.

1er VOLUME. — 4me ET 5me LIVRAISON

PRIX : 1 FRANC.

A PARIS

Au comptoir de la librairie de province, rue Jacob, 50, et dans les librairies de

L. HACHETTE, rue Pierre-Sarrasin, 14.
J.-B. BAILLIÈRE, rue Hautefeuille.
E. DENTU, Palais-Royal ; galerie d'Orléans.
GARNIER frères , Palais-Royal et rue des Saints-Pères.

Michel LÉVY frères , rue Vivienne.
LIBRAIRIE NOUVELLE, boul. des Italiens, 15.
A. ARNAULT DE VRESSE, rue Rivoli, 55.
G. BARBA, rue de Seine.
PAGNÈRE, rue de Seine-Saint-Germain.

A NIMES

Au bureau de la *Revue*, boulevart de la Madeleine, chez MANLIUS SALLES,
libraire , éditeur du journal le *Glaneur du Gard*.

*S'adresser actuellement à M. MANLIUS SALLES, place du Champ-de-Mars, 12,
à Valence (Drôme).*

CONDITIONS DE LA SOUSCRIPTION

à la Revue des Sciences occultes et naturelles.

Cette *Revue* paraîtra chez M. MANLIUS SALLES, à Nîmes, par livraison de 16 pages in-8°, couverture imprimée, sur beau papier satiné, au prix de soixante-quinze centimes la livraison rendue *franco* à domicile.

Prix de la souscription : pour la France, 12 fr. ; pour l'étranger, taxe en sus.

On souscrit en envoyant un mandat de 12 fr. sur la poste à l'ordre du directeur du journal, à Valence, place du Champ-de-Mars, 12 ; par l'intermédiaire de tous les libraires, directeurs de poste ou de messageries de France et de l'étranger, ou en envoyant 12 fr. en timbres-poste par lettre affranchie. (Écrire lisiblement l'adresse.)

Nota. Nous prions ceux de nos collègues qui recevront cette livraison d'être assez obligeants pour la citer, la commenter ou la mentionner dans quelques-uns de leurs prochains numéros ; nous leur offrons, en échange, ainsi que nos sincères remerciments, nos colonnes et celles du *Glaneur du Gard*, publié à Nîmes.

MANLIUS SALLES,
Actuellement à Valence (Drôme), place du Champ-de-Mars, 1
Libraire, boulevart de la Madeleine, à Nîmes; propriétaire du *Glaneur du Gard*, éditeur et co-rédacteur de la *Revue des Sciences occultes et naturelles.*

SOMMAIRE.

Nîmes, typ. Baldy, rue Sainte-Ursule.

JOURNAL DU MAGNÉTISME

Publié par une société de magnétiseurs et de médecins, sous la direction de M. le baron DU POTET, président du jury magnétique,

Paraissant le 10 et le 25 de chaque mois, en livraisons de 32 pages.

Paris. . . . . Un an, 10 fr.; six mois, 6 fr.; trois mois, 3 fr.
Départements   »   12   »   6   »   3
Etranger. . . .   »   14   »   7   »   4

A Paris, rue de Beaujolais, Palais-Royal, 5.

PROSPECTUS

Depuis très-longtemps nous nous sommes aperçu de la lacune que laissait, dans les rangs de la presse littéraire et scientifique de la province, l'absence d'un organe spécial pour les sciences naturelles et occultes.

La superstition, qui retient encore dans la torpeur la plus ridicule la majeure partie de la société, ne peut être sérieusement combattue et détruite que par la voie de la publicité; car elle aussi pénètre partout, et de bouche en bouche, ou de main en main, elle porte dans la conscience la plus éclairée, comme dans la plus obscure et la plus ignorante, la lumière de la vérité, quand elle est faite et dictée par les adeptes de cette fille de Dieu..

L'heure a sonné !... Le prestige de l'imposture ou de la superstition doit enfin être détrôné par la vérité. Le prestige, non pas tout à fait menteur, mais incompris et mal appliqué de toutes les fables que l'on débite sur le compte de tel ou tel ancien sorcier, doit enfin faire place à l'évidence la plus incontestable. Le règne de Satan, du petit et du grand Albert, ainsi que de leur *presque immortel* collègue le Vieillard des Pyramides, etc., est fini; il est remplacé par celui du vrai Tout-Puissant, et de la Vérité, son image fidèle !...

Telle chose que l'on a regardée jusqu'à ce jour comme extraordinaire ou surnaturelle, doit désormais rentrer dans le commun ordre des choses, et cette transformation, toute surprenante qu'elle puisse paraître, doit être considérée comme l'unique résultat de la connaissance que nous avons acquise de Dieu, de sa grandeur, et des rapports qu'il entretient avec ses créatures.

La solidarité qui existe entre tous les êtres et ce que nous sommes convenus d'appeler élément constituant l'univers, étant consacrée, reconnue et admise comme la base fondamentale du tourbillon vital ou émanation divine, dans lequel et par lequel nous avons de tout temps existé et existerons de toute éternité, il ne nous est plus ni impossible ni défendu, par les prétendues lois religieuses, de raisonner, d'expliquer, de démontrer même la véracité des faits les plus extraordinaires qui se sont produits depuis la création du monde...

La création même, qui de tout temps a été pour les savants et les philosophes le *nec plus ultra* des mystères, n'en est plus un aujourd'hui : les connaissances humaines n'ont plus pour limites la barrière réputée infranchissable de la trop grande antiquité.

C'est donc, nos chers lecteurs, dans l'espoir d'être utile à la société que nous avons créé cette feuille, très-faible organe, il est vrai, de la vérité que nous voulons répandre, mais organe qui grandira, nous osons l'espérer, en force et en influence au fur et à mesure que son utilité se fera reconnaître. Véritable foyer de lumière, non par la manière savante et scientifique avec laquelle elle sera rédigée, mais par la pureté des intentions et la précision des renseignements que nous fournirons à nos lecteurs, notre *Revue* sera une encyclopédie de faits magnétiques, magiques, cartomanciques, nécromanciques, etc., etc.

Toutes les communications ayant trait aux sciences occultes

et naturelles qui seront accompagnées de preuves à l'appui de leur authenticité, seront accueillies par nous avec bienveillance et gratitude ; celles qui seront de nature à intéresser nos lecteurs seront publiées. Tous les articles insérés seront suivis de la signature de leur auteur. Les pseudonymes et les anonymes ne seront pas admis dans nos colonnes.

Nous publierons successivement des articles sur tous les phénomènes produits par les expériences magnétiques, alchimiques, magnético-thérapeutiques, etc., etc.

Nous ne croyons pas devoir terminer l'exposé de nos idées de propagation sans faire un appel à tous ceux de nos lecteurs qui s'occupent plus ou moins spécialement de ces questions, afin qu'ils viennent à nous et nous prêtent leur bienveillant concours.

MANLIUS SALLES.

REVUE

DES SCIENCES OCCULTES ET NATURELLES

CHRONIQUE MAGNÉTIQUE

ET FAITS DIVERS.

Plusieurs docteurs en médecine et plusieurs magnétiseur très-renommés se sont maintes fois demandé comment il peu se faire que la magnétisation produise sur notre être matéri certains effets thérapeutiques que l'on observe assez souvent Si ces docteurs et ces magnétiseurs avaient établi l'échafaudag de leurs connaissances et de leur foi, dans le magnétisme, sur l système de la vitalité solidairement universelle, ils n'auraien eu aucune difficulté à vaincre pour se rendre compte de la na ture des effets en question...

Comment ne pas comprendre que l'émanation fluidique ani male que nous produisons, agit ou peut agir sur l'organism de l'être qui se place sous notre influence, ou de celui qui, pa son organisation, nous est naturellement sympathique ou infé rieur en influence par son état maladif ou par sa propre volonté Comment, dis-je, ne pas comprendre? surtout quand on a admi en principe que nous ne sommes, matériellement parlant qu'une masse, un corps composé de millions ou de milliards d créatures vivantes assujéties à la puissance de notre ensembl individualisé, tant que l'harmonie n'a pas cessé de régne entre elles et cette autorité, ou même dans leurs rangs. L'au torité en question nous est dévolue, en notre qualité d'esprit directeur de notre corps, comme cela existe pour un colonel qui, tout en n'étant que la deux millième partie de son régi ment, n'en est pas moins le chef suprème. Plus tard je me servirai de cette figure pour expliquer l'immortalité de l'âme et de la possibilité d'une réexistence immédiate en corps ou en esprit sur la terre, sur tout autre astre, ou dans l'immensité.

— Mme X. a deux fils âgés de plus de vingt ans : huit jours avant celui de leur tirage au sort, elle leur désigna le numéro qu'ils devaient tirer de l'urne; que penser de cette lucidité anticipant sur les événements? Nous traiterons la question de la divination dans un prochain numéro de notre *Revue*.

— Nous approuvons l'idée qu'a émise la *Revue Spiritualiste*, de Paris, sur la nécessité qu'il y a de créer un jury magnétique spiritualiste, devant juger toutes les questions qui lui seront soumises. Nous croyons cependant devoir ajouter, que, quelle que soit l'autorité que l'on accordera à ce jury, il faudra maintes fois s'en rapporter à soi-même pour l'appréciation de tel ou tel fait, réputé faux et incroyable par ledit jury.

— Nous faisons de nouveau appel à tous les hommes de cœur et partisans du progrès naturel, pour qu'ils nous aident à créer et à former une société pour la propagation de la doctrine magnétique; dans notre prochain numéro, nous poserons les premières bases du projet de l'organisation de la susdite société, dont les membres se diviseront en deux ou trois classes : les membres titulaires fondateurs, les membres titulaires, les membres adhérents et les membres correspondants.

— Nous avons appris que, dans le courant de la dernière quinzaine de mars, il y avait eu, dans un des cercles de Beaucaire, une séance de magnétisme donnée par M. X., qui magnétisait deux dames, dont l'une jouait très-bien aux cartes pendant son sommeil magnétique, malgré le minutieux bandage qui lui couvrait les yeux.

Dans cette séance, M. L. Roumieux, poète nimois et provençal, actuellement négociant à Beaucaire, fut magnétisé complétement en cinquante minutes; il ne put devenir lucide, mais il réussit cependant certaines expériences très-curieuses.

— M. le docteur Verdier, très-renommé dans l'arrondissement du Vigan, étant un de ces derniers jours à Nîmes, racontait ce qui suit à M. Alphonse Gazay, notre collègue de la *Revue Méridionale*. Il lui dit avoir vu un pigeon mâle faire tomber dans un profond sommeil un pigeon femelle, avec lequel il croisait son regard; à ce sujet, M. le docteur Verdier entra dans une dissertation très-intéressante sur la question du magnétisme animal, et tendant à démontrer l'absurdité de l'incrédulité systématique de certains savants.

— Dans une soirée artistique et d'improvisation poétique, il fut demandé à M. Alexandre Ducros, qui était l'improvisateur au bénéfice duquel la soirée avait lieu, il lui fut demandé, dis-je, de faire une improvisation à *la course aux bouts rimés*, et sur le sujet donné : *le magnétisme*; ce qu'il fit avec un merveilleux déploiement d'esprit. Il faut le dire, M. Ducros n'est nullement magnétiseur, mais il a des raisons irréfutables pour croire à la puissance du magnétisme, ayant été lui-même magnétisé plusieurs fois pour cause de maladie.

— Mme X...., de Nîmes, se contusionna violemment la jambe droite, en se promenant dernièrement au Jardin des Plantes à Paris; tout d'abord son mari la traita par le système Raspail, mais le mal s'aggravait tous les jours. Me trouvant en bonnes relations avec eux, ils me prièrent de pratiquer quelques passes magnétiques sur la jambe malade; ce qu'ayant fait avec plaisir, soulagea immédiatement Mme X. Depuis lors la plaie s'est refermée, et elle ne souffre plus... Une semaine m'a suffi pour la guérir entièrement.

— Dernièrement j'eus le bonheur de pouvoir soulager l'un de mes amis, M. B.... R...., marchand de nouveautés, place du Marché, à Nîmes. Voici comment les choses se passèrent : Ayant appris que M. B..... était sérieusement malade d'un rhumatisme universel, qui, depuis plus de douze jours, le retenait au lit, malgré les soins assidus que lui prodiguait M. le docteur X. et en dépit de l'application des sangsues et des cataplasmes qu'il lui avait ordonnés, je m'empressai d'aller le voir, en mon unique qualité d'ami : il était alors dans l'impossibilité de faire le moindre mouvement sans le secours de quelqu'un. Ce fut dans cette circonstance que, en ayant été prié par M. B..... lui-même et par sa femme, je consentis à faire sur lui une expérience magnétique, qui réussit à merveille : quelques passes magnétiques, que je pratiquai à six pouces au-dessus de ses couvertures, me suffirent pour lui rendre l'usage de tous ses membres et pour faire disparaître les douleurs aiguës dont il souffrait constamment.

— Un jour de la semaine dernière, Mᵉ X., voulant consulter l'oracle des dames sur la vertu de son mari, fit la question suivante : *Mon mari a-t-il été à d'autres femmes avant de m'appartenir?* L'oracle lui répondit : *Il n'est sorti du pensionnat que le jour de ses noces.* La réponse était exacte...

MANLIUS SALLES.

RÉPONSE

A l'appel du journal l'UNION MAGNÉTIQUE, de Paris.

1º Existe-il des êtres invisibles en dehors du monde matériel?

Oui! il existe des esprits, vivant individuellement, mais obéissant néanmoins, comme nous, à la commune loi de la nature, c'est-à-dire aux exigences d'une organisation hiérarchique.

2º Les esprits en question sont-ils des êtres particuliers et indépendants? sont-ils des âmes ayant déjà vécu matériellement sur la terre ou sur toute autre planète?

Il en est parmi eux qui ont vécu, d'autres qui n'ont jamais vécu et ne vivront peut-être jamais matériellement, et d'autres enfin qui, vivant actuellement dans un corps, ont, malgré cette

agrégation, conserve assez de puissance sur leur matière pou
pouvoir s'en dégager à tel moment donné et pour jouir de la plé
nitude de leur existence fluidique, sans abandonner entièremen
leurs corps : tels sont les médiums et les somnambules lucides.

3° *Les esprits peuvent-ils présenter tous les degrés de déve
loppement intellectuel et moral ? Sont-ils susceptibles d'être bon
ou mauvais, imposteurs ou sincères, etc. ?*

Oui, étant tous faits à l'image du créateur, ils en possèden
toutes les facultés ; mais, placés sous différentes influences
particulières, supérieures, ils sont susceptibles d'être entraînés
par elles. Ce que l'on appelle *mal* dans la société, en considé
ration du principe créateur et divin, ne l'est peut-être pas
car en admettant que Dieu seul existe dans l'univers, tout ce
qu'il voudra et fera sera bien. S'il donne naissance à un fils e
qu'il le rende libre dans ses pensées et dans ses actions, i
pourra bien se faire que ce fils n'ait pas les idées de son père,
et que, par conséquent, toutes ses pensées tendent vers un but
opposé; cela constituera-t-il le mal ? Non !.. Donc, sans de
voir être appelés mauvais esprits, certains d'entre eux peuvent
se trouver en désaccord avec la généralité de leur collègue et
même avec l'idée du créateur. Cependant ils n'en sont pas
moins, pour cette raison, frappés de réprobation par les servi
teurs fidèles du pouvoir divin, et, comme tels, craints, mau
dits et condamnés pour l'éternité, à moins qu'une révolution uni
verselle ne vienne renverser la puissance qui les avait frappés...

4° *Les esprits nous entourent-ils sans cesse? peuvent-ils, pa
leur influence, diriger nos pensées, nos actions et les événe
ments d'ici-bas?*

Oui, sans aucun doute, car, comme je l'ai déjà dit, nous
ne sommes matériellement que des êtres composés, dirigés par
notre imagination, qui n'est autre elle-même que l'expression
de la volonté commune ou de l'être-chef de notre matérialité
animale solidarisée. N'arrive-t-il pas quelquefois qu'un colo-

nel, qu'un souverain même, est influencé et dirigé par son entourage, par l'esprit du corps ou de la nationalité, au lieu de faire prévaloir l'autorité qui lui est propre. Ne sommes-nous pas placés nous-mêmes dans de pareilles conditions vis-à-vis de notre corps et vis-à-vis de la société matérielle et spirituelle? Par notre nature matérielle nous sommes constamment en rapport avec nos semblables, et, par notre nature spirituelle, nous pouvons aussi converser avec les esprits, et recevoir d'eux de bonnes ou de mauvaises inspirations.

5° *Les esprits peuvent-ils attester leur présence par des effets matériels, visibles et palpables? ces effets doivent-ils être considérés comme surnaturels?*

Oui; dans le courant de notre existence matérielle terrestre, nous ne pouvons vivre un seul instant sans voir se manifester en nous ou autour de nous, d'une manière évidente et incontestable, les esprits dont nous sommes environnés. Nos pensées, nos pressentiments, les divers événements qui caractérisent notre existence sont autant de preuves de ce que j'avance. Nous sortons quelquefois de chez nous avec une idée fixe, soudain il en surgit une nouvelle dans notre imagination et nous changeons immédiatement de but.

Les esprits manifestent parfois aussi leur présence au milieu de nous par les mouvements qu'ils impriment à certains objets d'usage inerte, et en se servant de ces objets pour se mettre en communication avec nous. En ceci je ne parle que selon ma croyance, mais non par expérience, car je n'ai jamais eu le bonheur d'assister à aucune expérience de ce genre. Les effets en question ne doivent pas être classés dans un ordre surnaturel, car rien de surnaturel n'a encore existé. Le surnaturel c'est l'impossible, et rien n'est impossible: l'impossible est indéfinissable. Si certaines choses nous paraissent surnaturelles, c'est que nous bornons la puissance de la nature par les limites de nos connaissances.   MANLIUS SALLES.

RÉPONSE A M. BAUCHE,

Du JOURNAL DU MAGNÉTISME, *numéro du* 10 *avril* 1859.

Comment on peut expliquer le phénomène de la lucidité som-
nambulique et le mouvement naturel chez certains corps
réputés inertes.

Un somnambule est lucide quand il passe corps et âme, par
l'action magnétique, sous l'influence de son magnétiseur, et
que celui-ci jouit de toutes ses facultés et est exempt de toute
influence étrangère et hostile.

Un somnambule est lucide aussi, quand, dans le somnambulisme naturel ou magnétique, il n'est influencé que par la partie spirituelle de son être, qui commande à sa composition
ou association animale, formant son tout, c'est-à-dire que l'influence magnétique générale universelle, assujétissant tous les
êtres à une spécialité animale ou purement matérielle, n'agit
pas sur lui et le laisse en pleine possession de toutes ses facultés spirituelles; il est lucide quand, dans cet état, il est
guidé, influencé ou aidé par un ou plusieurs êtres spirituels
étrangers à sa personne, mais desquels il est aimé, autrement
dit avec lesquels, par sympathie, il est en bonne et constante
relation; qu'il est guidé enfin par un ou plusieurs esprits qui
mettent à son service toutes les ramifications de l'influence
qu'ils exercent plus ou moins loin autour d'eux — *l'esprit est*
l'électricité vitale individualisée pouvant, dans certaines cir-
constances, se transporter d'un point à un autre avec la ra-
pidité de la pensée.

Un somnambule voit ou peut voir à travers certains corps
opaques, quand son organisation fluidique vitale est ou peut
se mettre en harmonie avec l'animalité fluidique (spirituelle)

qui constitue l'ensemble du corps, autrement dit de l'objet au travers duquel on veut le faire voir ; il ne voit que mieux aussi quand il est en bonne harmonie avec le même élément composant les corps ou objets qu'on veut lui faire voir.

Tout vit dans la nature, tout y respire et s'y meut. Les corps que nous appelons inertes, ne le sont que dans leur ensemble matériel, et encore seulement vis-à-vis de nous ou des autres animaux. Dans leur composition entrent les mêmes principes de vitalité qui nous animent ; comme la nôtre, leur existence est subordonnée au rôle qu'ils ont à remplir dans l'ensemble universel.

Les corps inertes-matériels voient, comme nous le voyons en nous, se développer en eux toutes les facultés naturelles de la vie individuelle animale qui constituent les meilleurs somnambules magnétiques : la passivité la plus complète vis-à-vis de la puissance qui les a organisés et l'obéissance la plus absolue à l'autorité de leur nature spéciale, autorité qui émane cependant de l'une des parties intégrantes de leur matérialité composée.

Quand, par une puissance magnétique supérieure, on peut parvenir à influencer la spiritualité ou la fluidité de certains corps inertes, on les voit s'agiter au gré du magnétiseur opérant, ou selon la volonté d'une puissance supérieure étrangère, qui s'est servie du magnétiseur comme d'un instrument pour agir sur la matière et sur l'esprit de ces corps réputés sans mouvements propres et sans vie.

Comment se fait-il que l'intelligence d'un homme puisse progresser ou diminuer dans telle ou telle circonstance ?

En m'appuyant sur le raisonnement que j'ai déjà maintes fois émis sur la composition animale de notre organisation spirituo-matérielle, je dirai qu'un homme est susceptible de changer soit en bien, soit en mal, par bien des causes différentes, savoir :

1° Par l'influence qu'exercent ou peuvent exercer ensemble ou séparément les différents êtres composant notre nature animale, sur les vues de celui d'entre eux qui commande à leur agrégation, autrement dit à leur commune corporation.

2° Par le remplacement de l'être commandant ou dirigeant la susdite corporation homogène, par un de ses co-légionnaires, c'est-à-dire par l'un des êtres moléculaires animés qui composent notre corps, ou par un être jusque-là étranger à l'agrégation; comme cela arrive parfois pour le remplacement du colonel d'un régiment par un homme pris dans un autre corps au lieu de l'être parmi ceux du régiment même, selon les règles établies pour l'avancement par ordre hiérarchique; dans ce cas il est rare de ne pas voir varier l'esprit du corps.

3° Sans changer en aucune façon de chef-directeur, l'être humain peut subir de grandes réformes ou transfigurations, selon que des influences étrangères et puissantes viennent l'aider ou l'entraver dans le développement ou dans l'emploi de ses facultés intellectuelles propres, ou de celles de l'être particulier qui le dirige.

4° Enfin, par une désorganisation, une réorganisation ou une désharmonisation quelconque dans notre être composé, nous pouvons voir s'amoindrir ou s'agrandir le rayon de notre puissance intellectuelle; c'est ainsi qu'on a vu souvent l'intelligence de certains hommes très-ordinaires, appartenant à un rang secondaire de la société, se développer et devenir des génies par un changement subit ou progressif s'opérant dans leur position sociale : leur animalité tout entière voit se développer en elle certaines facultés dont elle avait jusque-là ignoré l'existence; facultés que la nature met cependant à la disposition de toutes les créatures, mais dont elles sont privées par les différents rôles qu'elles ont à remplir pendant leur existence matérielle...

MANLIUS SALLES.

PARASITISME

INFINIMENT PETITS — SUETTE — CHOLÉRA

Par E. VERDIER

DE CAUVALAT (GARD),

Docteur en médecine de Montpellier, ex-chirurgien des mines de houille de Cavaillac, ex-médecin des épidémies, membre correspondant de la société nationale de médecine de Marseille, membre correspondant de la société académique de médecine de la même ville, fondateur et inspecteur de l'établissement d'eaux minérales hydro-sulfureuses de Cauvalat.

Impérissable comme celui d'où il émane, le principe de la vie, latent dans la matière organique morte, y redevient sensible lorsque des conditions favorables viennent seconder les nouvelles générations.

La matière qui constitue le monde vivant ne rentre pas, après la mort, dans le domaine inorganique : aliment, humus, elle se transforme, en parcourant certains appareils, en un fluide vivificateur auquel l'assimilation fait recouvrer les facultés ostensibles de la vie.

Livrée à elle-même, la matière organique, dans cet état de vie latente, se décompose en corps chimériques plus ou moins complexes, se transforme en matière grasse adipocire, terreau.

Au milieu de cette scène de destruction apparente, des générations spontanées, visibles à l'œil nu ou microscopiques, surgissent; des myriades d'agents, qu'aucun moyen physique chimique ne peut faire apercevoir, se forment, s'exhalent; de là, des miasmes, génies de beaucoup d'épidémies, de fléaux.

Lorsque des matières organiques croupissent dans des lieux humides, des marais, si la température est basse, le marécage inondé, aucun phénomène climatérique à résultat morbide appréciable ne s'accomplit; mais si les eaux baissent, se retirent, si la température s'élève, la décomposition s'active, le miasme envahit l'atmosphère. Dès ce moment, un parasite semble s'attacher aux populations voisines; les digestions sont troublées; l'hématose se fait mal; les grandes fonctions languissent; les accès périodiques, les fièvres graves s'établissent.

Ces incompréhensibles agents atmosphériques, dont les vents d'est semblent les perfides messagers, qui s'attachent quelquefois aux forêts placées sur leur passage, s'appesantissent sur l'homme, l'envahissent, peuvent-ils être considérés comme étrangers au monde qui vit?

Émanés de la matière organisée dans les premiers temps de sa décomposition, ces insaisissables corpuscules ne sont-ils pas de la matière organique primitive, rudimentaire, des germes, des débris d'êtres à tissu homogène chez lesquels la plus petite partie reproduit le tout? Des êtres complets, qui, absorbés, répandus par les fluides de la circulation, produisent, selon les circonstances, des êtres qui vivent à la surface des grandes membranes, vivent libres dans leur cavité, dans l'épaisseur des parenchymes.

L'influence qu'ils produisent sur l'homme ne donne-t-elle pas lieu de penser qu'ils vivent en lui, sur lui, en parasites? Si nous comparons l'arbre couvert de lichens aux rameaux qui ne servent de sol à aucun importun; si nous mettons en rapport l'habitant des pays marécageux avec l'homme qui vit dans les contrées salubres, l'enfant tourmenté par les vers avec celui dont l'intestin ne contient pas d'ento-zoaires, nous dirons, sans hésiter : la mousse dévore l'arbre; l'hilminthe, l'enfant; la fièvre périodique, le fébricitant; mais la fièvre étant l'effet, remontant à la cause, nous accuserons le miasme d'emprunter la vitalité, d'agir en parasite.

(A continuer.)

CHRONIQUE MAGNÉTIQUE

ET FAITS DIVERS.

Vision somnambulique à distance , dans le passé, le présent et l'avenir.

Les événements qui s'accomplissent en ce moment au-delà des Alpes , sous le beau ciel de l'Italie , me font regretter de ne pas avoir à ma disposition un somnambule comme j'en ai tant eu. Je raconterai successivement à mes lecteurs, selon les questions que j'aurai à traiter, les différentes expériences que j'ai faites avec ces divers somnambules.

Si j'avais encore à mon service M. François Cabanis , négociant à Nimes, ou M. David Moutet, de Nimes, actuellement à Paris , ou mieux encore M. Claudius Bozin , de Lyon , je pourrais suivre tous les événements extérieurs , toutes les péripéties de la guerre actuelle , sans risquer le moins du monde, quoique par le fait je me trouvasse au milieu de la mêlée. C'est maintenant ou jamais, pour les vrais médiums et les bons somnambules, le moment de se montrer.

Dans nos réunions intimes , je suis maintes fois obligé de défendre, non-seulement la cause du magnétisme pur et simple, mais aussi celle du somnambulisme naturel. La question sur laquelle nous avons discuté dans notre dernière entrevue , était celle de la vision à distance et dans un temps futur ou passé.

Voici mon opinion sur cette question : la vue somnambulique à distance , dans l'avenir ou dans le passé , peut, comme je l'ai déjà dit dans un article précédent, se produire par plusieurs moyens, savoir :

1° Par le déplacement ou le transport de l'esprit, quand il n'est pas en complète harmonie ou en bonnes relations avec le restant de l'univers spirituel, car, dans ce cas, il ne pourrait en recevoir de communications;

2° Par la communion de pensée qui existe généralement entre tous les esprits, et par la facilité qu'ils ont de communiquer entre eux.

5° Parce que n'étant, par sa nature et son rôle spécial, qu'un rayon de l'esprit commun universel, l'esprit individuel peut, quand il se trouve dans des conditions universellement harmonieuses et qu'il jouit de toutes ses facultés, recevoir et donner instantanément communication de toutes les impressions, émotions et actions qu'il ressent ou commet, ou que ressentent ou commettent individuellement les autres esprits.

Quoique ce dernier paragraphe puisse servir à expliquer *la rétroactivité et la futurité* de la vision somnambulique, je ne rentrerai pas moins à ce sujet dans de plus amples explications. Je dirai, en parlant de la *rétroactivité*, qu'en admettant en principe, pour base de mon raisonnement, que l'homme spirituel a toujours vécu et doit toujours vivre, tantôt dans sa nature spirituelle particulière, tantôt attaché en qualité de directeur-régisseur, à quelque agrégation spirituo-matérielle animale, il en résultera qu'aussi antérieur que soit un fait à l'existence animale d'un somnambule, il peut lui être révélé soit par les souvenirs de son propre esprit, soit par ceux de tout autre.

Ne nous souvenons-nous pas, pendant notre vie animale, sauf quelques rares exceptions, de tout ce que nous y avons vu ou fait ? L'esprit d'un somnambule, dégagé presque entièrement de la matière ou du moins investi par son être composé de nouveaux pouvoirs, rendu à sa première nature par la volonté d'un magnétiseur ou par toute autre puissance, peut se ressouvenir de ce que quelques instants d'assimilation à la matière lui avaient fait oublier. Dans cet état mixte, tout son être ressent les mêmes impressions et les transmet au-dehors par ses organes matériels mécaniques.

Quant à la vision dans l'avenir, c'est autre chose; quoiqu'on en trouve l'explication sommaire dans ce que je viens de dire, il convient que je donne de nouveaux détails sur ma manière de voir à ce sujet.

La continuité de l'existence spirituelle particulière de chaque être étant démontrée, la facilité qu'ils ont de se reporter en arrière et de communiquer entre eux étant reconnue, il reste à savoir comment ils peuvent annoncer les événements et les particularités même qui doivent avoir lieu dans un temps plus ou moins éloigné.

Pour me faire mieux comprendre de mes lecteurs, j'emploierai certaines figures comparatives qui me sont familières: je comparerai l'organisation générale spirituo-matérielle de l'univers à celle d'une grande nation civilisée, comme la France, par exemple.

De même que, dans la société, on décrète et l'on ordonne telle ou telle chose pour l'avenir, de même, dis-je, certains événements généraux ou particuliers sont connus à l'avance dans le monde purement spirituel.

Il résulte de cette explication sommaire que, dans l'état de somnambulisme magnétique ou naturel, un somnambule dont l'esprit est entièrement dégagé de la matière, peut jouir du privilége qu'ont tous les êtres purement spirituels, c'est-à-dire qu'il peut être initié aux mystères ou du moins aux affaires de la société spirituelle, à laquelle nous appartenons tous par notre esprit.

Malgré la plus complète indépendance, l'esprit d'un somnambule reste constamment en libre rapport avec son être matériel: le somnambule, étant lui-même en communication avec son magnétiseur, peut lui communiquer tout ce que bon lui semble. C'est ainsi que peuvent s'expliquer toutes les prophéties qui ont été faites jusqu'à ce jour ou qui pourront l'être jusqu'à la fin des siècles.

Je ne veux pas finir mon entretien sans raconter quelques expériences de lucidité somnambulique auxquelles j'ai assisté ou que j'ai faites moi-même.

En 1843, j'étais à Lyon, j'avais alors 18 ou 19 ans. Ayant été, par mes relations sociales, mis en fréquentes communications avec M. Claudius Bozin, somnambule naturel et magnétique exerçant, j'eus maintes fois l'occasion de le magnétiser, au su ou à l'insu de M. Dargout, son magnétiseur. Dans l'une de nos expériences particulières que nous fîmes à onze heures du soir, enfermés tous les deux dans ma chambre, M. Claudius lut vingt lettres au moins que je lui présentai, sans les avoir ouvertes : je ne pouvais donc nullement lui en communiquer le contenu par ma pensée, puisque je ne pouvais moi-même savoir en cet instant que le nom des signataires, ou bien confondre dans ma mémoire le contenu de l'une avec celui de l'autre. Je me souviens plus particulièrement que, lui ayant montré, toute pliée, une des lettres que j'avais reçues de mon ami Louis Gros, de Nîmes, il me fit instantanément l'historique de mes relations avec lui, et me raconta ou me renouvela mille petites aventures dont le souvenir me charme encore. Il lui arrivait très-souvent de me raconter, dans tous leurs détails, même ceux dont je n'avais pas conservé le souvenir, les différents songes que j'avais eu faits. M. Claudius Bozin jouissait d'une lucidité vraiment extraordinaire.

A cette époque, nous sortions la plupart du temps ensemble : lui endormi, les yeux couverts de lunettes bleu-foncé, et moi éveillé. Dans cet état somnambulique permanent, il se livrait comme moi aux plaisirs et aux occupations journalières de notre âge. Nous allions quelquefois voir certains de nos amis, chez lesquels nous répétions, à leur grand étonnement, l'expérience des lettres fermées. Il nous est souvent arrivé de sortir de chez ces personnes sans qu'elles aient su par quel moyen nous opérions.

C'est encore lui qui, pour la première fois en ma présence, appliqua la magnétisation à la thérapeutique; il obtint, dans cette circonstance, en moins d'un quart d'heure, le désenflement presque complet de la jambe à laquelle M. Greppo fils (maison Maurel, 28, cours Morand, à Lyon) avait une tumeur chronique : le traitement des plus habiles médecins de la localité, voire même celui du bourreau de Lyon, ne lui avait procuré aucun soulagement. Huit jours après, ce jeune garçon put aller avec nous visiter le camp de Villeurbanne et marcher toute la journée sans discontinuer : il avait été guéri par quelques passes magnétiques seulement.

Il n'y a pas bien longtemps que notre ami M. Margarot, ex-maire de Langlade, propriétaire dans cette localité, à Nîmes et à Saint-Laurent-le-Minier, nous racontait, en plein cercle, qu'ayant un jour magnétisé une de ses ramasseuses de feuilles de mûrier, il en avait obtenu des effets vraiment remarquables de lucidité. Un moment, il avait douté de la clairvoyance de son sujet; mais, sur des renseignements qui lui furent donnés par une autre personne qui entrait à cet instant, il put se convaincre de l'indépendance et de la vraie lucidité de cette jeune somnambule; il reconnut aussi qu'un somnambule pouvait se soustraire à l'influence morale de son magnétiseur, quand celui-ci ne la lui imposait pas comme directeur ; et qu'un somnambule peut voir vrai ou faux, absolument par lui-même.

Il faut conclure de cette expérience que quand même un somnambule soit placé corps et âme sous l'influence directe de son magnétiseur, il reste la plupart du temps son maître et son unique directeur dans l'exécution des ordres qu'on lui donne, à moins qu'on lui commande de les exécuter de telle ou telle manière. Si, par exemple, un magnétiseur a pour but de communiquer sa pensée à son sujet et de la lui faire exécuter fidèlement, il faut qu'il le lui ordonne soit mentalement ou de vive voix ; dans ce cas, le sujet est placé dans la catégorie des employés qui, tout en obéissant passivement aux ordres de leurs patrons, conservent leur entière liberté de penser : ils sont les instruments d'autrui dans leurs fonctions ; mais dans leur individualité, ils sont complétement indépendants.

MANLIUS SALLES.

EXTRAIT

Du journal le COURRIER DU GARD, *du 14 mai 1859.*

Nous nous faisons un devoir et un vrai plaisir de reproduire dans nos colonnes l'amicale et savante critique que M. Ernest Roussel, du *Courrier du Gard*, a daigné faire du contenu de la première livraison de notre *Revue*, et pour laquelle nous le remercions sincèrement.

MANLIUS SALLES.

« .... Et que dirai-je encore, M. Manlius Salles qui, depuis trois semaines, attend des nouvelles de sa *Revue contemporaine des sciences occultes et naturelles*, dont les feuillets, vierges du couteau d'ivoire, gisent encore sur ton bureau !

» Revue, ma mie, tu raisonnes sagement. Arrière donc les perfides suggestions de la paresse et de la chaleur, et à l'œuvre !

» Et d'abord, puisque nous avons prononcé son nom, réglons nos comptes avec M. Manlius Salles.

» La première livraison de sa *Revue*, qu'il nous a fait l'honneur de nous soumettre et que nous avons lue avec attention, nous a confirmé dans l'opinion que nous avons toujours eue de l'auteur. C'est un homme de bien, profondément convaincu, qui fait effort pour populariser des idées qui lui sont chères et qu'il croit utiles au prochain. Qu'il n'attende pas de notre part de critique scientifique : je ne me suis jamais occupé de magnétisme et je suis d'une ignorance extrême en ces matières, non par dédain pour de semblables travaux, mais, dirigé de bonne heure vers d'autres études, je n'ai jamais eu le loisir ou l'occasion de m'occuper de cette branche du savoir moderne. Je ne suis cependant pas de ces gens sur les lèvres desquels le seul mot de magnétisme appelle le sourire, et qui, d'avance, condamnent toute vérité, sous prétexte qu'elle est nouvelle et qu'ils ne la connaissent pas. Le peu que j'ai étudié des sciences naturelles m'a appris à être circonspect avant de traiter de chimère un phénomène physique qui choque de prime abord la raison par son apparence merveilleuse. Rien, en l'état de nos connaissances, ne rend inadmissible l'existence, dans l'organisme humain, d'une force vitale dite, faute de mieux, fluide ou agent magnétique, que chaque organisation récèle et que tout être peut émettre.

» Nul doute que cet agent, s'il peut agir sur l'être humain, ne l'influence plus ou moins profondément.

» La physiologie considère le cerveau comme un organe d'où émane une substance particulière, pondérable ou non, dont la propriété principale est de transmettre ou de recevoir le *vouloir* et le *sentir*. Quand nous voulons mouvoir un membre, notre cerveau envoie au muscle une certaine quantité d'agents nerveux qui détermine la contraction musculaire. Mais de quelle nature est cet agent dont le système nerveux paraît être le véhicule? Les travaux de certains physiologistes portent à croire qu'il y a une grande analogie avec le fluide électrique. Béclard assurait qu'ayant mis à nu et coupé un nerf d'assez gros volume sur un animal vivant, il avait fait souvent dévier le pôle de l'aiguille aimantée, en mettant en rapport ce nerf et cette aiguille.

» Nous avons même assisté, à Paris, en 1847, à la démons-

tration expérimentale de la proposition suivante, énoncée par un physicien qui s'est beaucoup occupé d'électricité dynamique : « Toutes les fois qu'un arc conducteur est établi entre
» un point quelconque de la *coupe longitudinale*, soit naturelle,
» soit artificielle d'un muscle, et un point également arbitraire
» de la *coupe transversale*, soit naturelle, soit artificielle du
» même muscle, il existe dans cet arc un courant dirigé de la
» coupe longitudinale à la coupe transversale du muscle. »

» Tout le monde sait que le galvanisme, substitué à l'influence nerveuse, fait contracter les muscles qu'on soumet à son action.

» On sait aussi que certains animaux ont la propriété de sécréter et de lancer à distance une grande quantité de fluide électrique, le gymnote, le silure par exemple. Toutes ces probabilités sont puissantes et peuvent faire admettre la circulation d'un agent nerveux, cause des phénomènes magnétiques.

» On peut, par extension, et d'après certains faits maintes fois reproduits par des expérimentateurs très-sérieux, affirmer que cet agent, chez nous, non plus, ne s'arrête pas aux muscles et à la peau ; qu'il s'élance encore au dehors avec une certaine force, et forme ainsi une véritable atmosphère nerveuse susceptible d'influencer un organisme étranger.

» Le magnétisme animal nous paraît donc être une loi de notre nature, encore fort incomplétement étudiée, mal définie, mais qui n'en mérite que plus l'attention des hommes savants et sans préjugés scientifiques. Le charlatanisme s'est malheureusement emparé de cette découverte, et il l'a si souvent exploitée au détriment des intelligences simples ou enthousiastes, que nous comprenons parfaitement la défiance assez générale à laquelle sont en butte même les magnétiseurs de bonne foi.

» M. Salles appartient incontestablement à cette dernière catégorie, et nous espérons qu'il va faire de sa *Revue* un recueil réellement scientifique et sérieux. C'est à ce titre et pour lui

témoigner par notre franchise toute la sympathie que nous inspire son entreprise , que nous nous permettrons de lui présenter
quelques observations. Nous avons été choqué de lire , dans
son titre , ces mots d'un autre âge et dont le progrès des lumières et de la saine raison ont depuis longtemps fait justice :
cartomancie, nécromancie, chiromancie, etc. Nous ne voudrions
pas non plus le voir retomber souvent dans des puérilités com-
parables à celles que nous lisons à la page 9 de sa première
livraison , où il parle de l'*Oracle des Dames* et de la vertu du
mari de Mme X. Nous voudrions aussi trouver plus de clarté
dans la rédaction de la partie purement dogmatique de sa doctrine. Moins une science est connue , plus il faut apporter de
netteté à formuler les éléments acquis de cette science. Et , de
bonne foi , comment se retrouver dans cette phrase que nous
prenons presque au hasard et dont nous soulignons à dessein
les parties qui nous ont paru le plus inextricables :

» « Les corps inertes matériels voient , comme nous le voyons
» en nous , se développer en eux les facultés naturelles de la
» vie individuelle animale , qui constituent les meilleurs som-
» nambules magnétiques : la passivité la plus complète vis-à-
» vis de la puissance qui les a organisés et *l'obéissance la plus*
» *absolue à l'autorité de leur nature spéciale , autorité qui*
» *émane cependant de l'une des parties intégrantes de leur*
» *matérialité composée.* »

» Mais un reproche bien plus grave que nous ferons aux ten-
dances scientifiques de M. Manlius Salles , c'est de vouloir
sortir du domaine des faits physiques , matériels , palpables
du magnétisme pour faire des excursions dans le monde supra-
naturel , dont nous ne pouvons ici-bas avoir quelques notions
qu'en nous plaçant au point de vue de la révélation chrétienne.

» Nous ne pouvons nous empêcher de déclarer en toute
sincérité que nous avons été désagréablement affecté quand ,
en croyant lire une œuvre tout à fait scientifique et à la hau-

teur de notre époque, nous sommes tombés sur les questions
suivantes, qui nous ont immédiatement rappelé les vieux traités
de Démonologie du moyen-âge : « Les esprits invisibles qui
» existent en dehors du monde matériel sont-ils des êtres par-
» ticuliers et indépendants? Sont-ce des âmes ayant déjà vécu
» matériellement sur la terre ou toute autre planète? Peuvent-
» ils présenter tous les degrés de développement intellectuel
» et moral? Sont-ils susceptibles d'être bons ou mauvais, im-
» posteurs ou sincères, etc.? » Miséricorde! quel mysticisme
effréné, quelle horreur pour notre pauvre globe terraqué,
quand, dans le domaine scientifique proprement dit, il y a
encore tant de vérités à découvrir sans en sortir! Il est vrai de
dire que cette dissertation est une réponse à un journal magnétique de Paris. Mais il y avait mieux à faire que de répondre
à ces questions.

ERNEST ROUSSEL.

SIMPLES RÉFLEXIONS

SUR LA CRITIQUE DE M. ERNEST ROUSSEL.

Je remercie infiniment M. Ernest Roussel, du *Courrier du
Gard*, de la bienveillance avec laquelle il m'a traité dans sa
charmante critique; je ne comprends pas cependant qu'il ait pu
être *désagréablement affecté* par la lecture du passage qu'il cite
(*voir ci-dessus son article*).

Ayant consacré cette feuille à l'étude du magnétisme et de
toute autre science occulte et naturelle, ne puis-je parler des
esprits indépendants ou de ceux qui sont attachés au service
d'un corps quelconque sans être accusé de vouloir faire de la
démonologie? J'ai bien certainement l'intention de traiter cette

question, mais quand il en sera temps, et d'une manière toute spéciale, ou quand tout autre sujet m'y amènera.

Je suis vraiment heureux de ne pas rencontrer en M. Ernest Roussel une deuxième édition de M. le lauréat de l'Académie, Mabru, — c'est-à-dire *systématique incrédulité et absence complète de bonne foi en matière d'observation.*

Si je ne suis pas si heureux dans mes dissertations que M. Roussel l'a été ou pourra l'être dans ses charmantes critiques, j'aurai du moins toujours, dans mon expérimentation, la vérité et la sincérité à opposer à ses savantes et loyales observations.

MANLIUS SALLES.

A M. BAUCHE

(*Extrait du* GLANEUR DU GARD, *du 8 mai* 1859).

Dans notre dernier numéro, nous promettions à nos lecteurs la communication d'une lettre que M. Bauche, secrétaire de la société du Mesmérisme de Paris, a daigné nous écrire en réponse à un article que nous publiâmes sous le titre de : *Réponse à M. Bauche,* dans le n° 48 de notre journal (1) (17 avril dernier), article qui a été publié aussi dans la première livraison de la *Revue des sciences occultes et naturelles,* au sujet de la question que notre très-honorable correspondant adressait en ces termes aux magnétiseurs : *Comment s'opère la vue somnambulique à distance?* question à laquelle nous répondions aussi sainement et affirmativement que nous avons cru possible de faire, fondant notre raisonnement sur notre croyance propre en matière de magnétisme.

N'ayant pas résumé notre réponse dans notre premier para-

(1) Le *Glaneur du Gard.*

graphe, nous sommes étonné que M. Bauche l'y ait cherchée ou ait cru l'y voir. Nous profiterons de cela pour lui dire que son erreur nous a valu le plaisir de pouvoir lire son excellente dissertation sur la lucidité somnambulo-magnétique par influence directe ; nous partageons presque en tous points sur ce sujet l'opinion qu'il a émise.

Il nous parle aussi, mais très-brièvement, de notre second paragraphe, et c'est pour nous dire seulement qu'il n'en peut discuter les termes, ne professant pas notre opinion sur ce sujet. Il nous semble que notre très-honorable confrère en magnétisme aurait mieux fait de dire que notre réponse n'était pas assez concluante pour le satisfaire, que de prétendre qu'elle n'en est pas une. D'ailleurs peut-on juger entièrement d'un article sur deux lignes seulement, dans lesquelles le sujet général n'est qu'effleuré ? Nous ne discutons nullement ici la valeur de nos assertions ; nous ne voulons démontrer que l'erreur dans laquelle se trouve notre honorable contradicteur quand il dit en ne parlant que de notre premier paragraphe : *Je trouve un défaut capital à votre article, à savoir qu'il ne répond nullement à la question.*

Comment peut-on répondre plus catégoriquement que nous ne l'avons fait dans l'ensemble de notre article :

1° En disant que l'esprit ou l'âme du somnambule peut, à un moment donné, se détacher de la matière pour se transporter où bon lui semble : c'est ainsi que le croit M. le docteur Grandmeuil, de Paris... Je me sers ici des mots *esprit* et *âme* pour désigner le même être, mais cependant je ne confonds pas l'esprit avec l'âme dans la composition de notre être général. Je reviendrai plus tard sur ce sujet ;

2° En disant que tous les esprits sont entre eux en constante relation ou peuvent s'y mettre à volonté, sauf quelques rares exceptions ;

3° En expliquant la facilité qu'ont les somnambules de voir à

travers les corps opaques, quels qu'ils soient et quelque dimen-
sion qu'ils aient. En supposant, d'après cela, que tous les obstacles qui bornent la vue ne font entre eux qu'un seul corps,
on a la solution de la question posée par M. Bauche; car le
même principe qui permet à un somnambule de voir à travers
un corps de 25 centimètres d'épaisseur, lui permet aussi de
voir au travers d'un corps infiniment épais et opaque, et de
percer aussi du regard, n'importe quelle distance : si un somnambule peut recevoir la moindre communication de pensée, il
peut sans nul doute les recevoir toutes, sans exception, même
celles qui lui sont faites par des êtres purement spirituels.

Nous aurons l'honneur de répondre plus longuement à M.
Bauche dans un prochain numéro.

Nous le prions, en attendant, d'agréer nos respectueuses et
fraternelles salutations.

MANLIUS SALLES.

LETTRE DE M. BAUCHE.

Paris, 27 avril 1859.

A M. le Rédacteur du journal le GLANEUR DU GARD.

MONSIEUR ,

Vous avez eu la bonté d'arrêter votre attention sur un article
signé de moi, qui a paru dans le *Journal du Magnétisme*,
numéro du 10 avril dernier, et dans lequel je posais la question suivante :

Comment s'opère la vue à distance?

Le *Glaneur du Gard* du 17 courant contient un article intitulé : *Réponse à M. Bauche;* c'est sur cet article que je prends
la liberté de vous adresser quelques observations.

Je lui trouve un défaut capital, à savoir qu'il ne répond nullement à la question que j'ai posée. Je demande quel rôle jouent l'esprit, l'âme et la matière dans le merveilleux phéno-mène de la vision à distance; que cette distance soit petite ou grande, peu importe, du moment que le sujet perçoit l'image de personnes, d'objets ou de lieux que ses sens ne lui permet-traient pas de saisir dans l'état normal.

Dans votre premier paragraphe vous indiquez en quoi con-siste, selon vous, la lucidité somnambulique. Je réponds oui et non à votre explication : oui, il y a une sorte de lucidité chez le somnambule quand il passe corps et âme, par l'action magnétique, sous l'influence de son magnétiseur. Il y a là une communauté d'esprit bien mystérieuse assurément, et qui est un des degrés qui constituent la lucidité, mais une lucidité qui n'est pas sans danger et à laquelle on ne doit pas se fier.

Que le *magnétiseur jouisse ou non de toutes ses facultés*, *qu'il soit ou non exempt de toute influence étrangère et hostile*, le somnambule qui, par l'action magnétique, passe *corps et âme* sous cette influence, devient le *double*, le *sosie moral*, si je puis m'exprimer ainsi, de son magnétiseur ; il reflètera sa pensée, bonne ou mauvaise, juste ou fausse, et dès lors cette sorte de lucidité est tout à fait sans valeur. J'aime bien mieux la luci-dité *intuitive*, celle qui se rencontre beaucoup trop rarement, ou, pour mieux dire, je crois qu'il n'y a de lucidité que lorsqu'il n'y a pas de communication ou de soustraction de pensée.

C'est probablement sous cette impression que M. Hébert de Lamay a classé les effets magnétiques (1). Ainsi, il place le somnambulisme au 4e degré, et dans la description des effets qui caractérisent cet état, il cite : *sensation des douleurs d'au-trui; perception de ses pensées, assimilation de ses sentiments; obéissance à la volonté du magnétiseur :* et plus loin : *connais-*

_____

(1) *Petit Catéchisme magnétique.*

sance des pensées, *des sensations* des personnes en rapport, etc. , tandis qu'il ne place qu'au 3e degré , c'est-à-dire à un degré supérieur, la *lucidité*, qu'il caractérise ainsi : *somnambulisme sensitif et instinctif*, etc.

Or , vous voyez que l'explication ou du moins la description des effets qui déterminent l'état de lucidité que donne M. Hébert diffère essentiellement de la vôtre, que je ne permets d'attaquer que parce que le cas de lucidité ou de vue à distance que j'ai signalé n'était précisément pas le résultat de mon influence magnétique qui avait seulement déterminé le somnambulisme , état dans lequel la lucidité intuitive s'est déclarée.

Votre second paragraphe est plus exact dans son esprit ; il développe mieux l'idée du somnambulisme sensitif et instinctif, qui est un des caractères de la vraie lucidité ; je n'en discuterai pas les termes , parce que j'y reconnais la profession de foi d'un adepte de l'école spirite , et que , sur ce point , mon opinion n'est pas formée ; j'avouerai même qu'elle est fortement négative jusqu'à présent : mais comme je respecte les idées qui ne sont pas les miennes , je n'entreprends pas de combattre les vôtres. Seulement j'en reviens au but de ma lettre , je vous répète que votre réponse n'en est pas une, et je ne doute pas que vous en puissiez faire une autre. J'ai posé la question, j'attends la solution, et si on la trouve elle sera le criterium de la science magnétique. C'est aux disciples de Mesmer de compléter l'œuvre du maître ; espérons que le jour approche où ces merveilles dont nous sommes témoins et qui troublent notre raison , seront expliquées dans leur cause autrement que par des hypothèses plus ou moins vraisemblables et intelligibles.

Veuillez agréer , monsieur , l'assurance de ma respectueuse considération et de ma bonne confraternité.

A. BAUCHE ,

Secrétaire de la société du Mesmérisme de Paris.

EXTRAIT

Du journal la REVUE MÉRIDIONALE *, du 24 mai 1859.*

. . . .

« L'autre feuille, fraîchement épanouie, dont je salue l'avè-
nement, est la *Revue contemporaine des sciences occultes et
naturelles.* La doctrine magnétique en est la substance et le
fond : — c'est dire que M. Manlius Salles en est le promoteur
et l'apôtre.

» Mais comme la guerre est dans l'air, je vais à mon tour
faire feu. Puisque les esprits sont tournés vers la poudre, je
vais brûler une amorce contre M. Manlius. — Sonnez, clairons!
j'entre en campagne.

» Vous voulez, dites-vous, *détruire le prestige de la superstition*, et vous le ferez à l'aide de *la cartomancie*? Vous voulez
démontrer l'immortalité de l'âme, par cette science occulte, —
autrement dit par un tour de cartes, d'escamotage et de presti-
digitation? C'est un rare tour de force. On n'était pas encore
allé chercher si loin des preuves à cette vérité. — Votre but
est de *renverser le prestige des sorciers*; vous nous dites que *le
règne de Satan, du petit et du grand Albert et du Vieillard
des Pyramides est désormais fini*, et vous nous parlez encore de
chiromancie et de *nécromancie*? c'est avec de pareils flambeaux
que vous voulez dissiper les ténèbres et découvrir la vérité?
Que signifient ces contre-sens et ces aberrations? — C'est un
enfantillage charmant ou une profonde naïveté.

» Vous nous citez encore des phénomènes *alchimiques*. Igno-
rez-vous que la chimie, avec ses bases certaines, a détrôné l'al-
chimie marchant à l'aventure? Vous êtes en retard d'un siècle.

» Il est fâcheux qu'un esprit aussi fin, une intelligence aussi originale, marche sans fondement et frappe dans le vide. Il est à regretter que ce cerveau créateur se perde dans les aberrations les plus extravagantes, et flotte sans boussole dans les nuages des plus nuageux systèmes.

» Qu'il se renferme dans le magnétisme; cette science est la sienne. Il connaît ce terrain et le possède à fond, — quoique bien souvent encore des utopies et des paradoxes viennent l'obscurcir et le faire dévier. Mais qu'il ne s'égare pas dans la psychologie; ce domaine n'est plus le sien. Il n'enfanterait là que des avortons et des monstres.

» La campagne est terminée. Je rentre dans mon camp. »

ALPHONSE GAZAY.

RÉPONSE A M. ALPHONSE GAZAY

Du journal la REVUE MÉRIDIONALE, *de Nîmes.*

« La guerre est déclarée, » dites-vous, et sans réfléchir le moins du monde à l'inégalité de nos armes, vous descendez dans l'arène, ébouriffant vos lecteurs par un magnifique et continuel jet de phrases brillantes et de mots de plus en plus ronflants. Un peu trop confiant dans la bonté et la résistance de votre cuirasse à centuple couche d'esprit, vous vous lancez à l'aventure dans les incertitudes d'une lutte qui pourrait bien dissiper votre incrédulité, aussi robuste qu'elle puisse être.

Votre bravoure, mon cher collègue, n'est douteuse pour personne : s'il ne s'agissait que d'en avoir pour s'assurer la victoire, vous seriez certain de la remporter ; mais malheureusement cela ne suffit pas dans ces sortes de combats ; la force ni l'adresse ne décident pas seules du sort des combattants : il faut avoir raison...

Puisque vous m'attaquez avec l'esprit de la plaisanterie, je ne dois vous répondre que sur le même ton. Ne nous aventurons donc ni l'un ni l'autre dans un labyrinthe d'où nous ne pourrions sortir sans inconvenance réciproque.

Pour vous et pour moi, il est vraiment regrettable que je sois si encroûté dans les idées de *l'autre monde*, et par conséquent dans l'impossibilité d'apprécier sainement la charmante et spirituelle espièglerie que vous m'avez consacrée dans votre dernière chronique; mais que faire et à qui la faute? Je ne me suis pas fait, et ne peux me refaire. Les années qui s'écoulent tarissent la source de notre intelligence et laissent très-souvent notre pauvre esprit, « *flottant dans le vague, n'enfanter que des avortons et des monstres.* »

J'ai dit, il est vrai, que, dans ma *Revue des sciences occultes et naturelles*, je parlerai de la cartomancie et de toutes autres sciences non moins mystérieuses, mais je n'ai pas dit, du moins que je le sache, qu'avec l'aide de leur propagation, j'espérais *démontrer l'immortalité de l'âme et détruire les préjugés populaires;* ce sont là des sujets que je compte traiter d'une manière toute spéciale et quand il en sera temps.

Vous avez trop d'esprit, mon cher M. Gazay, pour ne pas avoir compris ma pensée, et je serais certainement fâché de me falloir vous mettre au rang des *Mabrus* (incrédules par -spéculation et par gloriole). Vous n'ignorez pas non plus, mon cher collègue, qu'on ne peut ni ne doit combattre une doctrine qu'avec une doctrine, et jamais avec des suppositions, et c'est cependant ce que vous faites dans votre spirituelle et charmante critique.

Dans la longue mais magnifique phraséologie dont est composée votre chronique, on reconnaît le philosophe naissant, l'écrivain célèbre en herbe, et l'un des plus spirituels critiques à venir.

Quoique en *retard d'un siècle*, je me sens encore capable de faire campagne, surtout contre un ennemi tel que vous, qui ne me réserve que *de gracieuses et de bonnes leçons.*

Sur le terrain que vous avez choisi, je me sens aussi de force, *malgré les aberrations de mon esprit*, à soutenir le choc et à supporter les piqûres de votre ardent esprit.

Je dis donc : Puisque la guerre est déclarée, vive la guerre ! mais une guerre pacifique, et dans laquelle *l'encre seule ruissellera...* sur le papier !

Les hostilités vont donc commencer, non-seulement dans la Lombardie, mais aussi dans les retranchements de la presse littéraire nimoise. Mon bon ami Gazay, faites sonner la charge ! Elancez-vous contre moi la lance au poing et avec la fougue qui vous caractérise : je vous attends, mes armes sont solides...

Trop jeune encore pour posséder à fond la tactique militaire, vous avez jeté votre hourra au vent; vous avez heurté de front mais sans y pénétrer le moins du monde les idées que vous vouliez renverser. Si vous n'aviez eu tant d'esprit, vous auriez peut-être triomphé dans la lutte... mais seulement de votre de votre incrédulité... et non de ma conviction.

Je regrette beaucoup, mon cher M. Gazay, que vous soyez *de ce siècle* et surtout *de votre pays*, car, malgré votre bonne foi, vous ne pourrez peut-être jamais être convaincu des vérités du magnétisme.

Semblable à une fine guêpe, vous me piquez et me repiquez sans cesse avec votre flexible dard sans vous enquérir de ma faiblesse ou de ma force : soyez assez bon, monsieur, pour entrer avec moi en loyale et libre discussion sur les différents points de ma doctrine que vous attaquez obstinément, et j'aurai l'honneur de vous y convertir.

MANLIUS SALLES.

PARASITISME

INFINIMENT PETITS — SUETTE — CHOLÉRA

Par E. VERDIER

DE CAUVALAT (GARD),

Docteur en médecine de Montpellier, ex-chirurgien des mines de houille de Cavaillac, ex-médecin des épidémies, membre correspondant de la société nationale de médecine de Marseille, membre correspondant de la société académique de médecine de la même ville, fondateur et inspecteur de l'établissement d'eaux minérales hydro-sulfureuses de Cauvalat.

II.

Ces émanations, qui se forment partout où la matière organique, privée des facultés ostensibles de la vie, est en rapport avec l'humidité, la chaleur, ne peuvent-elles pas, à plus forte raison, avoir lieu dans la partie alimentaire, quand l'estomac, les intestins, suspendent leur fonction normale, n'opèrent pas la digestion ? Ne peuvent-ils pas, sous l'influence d'une foule de causes, surgir des fluides qui lubrifient l'appareil digestif ?

Un aliment qui vivait il y a peu, l'humidité de sucs vivifiants introduits dans un appareil vivant destiné à produire un fluide vivificateur, donneraient lieu, en se décomposant, à des produits sans vie, et la matière, qui depuis longtemps a cessé de vivre, éprouvée par la haute température des cavités souterraines, par de puissants réactifs inorganiques, serait le levain de générations nouvelles quand elle revoit la lumière, subit l'influence de l'air.

Des liquides appauvris, découlés d'un cadavre glacé sur un froid granit, surgiraient des myriades de corpuscules vivants, et la viande d'un bœuf tué en pleine santé aurait pour résultat, dans l'estomac d'un homme robuste, des agents sans vitalité. Nul ne peut le croire. Voyons si quelques phénomènes, puisés dans le monde vivant, nous permettront d'appeler parasites les venins, les vivus; de considérer surtout comme tels les corpuscules organiques qui résultent de la non digestion des aliments dans l'estomac, les intestins.

Muscardine, parasite végétal sur un animal.

Un ver à soie monte hardiment sur sa bruyère; la foudre éclate, la pluie tombe; le sol brûlant et desséché exhale des vapeurs miasmatiques; les litières fermentent. Si le produit de cette effervescence trouve la chenille dans des conditions favorables à son action, elle est en peu de temps transformée en un morceau de craie : tissus, fluide ambré de la soie, tout disparaît pour faire place au fongus envahisseur.

Les meilleures semences restent inactives dans des terrains spéciaux; les germes des épidémies, sans action sur certains organismes, envahissent au contraire les sols vivants favorables à leur action, avec une impétuosité d'autant plus grande que les générations qui les produisent ont une existence de plus courte durée : la muscardine en est un exemple.

Parasite végétal sur un végétal.

Une plaine complantée de vignes frappe agréablement l'esprit et la vue par sa végétation pompeuse. Du soir au lendemain, son feuillage ver-luisant devient triste et flétri; de jour en jour les feuilles se racornissent, semblent diminuer de nombre, et les sarments de volume. La rigidité, la sécheresse succèdent à la fraîcheur, l'élasticité. On examine : un fongus lichénoïde tapisse le dessous de la feuille; des globules couvrent le raisin; ils détournent à leur bénéfice les sucs destinés à la feuille, au fruit.

Parasite végétal sur un organe souterrain.

Sur une pomme de terre se montre un point brunâtre ; de proche en proche, l'entier tubercule est envahi par des géné rations désagrégatrices.

Le noirâtre fongus, cause de la mortification du tubercule, ne produit-il pas des effets semblables, analogues à ceux qu'entraîne la piqûre de l'insecte dans la pustule maligne, la morsure du serpent à sonnette, le virus miliaire ? Examinons sans idée préconçue, étudions sans prévention.

Influence d'une matière appelée morte sur un être vivant.

Un insecte dépose dans des tissus vivants, sains, un glo bule de matière putréfiée, un germe, une cellule peut-être, une cellule rendue libre par la putréfaction, une cellule-pierre de construction de tous les organismes, un organisme qui, par ses nucléoles et ses noyaux, n'a besoin que d'une condition favorable pour se multiplier, entrer dans la composition de nouvelles générations.

Peu après, la piqûre de l'insecte, les tissus circonvoisins prennent de zône en zône les caractères du globule putréfié, inoculé ; semblable au fongus qui a ramolli la pomme de terre, l'agent destructeur n'a-t-il pas envahi l'économie en se multi pliant ? La chute des forces, le teint du malade, plus tard l'état du cadavre ne disent-ils pas que des agents spoliateurs de la vitalité se sont partout répandus, et cependant un seul globule a été inoculé.

La muscardine est le fait de l'invasion d'un fongus : c'est un fongus qui ramollit la pomme de terre ; c'est un fongus qui dévaste la vigne, et l'on refuserait au globule putréfié, venu de matière qui a vécu, qu'ont avivé des fluides émis par l'insecte en état de vie, la faculté de produire un être vivant dans des tissus en pleine possession de leur vitalité !

M. P... tombe à califourchon sur une branche d'arbre; un épanchement a lieu dans la tunique vaginale droite; la tumeur est négligée. Quinze ans après l'accident, elle a neuf pouces de profondeur, un pied de long, presque autant de large : un sac en peau, des courroies, bretelles, sont indispensables pour la supporter. Une escarre se forme au sommet de cette tumeur incommode; des myriades d'hydatides s'en échappent, la cavité se vide, la guérison a lieu.

Les premières hydatides contenues dans cette tumeur traumatique ne furent-elles pas le résultat de l'organisation de la matière vivante contenue dans les fluides épanchés à la suite de la contusion ? La cellule qui fait le tissu homogène du polype ne forme-t-elle pas les tissus complexes des animaux les plus compliqués, les plus haut placés ? Selon les lieux où cette cellule entre dans la composition des organismes, elle se dispose en tissu cellulaire, nerfs, vaisseaux, en êtres qui vivent dans l'air, l'eau, dans d'autres êtres vivants, à leur surface dans l'épaisseur de leurs parenchymes. L'insecte propagateur de la pustule maligne n'inocule pas de l'acide prussique, ni aucun agent chimique meurtrier, mais bien des germes ou des corpuscules pour lesquels l'être envahi devient pâture, sol.

Serpent à sonnette.

Un serpent à sonnette pique un être vivant avec un appareil surexcité par la colère. La goutelette de venin qu'il injecte peut-elle être inorganique, morte, impropre à tout développement ? Quelques globules inoculés donnent lieu, avec une inconcevable rapidité, à l'augmentation de volume de la partie atteinte, et puis du tout. L'être envahi n'est bientôt plus qu'une masse inerte qu'achèvent de détruire les corpuscules qui s'y sont multipliés, développés. Ces infiniments petits, émanés du venin du serpent à sonnette, se multiplient avec une étonnante rapidité; ceux qui sont la cause des accidents de la rage demandent une incubation plus longue pour obtenir leur développement. Les animalcules contenus dans certaine secrétion ne donnent-ils pas lieu de penser que dans d'autres fluides secrétés sont aussi des corpuscules spéciaux?

Putréfaction des aliments dans l'estomac et les intestins.

Un homme de trente ans soupe avec de la truite, la digestion ne s'accomplit pas, l'aliment se décompose dans l'estomac et les intestins; le lendemain une suette miliaire (cas isolé) lui couvre le corps, des taches livides y sont çà et là répandues, la mort est foudroyante, la putréfaction y succède sans retard.

Des corpuscules de la nature du globule malin n'étaient-ils pas surgis de la matière alimentaire putréfiée dans le tube digestif? Absorbés et répandus dans le torrent de la circulation, n'avaient-ils pas éteint les forces, foudroyé la vie, amené cette prompte putréfaction? Ces parasites, dont la puissance anti-dynamique est si tranchée, ne jouèrent-ils pas en ce malade un rôle analogue semblable à celui que doivent accomplir, dans le cas qui va suivre, des myriades de vers aussi menus ou plus volumineux?

Un enfant de dix ans soupe de bon appétit, s'effraie, se couche; le lendemain il est trouvé mort dans son lit : le crime est soupçonné, l'autopsie faite, tout est exempt de phlegmasie aigüe, de maladie chronique, mais l'intestin contient quinze livres pesant d'une bouillie, d'une pâtée grisâtre rosée, formée par des myriades de vers capillaires, plus menus, microscopiques. La matière qui les avait formés n'était-elle pas l'aliment putréfié, dont les globules désagrégés avaient été absorbés, répandus dans le torrent de la circulation, dans toute l'économie? ces germes, ces infiniments petits, agirent-ils comme chimiques? non; firent-ils en un temps fort court un trop grand emprunt de vitalité au sujet vigoureux qu'ils avaient envahi, comme l'oïdium, le lierre, les mousses? détournèrent-ils à leur bénéfice des sucs, un influx indispensable à l'organisme que leur importunité avait détruit?

L'ascaride naît dans l'intestin ; de bien plus petits encore peuvent bien y éclore, s'y développer Si un nombre considérable de menus vers peut donner la mort plus promptement qu'un monstrueux tœnia, de quels désordres ne seront pas capables des êtres microscopiques, plus nombreux encore, que l'absorption, la circulation peuvent partout disséminer ?

Voyons si les quelques faits qui vont suivre appuieront cette manière de voir.

(A continuer.)

MADAME SAULTIER.

Somnambule magnétique artificielle, rue de la Préfecture,
à Lyon.

Le 12 juillet de l'année courante, j'ai été, par je ne sais quelle influence, entraîné vers la place de la Préfecture de Lyon. J'y admirais les gigantesques et magnifiques maisons qui l'encadrent, et la superbe fontaine en fonte qui la décore, lorsqu'une idée, frappant soudainement mon esprit, me fit souvenir que, quelques jours auparavant, Mlle L., sur qui j'avais eu l'honneur de faire une expérience de magnétisme, m'avait dit que, dans la rue de la Préfecture, située à quelques pas du point où je me trouvais, habitait une excellente somnambule du nom de Mme Saultier. Je résolus alors d'aller lui présenter mes hommages afin de pouvoir me créer, dans Lyon, quelques connaissances parmi les magnétiseurs ou les somnambules; je ne dus pas réfléchir longtemps, car, une minute après, je me trouvais assis dans un salon de l'entresol commodément meublé et garni pour l'usage auquel il est destiné. Je croyais avoir mal choisi mon heure et devoir m'en aller sans avoir eu le bonheur d'être présenté à Mme Saultier, lorsque, d'une porte qui s'ouvrit à mon côté, je vis sortir une personne à la physionomie douce, agréable et très-spirituelle. Après les salutations d'usage, je continuai avec elle la conversation que j'avais commencée avec son mari, homme d'un caractère apparemment bon, doux et conciliant en matière de foi.

La conversation roula tout d'abord sur différentes questions se rattachant généralement au magnétisme; à ce sujet, Mme Saultier me demanda de quel magnétisme je m'occupais plus spécialement, si c'était du magnétisme *animal* ou *du magnétisme céleste;* à quoi je répondis par cette question triviale aux yeux de certains magnétiseurs, mais très-importante pour ceux qui veulent en arriver à une définition absolue du magnétisme en général : Qu'entendez-vous, madame, *par magnétisme animal* ou *magnétisme céleste*, lui demandai-je? Le premier, me dit-elle, c'est l'application directe pure et simple de la magnétisation à la thérapeutique ou à toute autre chose; le deuxième, c'est l'expérimentation en matière de somnambulisme et son application à l'étude de la psychologie. En cela, Mme Saultier avait un peu raison. On se sert en général du mot magnétisme pour désigner la puissance que la nature développe et par laquelle se produisent certains effets d'harmonisation ou d'apparence contraire par la mise en contact de divers corps animés ou réputés inertes entre eux.

Par sa puissance magnétique, la nature maintient sans cesse, dans un état harmonieux, la grande légion universelle;

la puissance magnétique est la ficelle qui fait tout mouvoir dans l'immense lanterne magique que l'on appelle l'infinité des mondes; elle dirige tous nos mouvements et nous fait accomplir notre destinée; elle nous soutient dans notre pèlerinage et nous conduit à notre régénération matérielle et spirituelle. La puissance magnétique est celle qui dicte et fait accomplir tous les événements d'ici-bas, qui cependant, pour la plupart d'entre nous, ne semblent découler que de la volonté des hommes.

C'est par la puissance magnétique que l'ordre ou le désordre règne dans la société; que les esprits effervescents et tumultueux la veille, deviennent calmes et silencieux le lendemain.

Quoi qu'on en dise, notre société n'est pas placée seulement sous l'influence des hommes éminents qui y prédominent; elle est aussi influencée dans ses actions, surtout dans celles qui sont de nature à engager l'avenir par les nombreux êtres spirituels ayant déjà vécu et devant revivre dans son sein, ainsi que par ceux qui, n'y ayant pas encore vécu, sont appelés à y vivre de la vie animale matérielle.

Pas plus que le magnétisme pur et simple, le somnambulisme ne doit être appelé *magnétisme céleste*, car il est produit par notre puissance naturelle animale; cependant, pour ne pas être trop absolu dans mon raisonnement, je dirai que le somnambulisme naturel, les extases, les visions, le sommeil même, pourraient être considérés comme des effets de la puissance magnétique naturelle; et comme on a l'habitude d'attribuer à Dieu tout ce qui est en dehors de la puissance humaine, qualifier ces faits d'effets produits par la magnétisation céleste, qui dans ce cas signifie divine, me paraît chose raisonnable.

Malgré la divergence de notre opinion sur cette importante question, je dois avouer que j'ai reconnu en Mme Saultier une finesse et une subtilité d'esprit très-remarquable, un raisonnement sain, juste et très-profond; ce que j'ai surtout admiré en elle, c'est l'inébranlable foi qu'elle possède et sur laquelle elle a établi l'édifice de sa conviction.

Je me propose d'aller souvent, aussi souvent qu'il me sera permis de le faire, lui rendre des visites intéressées au point de vue de la science magnétique; et si je suis assez heureux pour assister à quelques-unes des expériences qu'elle fait, j'en rendrai un compte fidèle à mes lecteurs.

Comme somnambule, Mme Saultier, jouit d'une excellente réputation; les consultations qu'elle donne journellement aux différents membres de sa clientèle, démontrent de plus en plus sa supériorité somnambulique; on ne trouve chez elle ni ostentation ni orgueil, elle ne nie pas plus sa valeur qu'elle ne cherche à se rendre importante. Tout le prouve: Mme Saultier n'est que l'esclave de sa profonde conviction.

MANLIUS SALLES.

M. MABRU.

Sous ce titre, nous publierons, dans notre prochaine livraison, une dissertation sur le magnétisme, le somnambulisme et l'incrédulité systématique; nous aurons le plaisir de citer, dans cet article, quelques passages du *Journal du Magnétisme*, signés de notre savant collègue M. Maurin, et quelques lignes empruntées au journal l'*Union Magnétique*, dues à la plume de notre honorable collègue et correspondant M. Bernard.

Nous rendrons compte également à nos lecteurs des ouvrages relatifs au magnétisme, publiés par M. Vasseur, de Paris, rue Faubourg-Saint-Antoine, 159, et par M. Bauche, rue de Buci, 29, à Paris.

MANLIUS SALLES.

AVIS A NOS LECTEURS.

Toutes personnes ayant reçu sur leur demande, ou autrement, les livraisons parues de notre *Revue* et qui ne nous les auront pas retournées *franco*, d'ici à fin novembre 1859, seront considérées par nous comme ayant souscrit un abonnement pour le montant duquel nous ferons traite sur elles à vue.

Ceux de nos correspondants qui auraient quelques communications à nous faire, sont priés de s'adresser, jusqu'à nouvel avis, à M. Manlius Salles, notre Directeur, place du Champ-de-Mars, 12, à Valence (Drôme), où il séjournera quelque temps encore.

Nota—Nous prions nos collègues de la presse magnétiste d'insérer cet avis dans leurs journaux, nous leur en serons infiniment reconnaissant.   M. S.

PETITE CAUSERIE.

Il y a bientôt deux mois que je ne m'occupe nullement ou du moins très-peu, du magnétisme expérimental; cependant, je n'en suis pas moins resté l'un des plus fidèles apôtres de cette science naturelle et divine.

Aussi ne dois-je pas laisser passer sous silence deux expériences que j'ai faites dans ces derniers temps en chemin de fer.

Un jeune chasseur de Vincennes blessé, était dans notre compartiment et se plaignait beaucoup de ne pouvoir encore appuyer son pied gauche par terre sans souffrir énormément de deux blessures qu'il avait reçues à la fois, à la bataille de Solférino; il avait eu la jambe gauche traversée par une balle, en même temps qu'il était frappé d'une autre balle au-dessus du sein droit. Je lui proposai de le soulager immédiatement, par l'action magnétique, il y consentit; lui ayant fait mettre alors son pied sur le mien, en un instant il pût se redresser et rester debout en se portant sur sa jambe malade sans y ressentir la moindre douleur. Je regrettais alors de ne pouvoir accompagner ce jeune militaire jusqu'à sa destination, car très-probablement, il aurait été plus promptement guéri par l'emploi de mon système qu'il ne doit l'avoir été en suivant tout autre traitement. Cette expérience eût lieu en présence de plusieurs personnes dont je pourrais, s'il le fallait, citer les noms, car presque toutes appartenaient au personnel des employés du chemin de fer, entre autres je nommerais M. Gauthier, chef de train, se rendant à Lyon pour son service.

A propos de M. Gauthier, je vais citer plusieurs autres expériences que je fis quelques jours après dans un cas semblable. Je revenais encore cette fois de Valence et j'allais à Lyon ; je me trouvait dans un compartiment en compagnie de M. Gauthier, de Mme et M. Barescu, son mari, employé du mouvement ou du trafic, à Nimes (compagnie du chemin de fer de Paris à Lyon et à la Méditerranée.)

Dans cette circonstance, ce fût M. Gauthier qui me mit presqu'en demeure de falloir expérimenter sur lui et sur M. Barescu, ancien membre de l'Athénée magnétique de Lyon, ce dernier me rappela les excellentes expériences que j'avais faites en 1858 sur son collègue de Nimes, M. *Favier*, affligé d'une maladie très-grave dont il n'est peut-être pas encore guéri. Je reviens à mes moutons.

Cette fois, il ne s'agissait pas de faire disparaître des douleurs chez un malade, mais bien d'en provoquer chez des personnes en très-bonne santé. Je m'explique ainsi, car M. Gauthier paraît jouir d'un fort tempérament, il en est de même de M. Barescu, qui, craignant de compromettre sa position, me pria de ne jamais, dans mes écrits, le nommer en toutes lettres, à moins d'une absolue nécessité, que je reconnais devoir exister aujourd'hui en faveur de notre cause, qui est la sienne aussi, puisqu'il est magnétiste ; voilà pourquoi je ne tais pas son nom. Dans cette expérimentation, qui dura environ deux heures, je fis successivement accélérer ou ralentir le battement du pouls de chacun de ces messieurs ; je leur fis ressentir telle ou telle douleur qu'ils me demandaient ou que je désignais moi-même. Je leur procurais froid ou chaud à telle ou telle partie du corps qu'ils me désignaient eux-mêmes ; je leur déplaçais ces diverses sensations selon leur désir, et cela uniquement par l'effet de ma volonté , car je ne touchais jamais ces messieurs et ne faisais aucune passe.

Un jour, en me promenant, dans Lyon, j'allai voir M. Joly, herboriste, place Saint-Jean, que l'on m'avait indiqué comme étant l'un des plus zélés magnétiseurs de Lyon. L'entretien intéressant que nous eûmes ensemble me prouva que l'on ne m'avait pas trompé. Nous sortimes de chez lui, tous les deux dans l'intention de découvrir la demeure de mon ancien camarade et somnambule, M. *Claudius Bozin*, ou tout au moins pour nous informer de ce qu'il était devenu depuis 1843. Nous le trouvâmes, sans trop de peine, dans l'ancien domicile de feu son père, M. *Bozin*, herboriste-liquoriste, rue de Pazy, près des Célestins, M. Claudius ne pratique plus le magnétisme, il ne pourra donc pas m'être de nouveau utile par de nouvelles expériences ; mais il sera pour moi une preuve vivante de tout ce que je pourrai raconter de nos anciennes relations.

A peu près à la même époque, je rencontrai à Lyon une de mes anciennes connaissances de Nimes, M. Castanier, alors employé ingénieur dans les ateliers de construction de M. Ducret, à la Rotonde, chemin de fer de Nimes à Montpellier, aujourd'hui ingénieur-constructeur-mécanicien , rue de Condé et de la Liberté (Perrache , à Lyon). — Cet ami me dit que depuis la séance de magnétisme que je lui avais donnée (en 1849 ou 1850), il n'avait cessé de désirer s'occuper de cette science naturelle, qu'à cet effet, il s'était procuré tous les ouvrages traitant de magnétisme dont on lui avait parlé ; mais que jamais il n'avait eu l'occasion d'expérimenter. Il croit devoir sa conviction de magnétiste à différentes circonstances de sa vie; il m'a dit plusieurs fois que, sans savoir ni comment ni pourquoi cela était ainsi, il avait toujours prévu à l'avance les différents évènements qui avaient caractérisé son existence, et qu'il avait toujours annoncé, longtemps avant leur naissance, le sexe et la viabilité des enfants que sa femme devait mettre au monde ; cela est d'autant plus croyable, qu'il est facile d'en avoir la preuve, et qu'on peut en juger sur la physionomie seule de M. Castanier.

Je vais, à propos de ce que je dis de M. Castanier, raconter ce que j'ai fait moi-même l'été dernier, c'est-à-dire en juillet ou en août 1859. Pendant une soirée brûlante, nous étions assis plusieurs voisins et moi, devant la porte de M. Edouard Caseneuve, chez lequel je logeais en garni, cours Charlemagne, 1, (Perrache), à Lyon. Je ne me souviens pas du sujet sur lequel roulait notre conversation, lorsque je fus interpellé par Mme Caseneuve, qui me pria de lui dire quel serait le sexe de l'enfant que mettrait au monde sa fille, là présente, (Mme X. dont le mari est l'un des employé chefs dans les bureaux de la messagerie, gare de Perrache, à Lyon ; je lui répondis, sans faire la moindre réflexion que sa fille donnerait le jour à une jolie petite fille, qui viendrait au monde avec beaucoup de cheveux. Ma prédiction s'accomplit très-exactement pendant la même nuit, et à la surprise de la famille Caseneuve, de M. X., père de l'enfant, etc., etc., tous présents lors de ma prédiction et à la naissance de l'enfant.

Je reviens à M. Castanier, afin de raconter l'excellente expérience que j'eus le bonheur de faire à sa demande de 1849 à 1850, à Nîmes, avec l'aide de mon somnambule, M. David Montet, de Nîmes, actuellement négociant à Paris.

M. Castanier est, de mon frère, un ancien camarade de l'école d'Arts et Métiers de Châlon-sur-Marne; c'est à cette circonstance que je dois de le connaître. En 1849, je m'occupais plus que je ne le fais aujourd'hui du somnambulisme. J'avais continuellement à ma disposition plusieurs somnambules en ville, et donnais presque tous les jours des séances particulières auxquelles, sans y être directement invités, assistait une foule de spectateurs que, cependant, j'admettais toujours avec plaisir, car alors, comme aujourd'hui, je n'avais d'autre but, dans mes expérimentations, que la propagation du magnétisme; aussi, ai-je fait, cela soit dit sans ostentation, beaucoup d'adeptes dans Nimes et partout où j'ai passé.

Un jour, dis-je, M. Castanier vint me voir, dans la maison de mon père, rue de la Lampèze, à Nimes, où j'habitais avec toute ma famille; il me pria de lui donner une séance de magnétisme; j'y consentis, car en cet instant M. Montet était chez moi. — Celui-ci, une fois endormi, se transporta, par la pensée, chez M. Castanier, y vit un jeune enfant couché sur un buffet et Mme Castanier souffrant d'une douleur assez vive; après les mille autres détails qu'il nous donna dans cette excursion, j'éveillai le somnambule et n'osai croire, je l'avoue, à rien de ce qu'il nous avait dit. Depuis lors, je n'ai revu M. Castanier qu'à Lyon, en juillet dernier, et c'est dans cette circonstance que j'ai appris par lui-même et par sa femme que tout ce que nous avait dit M. David Montet, dans la séance en question, avait été vrai en tout point.

En parlant de M. Montet (David), je pense à ce que son père (mon oncle), nous a raconté maintes fois, il y a fort longtemps. — « Un jour, nous disait-il, que ma femme était allée chez elle, je me couchai comme à mon habitude, gai et ne pensant à rien, lorsque, après avoir éteint ma lumière, je sentis très-distinctement deux mains se poser sur moi, comme si c'eût été quelqu'un qui voulût monter sur le lit. Ayant demandé qui était là, et n'ayant eu aucune réponse, j'allais m'endormir, croyant avoir été victime d'une hallucination, quand les mêmes attouchements se renouvelèrent deux fois encore et d'une manière plus prononcée; alors frappé de terreur, je me levai et courus à mes armes en criant au voleur; mon père, ma mère et mon frère accoururent à mes cris, mais ne virent rien chez moi ayant pu motiver ma terreur ni mes craintes; néanmoins, je ne couchai pas cette nuit-là chez moi. » Faut-il conclure de ce récit que quelque être spirituel était la cause de cet incident? Je le suppose ainsi; libre à chacun de penser autrement.

Il faut que je raconte ici, en passant, un songe que j'eus en 1849 ou en 1850, et qui se réalisa le matin même de ce jour : J'avais vu, dans mon songe, un nommé M. Michel, que j'étais censé connaître, et que pourtant je ne reconnaissais nullement. Ce M. Michel m'avait abordé en ces termes : « Bonjour, Monsieur ; êtes-vous l'un des fils de la maison? » Sur ma réponse affirmative, il m'avait dit : « Alors ayez l'obligence de me dire votre nom de baptême, car je ne sais si c'est à vous ou à M. votre frère qu'il faut que je parle. » Lui ayant dit mon nom (Manlius Salles), il déclara que c'était bien moi qu'il voulait voir et avec qui il avait à faire.

La première personne que je vis le matin, en sortant de la maison, fut mon père nourricier, M. Michel, propriétaire à La Salle, qui, ne m'ayant plus revu depuis que j'avais été sevré (il y avait près de 22 ou 23 ans), ne me reconnaissait pas; il m'aborda dans les mêmes termes dont s'était servi le M. Michel de mon songe; moi-même, le voyant venir d'assez loin et l'ayant pris pour le père nourricier de ma petite fille, je fus étonné quand j'eus reconnu mon erreur, et plus encore quand il se fût déclaré mon propre père nourricier, car il est bien naturel que j'aurais dû le connaître.

A cette époque, plus qu'aujourd'hui, j'étudiais mes songes; j'étais même parvenu à me créer un système de prévision presque infaillible, une *Clef des Songes* que je consultais journellement, et de laquelle j'ai tiré sans nul doute la force de ma conviction.

Il n'y a que quelques jours, qu'en me trouvant à la station de Saint-Rambert, je me suis senti plusieurs fois poser une main assez lourde sur l'épaule ; mais, n'ayant vu personne derrière moi, je pensai immédiatement que ce ne pouvait être qu'un esprit qui, voulant entrer en communication avec moi, me produisait cette sensation. Cela, je dois l'avouer, n'a pas eu de suite et je n'ai pu, par conséquent, étudier ce phénomène qui, pour la deuxième ou troisième fois seulement, se produisait chez moi.

MANLIUS SALLES.

UNE BONNE FORTUNE.

Nous avons reçu de M. Jobard, conservateur du musée royal industriel de Bruxelles, la lettre et l'intéressant article qui suivent ; nous serions vraiment heureux de pouvoir conserver ce savant propagateur des sciences naturelles au nombre de nos collaborateurs correspondants. Nous le remercions infiniment de ce qu'il a daigné rentrer en relations avec nous par l'envoi de son article, sur *l'état du magnétisme en Belgique ;* cela promet beaucoup pour l'avenir de notre modeste feuille ; aussi le prions-nous de ne point s'en tenir là, car mieux que nous, il sait que la propagation du magnétisme dépend essentiellement de la part qu'y prennent ou y prendront les hommes de son caractère et de son importance sociale.

Nous n'osons encore nous avouer entièrement croyant aux phénomènes de spiritualisme que M. Jobard relate dans sa très-honorée lettre, mais cependant nous ne nous posons pas le moins du monde en opposants systématiques. Nous n'ignorons pas que seule la manière d'envisager un fait le rend plus ou moins admissible ; quant à nous, nous admettons ces phénomènes comme vrais, mais, nous les raisonnons à notre point de vue :

2

Ainsi, par exemple, nous n'osons pas croire qu'une personne non éclairée par les rayons sacrés de la foi, en matière de magnétisme, puisse entendre parler les esprits ni même voir les apparitions que provoque *M. Révius fils, de Lahaye*; il résulte donc, de notre aveu, que telle chose est vraie ou peut l'être, mais que nous ne sommes pas tous assez heureux pour l'avoir vue, ou pour la comprendre, ou pour la croire sans l'avoir vue. La foi nous est donnée par Dieu; elle est la plus grande faveur qu'il puisse nous accorder, car elle est la clef de tous les mystères de la création.

MANLIUS SALLES.

Bruxelles, le 17 septembre 1859.

A M. Manlius SALLES, *boulevard de la Madeleine*, à Nimes, Directeur de la *Revue Contemporaine des sciences occultes et naturelles*.

Je viens de recevoir l'hommage de votre *Revue*, et je vous en remercie en vous adressant un article sur l'état du magnétisme en Belgique que j'avais préparé pour une autre publication.

Allix vient s'établir à Bruxelles; *Charavet* part ce soir comblé de cadeaux des gens qu'il a guéri de loin.

Une société vient de se fonder à Lahaye, par les soins du major Révius, son président, dont le fils répète les mêmes phénomènes que Home, plus les esprits parlant de manière à être entendus de tous.

Je vous recommande, non pas la lecture, mais l'étude consciencieuse des livres du paysan du Var.

Votre dévoué collègue en sorcellerie de toute espèce,

JOBARD.

CORRESPONDANCE BRUXELLOISE.

Le magnétisme en Belgique.

Il faut que le magnétisme ait la vie dure pour avoir résisté depuis près d'un siècle aux persécutions de tout genre dirigées contre lui par les corporations médicales, protégées par les lois sévères, qu'elles ont eu l'adresse d'obtenir et dont elles usent sans pitié ni miséricorde.

Un moment, la médecine officielle belge a cru avoir écrasé l'infâme qui se permet de guérir sans remèdes et sans diplôme, les malades qu'elle déclare incurables. Notre pays avait été purgé de tout magnétiseur; mais, pareil aux canons rayés qui tuent à perte de vue, le magnétisme, comme l'homéopathie, guérissent de loin, par la poste, par le télégraphe; les médecins sont donc aussi en peine que le seront les douaniers après l'invention des ballons; *Hygie* leur passe par-dessus la tête, comme Mercure, fraudeur, qui a des ailes aux talons, comme vous savez.....

Voici qu'un certain nombre de personnes de la haute société bruxelloise, ayant été guéries à vol d'oiseau, et désirant témoigner personnellement leur reconnaissance à leur sauveur inconnu, avaient invité le célèbre somnambule du Gard et M. Robert, son magnétiseur, à venir dîner avec elles; mais, aussitôt débarqués, ils ont reçu l'ordre de se rendre à la police de sûreté pour y exhiber leurs parchemins.

Le jury médical, rassemblé en hâte pour conjurer ce danger, avait rédigé sa plainte, rien que sur le bruit de l'arrivée prochaine de ces deux redoutables concurrents, qui ont répondu : « Nous n'avons pas de peau d'âne, c'est vrai; nous avons guéri, c'est encore vrai, voilà les noms de nos clients; mais nos passeports sont en règle et nous mettent sous la protection de notre

ambassadeur ; et puis, nous connaissons la loi qui vous couvre
si mal qu'il est urgent d'en faire faire une autre ; car celle-ci permet évidemment la pratique du magnétisme en Belgique ; voyez
plutôt » : « Il est défendu d'exercer aucune des branches de l'art
de guérir, d'administrer, d'ordonner, même de conseiller des
remèdes aux malades, sans diplôme. »

Or, le magnétisme, vous en convenez, n'est point une des
branches de l'art de guérir ; puisque vous ne le reconnaissez pas,
ne l'étudiez pas et ne délivrez pas de diplômes *ad hoc ergo !*
Vous n'avez ni juridiction sur lui ni sur nous. Quant à vos
remèdes métalliques nouveaux, nous les avons en trop peu
d'estime pour en conseiller ou administrer l'emploi, car nous ne
voulons pas être aussi imprudents que vous ; mais, ce que vous
ne savez pas et ne croyez pas, c'est que le magnétisme, le mas-
sage, les passes et les insufflations suffisent pour calmer et
guérir toutes les maladies nerveuses, l'épilepsie, la catalepsie,
le tétanos et les névralgies multiformes, si communes aujourd'hui, et que vous ne guérissez pas, en vous retranchant
derrière cette pauvre excuse : *Que voulez-vous ? c'est nerveux,
nous ni pouvons rien !* C'est une affaire de temps, un voyage,
les eaux vous feraient peut-être du bien !

Convenez qu'il n'est pas un de vous qui ne prononce chaque
semaine cette sentence, au point que tous vos malades la savent
par cœur.

Après cela, vous avez bien mauvaise grâce de repousser le
magnétisme et de ne pas vous en servir pour combler cette
grande lacune de vos études et de vos pharmacopées, comme le
font les homéopathes et plusieurs allopathes de mérites et de
bons sens, qui ne sont pas assez bornés pour déclarer en chaire
comme nous l'avons entendu, que la médecine officielle est aujourd'hui une science aussi exacte que la géométrie.

Tenez ! vous aurez à faire pour retarder la marche du progrès,
car, chaque année, il fait un pas et vous laisse derrière, comme

ces bornes milliaires plantées sur le bord des routes pour vous indiquer le chemin que nous avons fait sans vous. Toute la peine que vous vous donnez, les Romains l'appelaient *l'abor improbus!* Prenez-y garde, les trainards, qui se détachent de l'armée du progrès, ne font que la rendre plus mobile et lui permettent d'accélérer sa marche vers la perfection indéfinie qui est la loi de Dieu.

Ne croyez pas tuer ce qui vous dépasse en l'appelant charlatanisme, sottise, utopie; car on l'a dit, l'utopie de la veille sera la vérité du lendemain. Ne vous rappelez-vous pas les temps où l'on traitait votre médecine d'empyrisme, de mensonge, de charlatanisme aussi? Vous faites aux nouveaux venus ce que vous étiez si fâchés qu'on vous fît alors, et alors, comme aujourd'hui, toutes vos lois commençaient par ces mots contre nature: *Avons arrêté et arrêtons!* comme si Dieu était soumis à vos lois protectrices des animaux surtout.

Ayons-donc un peu plus de logique que nos devanciers, et soyons assez curieux pour examiner les systèmes, les utopies et les faits nouveaux; car la curiosité est la source de l'instruction; il n'y a que les animaux et les sauvages qui ne soient pas curieux, et c'est pour cela qu'ils restent bêtes et sauvages.

On vient de condamner, à Douai, un bourgeois qui, ne croyant pas au magnétisme, et, pour s'en moquer, a produit un effet terrible sur le jeune *Jourdain*, sans le toucher. Ce fait constate au moins l'existence et la puissance du magnétisme. Or, comme toutes les forces de la nature ont double versant, et que toute chose puissante pour le bien est également puissante pour le mal, la proposition contraire est aussi vraie; la poudre, la vapeur, une allumette, un clou, un pavé sont des forces, cela dépend de la manière de s'en servir et de la moralité de la main qui les manie.

Tout le monde connait, en Belgique, un jeune garçon millionnaire qui se trouve précisément dans la position où le jeune

Jourdain a été mis par le magnétisme; il est homéopathique-
ment certain que l'application d'un traitement *semblable* le
guérirait; mais ses médecins se gardent bien d'en ordonner
l'essai. Dam ! c'est un si bon malade !

Allons ! soyez bons princes, laissez passer le magnétisme
comme vous avez été forcé de laisser passer la circulation du
sang, la vaccine et l'homéopathie; ne le chassez pas, et vous
ne serez plus forcé d'avouer à vos malades qui invoquent par
instinct le secours du magnétisme : il n'y a plus trace de magnétiseurs en Belgique, nous les avons fait expulser tous.

Celui qui écrit ces lignes a été témoin oculaire et auriculaire
d'un cas semblable.   JOBARD.

Si le jeune millionnaire, dont parle M. Jobard, consent à
venir habiter auprès de moi je me chargerai de le traiter gratuitement, et s'il plaît à Dieu avec succès pour l'amour et pour
la gloire du magnétisme; qu'on le lui dise !....   M. SALLES.

RÉJOUISSEZ-VOUS , MAGNÉTISEURS ,
Car la lumière se fait.

Partout où le progrès a pénétré, des milliers de voies s'élè-
vent pour acclamer la doctrine bienfaitrice et régénératrice du
magnétisme; en vain, les doctes assemblées de médecine, et de
théologie tentent-elles d'en arrêter la marche progressive. Le voile
qui, depuis des siècles est suspendu entre l'humanité et la
puissance mystérieuse de la nature , laisse, par son usure,
entrevoir aux regards ébahis de la multitude un heureux avenir,
et arriver jusqu'à notre cœur un rayon salutaire de la divine
espérance; bientôt pour nous, le présent ne sera plus qu'une
très-courte étape de la route éternelle que nous suivons depuis
le commencement des siècles, et que nous devons encore parcourir jusqu'à leur entière consommation qui , je crois, n'aura
jamais lieu; car, de transformation en transformation, et de
progression en progression nous arriverons à nous identifier

entièrement avec l'être infiniment perfectionné que l'on appelle Dieu; idéal indéfinissable, qui a toujours été, et qui sera éternellement le Tout-Puissant directeur et le Maître suprême de l'univers.

MANLIUS SALLES.

THÉORIE
De l'étendue, de la souplesse et du déplacement des Sens chez certains Somnambules.

Est-il vrai que certains somnambules magnétiques voient ou peuvent voir par toutes les parties du corps ?

Les sens ne sont que les transmetteurs intuitifs des volontés de l'âme à la matière. Ils sont desservis dans notre organisation matérielle animale chacun par un organe spécial, c'est ce qui explique les phénomènes somnambuliques que tout magnétiseur peut avoir remarqué, tels que la vue à des distances incommensurables, même au-delà de notre globe par un somnambule par lequel on voit toucher et reconnaître par le contact un objet dont ils sont séparés par des distances incalculables; apprécier le goût d'une chose dont il ignore quelquefois l'existence et n'existant quelquefois plus que dans la mémoire de telle ou telle personne; entendre et distinguer clairement le son d'une cloche située à plusieurs centaines de lieues, quand bien même elle ne sonnerait pas en cet instant; — toutes ces expériences ont été répétées plusieurs fois par la plupart de mes somnambules et principalement par M. Claudius Bozin, de Lyon, MM. David Montet, *Aubert*, fils d'un conseiller municipal de Nimes, *Fontaine Pin, Hippolyte Arnal, François Cabanis, Espaze*, feu *Emile Lauze*, Mmes Clara, Parent, Aimée, Anaïs, habitants de Nimes, et par Mme Moiret, marchande de nouveauté, grand'rue à Vaise (Lyon), etc., etc. (En juillet 1859.)

M. Claudius Bozin voyait aussi bien le passé que le présent ; je ne dirai rien de l'avenir, quoiqu'en maintes circonstances il m'en ait parlé avec beaucoup de précision et de justesse ; il lisait aussi mes lettres, quoique cachetées et enfermées dans mes poches.

M. David Montet a maintes fois, dans son imagination, fait sonner la cloche d'un village qu'il traversait par le rêve, et le son qu'il disait entendre était bien celui de la cloche en question. Si parfois je le faisais censément boire quelque chose, quoiqu'en réalité je ne lui donnasse rien, il reconnaissait le goût de la boisson qu'il croyait boire, et tout son être en ressentait, bons ou mauvais, tous les effets ; il avait le mal de mer, quand il se croyait navigant en mer ; il pâlissait et avait froid, quand il se croyait dans l'espace ; il était suffoqué, quand il était censément dans la terre.

Feu *M. Emile Lauze*, alors commis chez M. Brunel-Blanc, à Nîmes, avec lequel plus tard il a été associé, vomit un jour en mordant sur un morceau de sucre, que je lui avais donné pour de l'aloès, ce fait a eu lieu en présence de nombreux témoins.

M. Espaze, alors principal employé dans la maison Margarot-Pauc, banquier, à Nîmes, quoique bien éveillé, voyait telle chose que je voulais lui faire voir, quoiqu'elle n'exista pas, ou ne voyait plus, quoique visible, ce que je voulais lui faire disparaître. Il restait néanmoins, pendant l'expérimentation, le même vis-à-vis de la société qui l'entourait, causant et plaisantant avec chacun de nous, comme en son état normal. — Je me souviens qu'un jour je lui fis croire qu'il était habillé en garde national de 1830, et, quoiqu'il ne pût se rendre compte de son travestissement, il n'en fut pas moins convaincu. Il faut bien se garder de conclure de cela que M. Espaze était un imbécile, car, je le répète, alors comme aujourd'hui, il occupait un très-important emploi dans une grande maison de banque de Nîmes (Gard).

Mme Parent ressentait, à ma volonté, les plus agréables sensations amoureuses et tombait, quoique bien éveillée et les
yeux grands ouverts, dans les plus charmants rêves. Je lui
paralysais ou lui cataleptisais tel membre qu'on me désignait,
sans qu'elle pût ni voulût opposer la moindre résistance. Ces
expériences avaient toujours lieu devant plusieurs personnes,
parmi lesquels on remarquait MM. Nicot fils, avocat à Nimes,
Villard, avoué, Granier, docteur, Aurez, marchand chapelier.

M. Aubert m'avait prédit, huit jours avant qu'elle n'eût
lieu, et dans tous ses détails, la révolution de décembre 1851,
et m'a fourni l'occasion de faire, dans certaines circonstances,
des expériences remarquables de lucidité somnambulique à distance. Ce jeune homme ne se faisait magnétiser que pour
mieux étudier le magnétisme.

Mlle *Clara*, magnétisée un jour par M. Nicot, pendant que
s'accomplissait à Paris la révolution de 1851, lui raconta certains épisodes de la guerre civile, ayant lieu dans le moment
même; les faits n'ont été que trop vrais. Ils m'ont été racontés
par M. Nicot lui-même devant plusieurs témoins.

M. François Cabanis, ayant pris un enrouement pendant
une séance de magnétisme que nous donnions en amis chez
M. Aubanel, pharmacien, à Nimes, le garda pendant quelques jours, et n'en fut guéri que dans une autre séance pendant laquelle je lui fis censément boire quelques infusions de
thé. L'imagination seule avait agi sur ses organes; car je ne
lui donnai absolument rien à boire.

Le même somnambule était, à mon insu, parfois magnétisé
par le docteur Granier, de Nimes. Un jour que celui-ci le con-
sultait sur certaine chose d'un caractère très-particulier, il fut
étonné de le voir sanctionner ce que, quelque temps auparavant, Mlle Clara lui avait dit sur le même sujet; il donna même
de nouveaux détails, qui ont été d'une justesse et d'une vérité
incontestables; la preuve en a été fournie par les événements

qui se sont accomplis dans les deux ou trois années qui suivirent cette séance. — Cela m'a été raconté plusieurs fois depuis lors par M. le docteur Granier lui-même, devant plusieurs personnes, et je l'ai même relaté dans un article que je publiai dans la *Revue Méridionale*, de Nimes.

Le petit Hippolyte Arnal, de l'endroit où nous donnions nos séances, découvrait, les sources, les cours d'eau ou les mines qu'on lui disait de chercher, dans quelque lieu qu'on lui désignât.

En 1851, un soir, au corps-de-garde de la mairie, M. *Troupel fils aîné*, négociant, officier dans la garde nationale de Nimes, l'ayant envoyé visiter la cathédrale de Milan, fut fort étonné d'entendre ce petit garçon, non-seulement lui dire ce qu'il savait et qu'il avait présentement à la pensée, mais aussi lui rappeler des souvenirs et des impressions de voyage auxquels il ne pensait plus depuis longtemps.

M. Fontaine Pin, ébéniste, rue Pavée, à Nimes, qui visita un soir, dans son somnambulisme, les plus belles villes de l'Espagne et en garda, avec ma permission, à son réveil, le plus agréable souvenir.

L'un de mes amis me disait, il y a seulement quelques jours qu'il avait appris de M. F. même, négociant à Valence (Drôme), que Mme F., sa femme, était, dans un temps, sujette à de fréquentes attaques de catalepsie naturelle, que pendant la durée de ses attaques, elle voyait très-bien de près et à de très-grandes distances, ainsi qu'à travers les corps opaques, mais seulement par l'épigastre ; qu'elle restait en communication avec les personnes qui se mettaient en rapport avec elle, en lui appliquant la main sur cette partie du corps qu'il lui arrivait très-souvent de se plaindre de la pression qu'on exerçait sur son nez, ses joues, sur son front ou ses yeux, quand on appuyait trop fort. Faudrait-il conclure de cela que son être spirituel avait placé momentanément dans son estomac les sens correspondants à la tête? Je n'ose encore me prononcer, car on pourrait aussi supposer que son être spirituel se déplaçait entièrement, ne laissant juste dans le restant du corps que le principe unique de la vie animale.

Mme la comtesse ou vicomtesse de X., sœur de Mme F., de Valence, était aussi, dans un temps qui n'est pas bien éloigné, sujette à la même maladie. Un jour, qu'elle était en proie à une attaque, on lui demanda ce qu'il fallait faire pour la soulager; elle répondit qu'il fallait aller chercher le docteur, M. X., qu'on trouva occupé telle qu'elle l'avait dit et dans le lieu qu'elle avait désigné; les remèdes qu'elle s'ordonnait ont toujours été trouvés dans l'endroit qu'elle avait indiqué. La preuve de ces faits peut être facilement fournie, car il ne nous faudrait pas trop prier pour obtenir des personnes en question l'autorisation de citer leurs noms.

Dans la matinée du 9 ou 10 octobre dernier, le fait suivant m'a été raconté en chemin de fer, en présence de plusieurs personnes, par un voyageur, qui a déclaré se nommer Trémolière, de Lapavouse (Aveyron). Nous le laissons parler : « J'étais, nous a-t-il dit, en très-bonnes relations avec un Monsieur de X., et je savais qu'il attendait quelque chose d'une dame de ses connaissances; une nuit j'ai vu, dans un songe, cette dame occupée à préparer un paquet et prenant les objets qu'elle emballait dans une armoire, que je voyais très-bien. Je la vis aussi faire son expédition et par induction, je pressentis que le paquet arriverait le dimanche suivant à sa destination. Le lendemain de mon songe, je fis part de ce que j'avais rêvé à ce Monsieur, qui confirma tous les détails que je lui donnais sur l'état des lieux que, ainsi que cette dame, je ne connaissais nullement. Le dimanche suivant, le paquet contenant tout ce que j'avais annoncé arriva à l'heure dite. »

Ce voyageur nous a dit qu'il se rendait auprès de M. le proviseur du lycée impérial d'Alger. On peut, si on le désire, s'informer auprès de lui de la véracité du fait que nous lui faisons raconter ici.

Ne doit-on pas voir dans toutes ces expériences la preuve irréfutable que nous ne vivons en corps, c'est-à-dire dans notre ensemble individualisé, que par les impressions qui nous sont transmises par notre âme, autrement dit, par celui de tous les êtres composant notre ensemble, être, qui nous dirige et qui, par sa nature semi-spirituelle, est constamment en relation avec les autres êtres supérieurs commandant certaines agrégations animales, matérielles ou spirituelles. Cela explique aussi les effets qu'on qualifie d'hallucination, parce qu'ils ne rentrent pas dans le domaine des faits ordinaires; quant à moi, je les explique ainsi qu'il suit : Par exemple, dans la nuit du 16 au 17 septembre 1859, à trois heures du matin, étant bien éveillé, j'ai très-bien senti mes couvertures se soulever et se secouer sur moi, à deux reprises, au point de m'impressionner assez fortement. J'explique ce fait, dis-je, par l'intervention d'un être étranger à mon agrégation, agissant assez puissamment sur mes sens pour leur communiquer l'impression que j'ai ressentie. Dire pourquoi ces faits se produisent, je n'en sais encore rien, car c'est à peine si j'en ai constaté trois ou quatre; plus tard, il me sera peut-être donné de le savoir... En attendant l'éclaircissement de ce mystère, voyons, croyons et étudions.

(*A continuer.*)   MANLIUS SALLES.

Remerciment à nos collègues de la Presse magnétiste.

L'accueil vraiment sympathique qu'à reçu notre publication, à son apparition dans la société, est une preuve de plus du progrès que celle-ci à fait dans la voie des sciences naturelles; car ce n'est nullement l'esprit avec lequel nous rédigeons notre feuille qui nous a valu ces encouragements et le concours des hommes vraiment savants et croyants tout à la fois, qui nous honorent de leur collaboration. Il est encore très-rare aujourd'hui de rencontrer dans la société savante un croyant assez hardi pour confesser publiquement sa foi.

Nous ne saurions trop remercier nos collègues de la presse en général du concours et des conseils qu'ils nous ont maintes fois donnés. Nous nous efforcerons de plus en plus de suivre leurs bons exemples, afin d'être un jour dignes de figurer dans leurs rangs.

Nous avons plus particulièrement à remercier de leur bon accueil et bons offices, l'*Union magnétique*, le *Journal du magnétisme* et la *Revue spiritualiste* de Paris, avec lesquels nous sommes depuis longtemps en très-bonnes relations.

Au moment de mettre sous presse nous recevons de M. Jobard la lettre suivante; nous ne croyons pas devoir en renvoyer sa publication à une prochaine livraison, malgré l'abondance des matières que nous avons de composée pour cette double livraison. Si nous continuons, comme nous osons l'espérer, à recevoir d'aussi nombreuses communications et souscriptions, nous ferons paraître notre *Revue* comme nous l'avions d'abord annoncé, une fois par semaine.

MANLIUS SALLES.

CORRESPONDANCE BRUXELLOISE.
Dernières nouvelles.

Monsieur le Directeur,

Je vois, dans votre *Revue*, que vous entreprenez de répondre aux demandes d'explications qui vous sont adressées, sur les causes de tel ou tel effet du magnétique, psychique, etc. Je suis d'avis qu'il ne convient pas d'initier en cela les savants officiels qui se croient obligés de tout expliquer par des mots, alors qu'ils ne connaissent les causes de rien.

Soyons plus humbles, avouons notre ignorance, ne couvrons pas un désert d'idées d'un déluge de paroles, car on nous prendrait pour des académiciens de la veille.

Disons, que puisque nous ne savons pas pourquoi l'aimant attire le fer ni comment pousse un champignon, nous pouvons bien ignorer comment LA VUE A DISTANCE a lieu chez les somnambules. Constatons des faits, multiplions les exemples, mais pour Dieu, n'essayons pas de les expliquer, avant d'avoir reçu LA CLEF DE LA VIE qui nous a été promise et annoncée en ces termes : « Il n'est rien de caché qui ne soit découvert, rien de secret qui ne doive être connu » (Ev. st. *Math.*), quand les temps seront venus; car Dieu n'est pas comme ces inventeurs vulgaires qui s'efforcent de cacher leur secret; lui, le grand inventeur, les étale à tous les yeux, dans la grande bible de la nature, que nous ne saurons lire que quand il nous enverra quelque divin professeur pour nous enseigner son sublime alphabet.

J'aurais encore bien des choses à vous dire, mais votre esprit ne pourrait « les porter à présent », a dit le Christ à ses apôtres. Ce qui signifie : l'humanité dans son enfance, doit croire sur la parole du maître, il lui faut des mystères et des miracles, mais un temps viendra où ils ne seront plus nécessaires, et seront remplacés par une foi adulte, éclairée, scientifique, persuasive, qui ne trouvera plus rien de surnaturel dans aucun des phénomènes de la vie du ciel et de la terre.

Voici un exemple d'un de ces mystères, que l'esprit des disciples ni des apôtres n'aurait pu porter et que le nôtre peut parfaitement *porter à présent*, c'est la cause qui a pu engager le Christ à prohiber les mariages consanguins, c'est-à-dire, entre trop proches parents.

Pendant que je magnétisais la femme d'un ancien ministre, en proie à une névralgie universelle, et qui venait d'être abandonnée par les deux premiers médecins allopathes et homéopathes de Bruxelles, il survint une crise tétanique à la somnambule. Je lui demandais ce qu'il fallait faire pour la calmer : — La main entre les deux épaules, ce qui la calma en effet immédiatement.

Mais, lui dis-je, quand de pareilles crises vous surprennent est-ce qu'un de vos nombreux et grands enfants ne pourrait vous soulager de la même manière ? « Non, dit-elle, il faut un fluide étranger ; car entre eux et moi, c'est le même fluide, et les fluides de non semblable se repoussent quand les fluides de non contraire s'attirent. »

J'avoue que cette réponse fut pour moi un trait de lumière, qui me fit comprendre pourquoi, les mariages en question ont été purement et simplement interdits ; sans plus.

En effet, le Christ devait réserver ses explications pour le temps ou l'électricité et le magnétisme seraient connus, ainsi que les effets de la polarisation.

Il en doit être ainsi de bien des secrets qui semblent encore supernaturels et contraires *aux lois de la nature*, comme disent les MABRUS qui ont la prétention de connaître toutes les lois naturelles ; pécaire !

Entre gens possédant un fluide semblable, il ne peut exister d'attraction ni d'amour ; de pareilles unions ne peuvent donner que de mauvais fruits ; le récent exemple de deux frères ayant épousé leur deux cousines germaines en est une preuve de plus, mais saillante ; car ils ne produisirent que des Albinos. La femme de l'un d'eux étant morte, il en épousa une autre, étrangère à sa famille et il en eût des enfants ordinaires.

Je ne sais si vous connaissez les ouvrages du paysan du Var ; je les étudie depuis six mois, et je déclare, comme Louis Jourdan, qu'après l'Evangile il n'a jamais été publié sur la terre un livre plus savant, plus profond, plus sublime et plus convaincant ; vous devez y renvoyer tous ceux qui vous font des questions sur le magnétisme, le spiritisme et la magie ; ils y trouveront le dernier mot de ce qu'ils cherchent. Nous y renvoyons de même les physiciens, les chimistes, les géologues, les naturalistes et les théologiens car tout y est expliqué, non-seulement, d'une façon satisfaisante, mais convaincante.

Nul doute que cet ignorant de toutes nos *sciences mortes*, comme il les appelle, n'ait reçu la révélation de la science vivante et la clé de *la vie universelle;* mais il faut être très-savant et de très-bonne foi pour comprendre, même quelque partie de ce vaste ensemble où il est impossible de rencontrer la moindre contradiction, le moindre défaut de logique, la moindre solution de continuité, dans cette grande synthèse universelle, qui va dérouter tous les faiseurs d'utopie et de systèmes cosmogoniques.

L'esprit de Humboldt évoqué par nous, en présence de douze témoins qui ont signé le procès-verbal de son interrogatoire, que je vous enverrai si vous le désirez, a déclaré formellement que ce paysan était un prophète *incontestablement* et le dernier après Jésus-Christ. C'est cette déclaration qui a empêché les divers recueils magnétiques et spiritistes d'imprimer cette pièce.

(Guerre de boutique). Je suis convaincu que vous n'en faites point partie et que vous recevrez, vous, la vérité de quelque bouche quelle sorte, le bien de quelque main qu'il vienne.

« Toutes les manifestations actuelles, dit le paysan, sont » la fumée de la flamme qu'il m'a été donné de refléter, car je » ne suis que l'humble porte-voix de l'esprit de vérité. »

Figurez-vous qu'il ne comprend plus ses livres dès qu'il est sorti d'extase.

Il écrit en ce moment à Figanières, où il a reçu l'ordre de se retirer, un livre sur la *Médecine du corps et de l'âme*. Je n'en suivrai plus d'autre. Il a déjà terminé la partie morale. Il a trouvé un richard qui le fera imprimer à un million d'exemplaire. Voilà un bon apôtre.

Nous avons eu ici Chavaret, du Gard, et Robert, son magnétiseur, qui sont partis chargés de cadeaux pour avoir guéri de riches personnages, abandonnés par la médecine.

Le major *Prévius* vient de fonder une société spiritisme à Lahaye; il a un esprit qui *touche du piano et qui parle.*

Allix a quitté le Piémont, pour venir en faire autant à Bruxelles où l'on ne fait rien.

Regadzoni est en Hollande; c'est l'hercule du magnétisme brutal.

Brunet de Ballans est allé de prison en prison jusqu'à Genève.

Babinet a vu, et il est converti. Quand il me disait que la table ne pouvait tourner, je lui répondais comme Galilée à ses juges : *pue si muove! e lo vedreta.* Mais n'ayez garde qu'il le dise à l'Académie. On appelle cela du *respect humain*, c'est *respect animal* qu'il faudrait dire, car c'est la bête et non l'esprit que l'on respecte en ce cas. Mais comme la toute puissance est dans la majorité, et que la majorité est ignorante, sotte et orgueilleuse, elle est redoutable encore; en attendant l'arrivée de l'esprit sur la terre, agréez mes très-sympathiques salutations. JOBARD,

Directeur du Musée Royal industriel de Bruxelles.

LES FARFADETS.

(Extrait de notre Correspondance particulière du 11 octobre 1859.)

M. S., d'Angers, notre correspondant, prétend avoir appris par un esprit que le dernier ouvrage de *Victor Hennequin*, intitulé l'*Ame de la terre*, et la *Clef de la vie*, par M. Michel de la Figanières, ne sont que des exagérations dictées par vengeance politique sans doute, exercée sur ces écrivains ou auteurs par l'esprit de *Ludovic Brouard*, de Clermont, ex-écrivain politique henriquinquiste, mort à Paris en 1846.

(Extrait du 17 octobre 1859.)

Le même correspondant me dit, dans sa lettre du 18, que celle que je lui avais écrite deux jours auparavant lui a été soustraite immédiatement après son arrivée, et que, l'ayant vainement cherchée pendant deux jours, il a supposé qu'il était encore, en cette circonstance, victime d'une niche *de far-fadet* (textuel). Je vais le laisser parler, ce sera plus naturel.

« Ce n'est pas la première fois, dit-il, que les farfadets
» s'amusent à me soustraire quelque chose, comme ils me font
» de temps à autres quelques mauvaises niches la nuit; des
» simulacres de *coups de tonnerres sénégaliques et d'éclairs*
» *bien assortis, par le plus beau clair de lune; de coups de*
» *fusils tirés près de moi, de l'écroulement d'une maison voi-*
» *sine; de la fenêtre ouverte avec fracas,* par le temps le plus
» calme et malgré les volets, etc. »

Si M. S. m'autorise à publier ses lettres et à les signer de son nom, je le ferai volontiers, afin d'enlever à l'extrait que nous avons fait de sa correspondance l'apparence d'un conte bleu fait à plaisir, mais qu'en raison de tout ce que j'ai vu je puis pren-dre au sérieux. Je me promets, à ce propos, de mentionner dans notre prochaine livraison un et même plusieurs faits semblables à ceux racontés par M. S., ayant eu lieu de 1847 à 1850, à bord du bateau à vapeur *la Poste*, capitaine M. Siat, alors employé au service du port de Marseille.

PARASITISME

INFINIMENT PETITS — SUETTE — CHOLÉRA
Par E. VERDIER, DE CAUVALAT (GARD),

Docteur en médecine de Montpellier, ex-chirurgien des mines de houille de Cavaillac, ex-médecin des épidémies, membre correspondant de la société nationale de médecine de Marseille, membre correspondant de la société académique de médecine de la même ville, fondateur et inspecteur de l'établissement d'eaux minérales hydro-sulfureuses de Cauvalat.

III.
Observation N° 1.

Un homme de vingt-quatre ans, constitué en athlète, dîne de bon appétit avec de la viande de bœuf, peu de temps après le repas il se met en colère. Dans la soirée, des pesanteurs l'estomac, la céphalalgie, une fatigue générale, des frissons se font sentir, la sueur froide à grosses gouttes couvre le visage; il se couche met plusieurs surnuméraires à son lit.

Dans le courant de la nuit la chaleur brûlante succède au frisson, soif ardente, sueurs excessives, chaudes, nausées.

Je suis appelé; la sueur exhalée de toute la surface du corps, vaporisée par la sueur brûlante, s'échappait à travers les couvertures, répandait dans toute la chambre une odeur de paille-fermentée; cette sueur vaporisée faisait naître dans les narines un sentiment de sécheresses comme le font les poussières chargées de chaux, avait une odeur analogue à celle de certains brouillards refoulés par les vents du midi.

Les boissons excitaient les nausées sans produire le vomissement; le ventre était tendu météorisé; la constipation opiniâtre; le pouls non fréquent; la sueur à grosses gouttes, grasses, très-abondante.

La faiblesse s'accroissait avec rapidité, le malade avait la ferme conviction que la scène ne pouvait être de longue durée. J'étais moi-même affecté de la chute brusque et radicale des forces de ce colosse de santé.

Je fis enlever avec précaution une partie des couvertures surnuméraires, aérer l'appartement, administrer le purgatif suivant :

Bouillon d'oseille et de chicorée salée, quatre tasses en une heure avec addition de demi-once huile de ricin à chaque tasse.

Le purgatif évacua la partie putrifiée qui se trouvait dans intestin, empoisonnait le malade, les selles exhalaient l'odeur les chairs de voierie; après quelques évacuations abondantes, a sueur commença à perdre sa mauvaise odeur, diminua de quantité, et quoique faible, le malade se sentit affranchi du mauvais génie qui le dominait, qui tendait à l'aniauter.

Le bouillon d'herbes fut continué sans addition d'huile de ricin, quelques selles eurent lieu dans la nuit. Le troisième jour je m'aperçus d'une milliaire confluente sur tout le corps, et boissons acidules, une diète convenable amènerait la convalescence, les membres inférieurs furent longtemps moulus et courbaturés.

Observation 2.

Un scieur de long d'une trentaine d'années, bilieux, nerveux vivait depuis plusieurs jours, d'une petite provision de bœuf qu'il tenait dans son bissac. Quelques heures après avoir pris son repas, il se sentit malade, présenta tous les symptômes détaillés à l'occasion du précédent sujet. Ce malade demandait toujours de la limonade gazeuse ; je le purgeai avec de l'eau de sedlitz ; les résultats, comme dans le premier cas, furent satisfaisants.

Chez le premier malade, la colère suspendit l'acte digestif l'aliment dont se reput le deuxième étant déjà décomposé, fut réfractaire à la digestion. Dans les deux cas, la viande de bœuf ne fut pas convertie en chyme, en chyle ; elle ne se décomposa pas en éléments radicaux, comme dans le creuset du chimiste sous l'influence de la chaleur humide, elle se putréfia, et le produit de cette désagrégation d'atomes organiques furent absorbés. Pestilentiels comme le globule malin qui inocule l'insecte ; stupéfiant comme le venin du serpent à sonnettes répandus dans le torrent circulatoire, ils opprimèrent promptement les forces.

Durant cet orage, la vitalité était polarisée sur l'exhalant cutané et l'absorbant de l'intestin : le premier rejetait au dehors, par des sueurs critiques, le poison que le deuxième recueillait dans le tube digestif. La nature conservatrice réunissait toutes ses forces sur ces deux points pour opérer la guérison.

Que la suspension de l'acte digestif, la putréfaction de l'aliment aient pour cause un agent, des airs, des eaux, des lieux, une commotion morale ou physique, la matière alimentaire elle-même, il convient de débarrasser la cavité digestive des mauvais levains qui l'emplissent. Sans cette précaution, les sueurs critiques, dans le principe, conserveraient leur abondance et leur mauvaise nature, seraient, à elles seules, un agent de destruction. Les faits qui précèdent l'ont prouvé, celui qui va suivre donne lieu de le penser.　　　　*(A continuer.)*

PETITE CORRESPONDANCE.

A M. S... , d'Anger.

Notre publication devant être considérée comme une tribune ouverte à toutes les écoles, nous traiterons en général toutes les questions relatives aux sciences naturelles, en laissant la liberté à chacun de nos abonnés de refuter ou de combattre telle ou telle doctrine. — Nous réservant toujours le droit de refuser telle insertion que nous ne trouverons pas convenable.

A M. Jobard, de Bruxelles,

Si nous sommes assez heureux pour vous conserver au nombre de nos correspondants collaborateurs, nous publierons très-régulièrement toutes les communications que vous daignerez nous faire, voire même les procès-verbaux des séances médianimico-spiritistes qu'il vous plaira de nous envoyer, trop heureux de pouvoir vous être agréable, en nous dévouant de plus à notre sainte cause.

A M. Ch..., de Rouen.

Vos communications seront toujours bien venues ; pouvons nous insérer votre dernière et honorée lettre ?

A M. Lh...., de Candéran, près Bordeaux.

Nous autorisez-vous à publier votre dernière lettre et pou
vons-nous compter sur votre savante et honorable collaboration
cela nous fairait infiniment plaisir.

A MES LECTEURS.

Nous faisons appel à la collaboration de tous nos lecteurs e
abonnés.

Nous leur recommandons la lecture des publications qu
nous annonçons ci-dessous, car, la manière avec laquell
elles sont rédigées les rend vraiment dignes d'encouragemen
et de l'estime de tout vrai magnétiste à n'importe quelle écol
qu'il appartienne. M. S.

JOURNAL DE L'AME.

S'occupant d'une manière générale et particulière des phénomènes psychologiques,
physiques et moraux ou intellectuels, et cherchant surtout à bien établir la théori
scientifique du christianisme et l'immortalité de l'ame, etc.
Rédigé par le Docteur ROEFFINGER.
Tome troisième.
GENÈVE.
Imprimerie P. A. Bonnant, Verdaine, 277.
1858 — 1859.

LE MAGNÉTISEUR.

JOURNAL DU MAGNÉTISME ANIMAL.
Publié par Gh. Lafontaine.
A GENÈVE.
Une feuille in-8° de 16 pages, paraissant le 15 de chaque mois.
Genève, 5 francs par an. — France et Piémont 6 fr. — Angleterre et Amérique 10 fr
Administration et rédaction, quai dés Bergues, 14, à Genève (Suisse).

LA RUCHE MAGNÉTIQUE.

Journal de l'Athénée magnétique universel publié par une société de savants, de médecins et de magnétiseurs, sous la direction de M. Albert Léry.

Bruxelles, un an, 7 fr.; six mois, 5 fr. — Province, un an, 8 fr.; six mois, 6 fr
Etranger, un an, 10 fr.; six mois, 6 fr. — Pays surtaxés, un an 12 fr.; six mois, 7 fr
Bureaux : à Bruxelles, rue d'Assaut, 4, au 2me. — A Paris, chez Dentu, libr. Palais-
Royal, et chez M. Millet, gérant de l'*Union magnétique*, rue St-Honoré, 267. — A Nimes
et à Valence, au bureau de la *Revue contemporaine des sciences occultes*. M. S.

Drôme

6

1860

1er Volume   PRIX : 50 Cent. La Livraison.   **6e Livraison.**

FRANCE.
52 Livraisons
par la poste
12 fr.

ÉTRANGER.
52 Livraisons
par la poste
14 fr.

REVUE
CONTEMPORAINE
DES
SCIENCES OCCULTES ET NATURELLES
Consacrée

À L'ÉTUDE ET A LA PROPAGATION DE LA DOCTRINE MAGNÉTIQUE APPLIQUÉE A LA
THÉRAPEUTIQUE, A LA DÉMONSTRATION DE L'IMMORTALITÉ DE L'AME ET AU
DÉVELOPPEMENT DE NOS FACULTÉS NATURELLES, A LA RÉFUTATION
DE CERTAINES CROYANCES ET DE CERTAINS PRÉJUGÉS POPULAIRES,
A LA CONSÉCRATION DU PRINCIPE DE LA SOLIDARITÉ
UNIVERSELLE, ETC.

Psychologie et physiologie de la vie universelle

Publiée avec l'approbation ou le concours

de plusieurs docteurs en médecine, avocats, théologiens, littérateurs, magnétiseurs,
médiums, et de simples magnétistes, etc.

Par MANLIUS SALLES

Membre correspondant de la société du Mesmérisme de Paris et de la société
Philanthropico-Magnétique de la même ville.

**Cartomancie — Nécromancie — Chiromancie — et autres sciences
mystérieuses dévoilées par la pratique du magnétisme.**

EXPÉRIMENTEZ ET VOUS CROIREZ.

BUREAUX : { A PARIS, au comptoir de la librairie de Province, rue Jacob, 30, et
chez J.-B. Baillière, rue Hautefeuille.
A NIMES, librairie Manlius Salles, boulevard de la Madeleine.
A VALENCE (Drôme), chez le Directeur, place du Champ-de-Mars, 12.

Valence, le 15 janvier 1860.

CAUSERIE.
Souvenirs de Barcelonne.

Pendant les mois d'août et de septembre 1852 je me trouvais à Barcelonne où j'avais été appelé, en ma qualité de déssinateur de fabrique, par plusieurs de mes amis de Nimes qui y habitaient en famille.

Je ne professai mon industrie dans cette ville que pendant la première quinzaine de mon séjour, car je m'aperçus bientôt que les promesses qu'on m'avait faites étaient dérisoires

et que sous peu on en viendrait à vouloir me faire travailler
pour rien. Je me préparais à retourner en France au sein de
ma famille, lorsqu'un soir, pendant que nous dinions à la
fonda del Falcon sur la *Rambla*, un de nos convives
M. Dupont fils, de Nimes, qui prenait part à notre repas avec sa
femme et ses enfants, fut subitement pris d'une très-violente
douleur à la tête; douleur, que je fis cesser en moins d'une
minute au grand étonnement de tous les assistants et bien
plus encore de mon ami Dupont.

Après la première impression causée sur la société par cette
expérience, la gaité d'un chacun reprit son cours et le diner
se termina par les plus amicales manifestations de confraternité.

Étaient présents à cette expérience Mme et M. Dupont fils et
leurs enfants, MM. Hippolyte Olivier, march. tailleur, de Quissac, Mazel fils, propriétaire, de Nozière, Floutier, joaillier, de
Nimes, etc., etc.

Le lendemain à 10 heures du matin (c'était un lundi),
Mme Dupont vint me prier d'aller magnétiser une de ses voisines, jeune fille de dix-huit ans environ, Mlle Thérèse Guy, de
Barcelonne, qui, depuis sa plus tendre enfance, était sujette
à de nombreuses et très-fortes attaques d'épilepsie. Je refusai
d'abord, craignant de ne pouvoir réussir et par cela même
de nuire à la cause du magnétisme à laquelle je m'étais depuis longtemps voué corps et âme. Mme Dupont s'en alla fort
mécontente de mon refus, mais en me disant qu'elle enver-
rait son mari pour me prendre, car, me dit-elle : je suis
bien sûre qu'il obtiendra de bon gré ou de force ce que
vous me refusez.

En effet, demi-heure après, M. Dupont entra chez moi et
réussit à m'emmener chez sa jeune voisine. Il m'introduisit
dans un salon où plus de vingt personnes m'attendaient.
J'allai immédiatement prendre la main de Mlle Thérèze et,

m'adressant à Mme Dupont qui me servait d'interprète, je lui dis : mademoiselle doit avoir ses règles aujourd'hui, mais elles ne sont pas comme elles devraient être ; allez plutôt dans cette chambre et montrez-moi ensuite le linge avec lequel vous aurez essuyé ses pertes.

Mme Guy et Mme Dupont ayant exécuté mes ordres, me montrèrent le linge en question, sur lequel on aurait dit voir de la morve sanguinolante. Alors Mme Guy me dit que sa fille n'avait jamais été mieux réglée, que ses menstrues ne duraient ordinairement qu'un seul jour.

Je repris alors la main de mademoiselle Guy en lui disant avec douceur : Allez, ma fille, vous êtes guérie ! dès à présent vous serez parfaitement réglée, vos pertes dureront huit jours, elles seront du sang le plus pur ; ce qu'ayant fait immédiatement vérifier par sa mère et par mon interprète, fut exactement vrai.

Mademoiselle Thérèze avait eu neuf ou dix attaques dans cette matinée, comme elle en avait presque tous les jours, mais, selon ma promesse, elle n'en eut plus. Je la voyais tous les jours chez ses parents et sans jamais faire plus que de lui parler, je la maintins constamment sous mon influence et en bonne santé durant un mois et demi, c'est-à-dire jusqu'au jour de ma rentrée en France. Au jour voulu, ses règles avaient reparu dans les meilleures conditions.

Pour faciliter l'entier rétablissement de mademoiselle Thérèze, pour lui donner l'appétit, la force et le sommeil, pour la débarrasser enfin des violentes douleurs d'estomac dont elle souffrait continuellement, je lui fis confectionner un corset que je nommai *corset magnétique* (1), qu'elle dut porter nuit et jour pendant quelque temps. Ce corset est aussi simple dans sa confection qu'il est peu coûteux et d'un usage indispensa-

(1) Je tiens à la disposition de toutes les personnes qui désireront s'en confectionner un, tous les renseignements dont elles auront besoin. Je serai toujours heureux d'avoir pu contribuer au bonheur de quelqu'un.

blepour la majeure partie de la société. Dans l'affaire de quelques jours plus de cinquante personnes ont voulu en faire usage.

Cette expérience de magnétisme fut si heureuse et eut un si grand retentissement, que le lendemain il me fut présenté dans un très-grand salon de la même maison plus de quarante personnes de tout âges, atteintes de différentes maladies. La première fut une jeune femme dont le nourrisson, me dit-on, depuis huit jours, ne voulait plus teter et dépérissait à vue d'œil; un seul baiser que je déposai sur son front, suffit pour lui faire prendre le sein de sa mère, à qui je touchai à peine la main vu l'impossibilité dans laquelle j'étais de me faire comprendre ne sachant pas un mot d'espagnol et craignant surtout de voir mal interpréter mes gestes.

Parmi les autres malades se trouvaient des sourds, des scrofuleux, des fiévreux, etc., etc. Pour tous j'opérais de la même manière; c'est-à-dire sans les toucher et sans faire la moindre passe; *la foi seule qu'ils avaient en moi et celle que j'avais en la puissance magnétique*, qu'en cette circonstance la nature me prêtait et qui, Dieu merci, ne m'a jamais fait défaut, fit sans doute réussir ces expériences. — *Les sourds entendirent; les boiteux marchèrent sans peine; les hernies rentrèrent; toutes les douleurs cessèrent.— En un mot la cause du magnétisme triompha de l'incrédulité.*

À dater de ce jour, ma chambre, à l'hôtel, fut transformée en un cabinet de consultations où se coudoyaient les riches et les pauvres. J'y recevais plusieurs fois par semaine *el seignor Pepe* et sa gouvernante, la famille Guy, etc. C'est à la famille Guy que je dus de pouvoir faire, peu de temps après, sur la personne de M. Reynaud fils aîné, de Barcelonne, âgé d'une trentaine d'années et *possédé* au suprême degré, quelques expériences très-remarquables au sujet desquelles j'aurai l'honneur d'entretenir mes lecteurs.

C'est à Barcelonne que j'appliquai, pour la première fois,

le magnétisme au traitement des fièvres, sur la personne d'un jeune proscrit italien, en qui je faisais immédiatement cesser tout accès rien qu'en lui donnant une amicale poignée de main.

MANLIUS SALLES.

—◆◆◇◉◇◆◆—

Valence (Drôme); lundi 26 décembre 1859.

A Monsieur Jobard, *Directeur du Musée Royal industriel de Bruxelles.*

Je reçois à l'instant de Nîmes d'où ma femme me les envoie, les nᵒˢ du 11 décembre courant du journal le *Moniteur du Travail*, et celui du 18 du journal le *Progrès international*, l'un et l'autre de Bruxelles, que l'on a ou que vous avez, de temps à autre, l'obligeance de m'adresser.

Je viens de lire dans ces deux intéressants journaux les articles plus intéressants encore que vous y avez publiés, soit sur *la Marque de fabrique*, soit sur *l'hypnotisme*, lequel, avec votre permission, je publierai dans un prochain numéro de ma Revue.

Je lis aussi dans les mêmes journaux que la cause de la propriété industrielle et intellectuelle dont vous êtes le plus ancien et le plus vaillant défenseur, et à laquelle je suis heureux de pouvoir me rallier, fait d'immenses progrès dans la société.

Aussi insignifiante que soit mon adhésion pour cette si grande et si importante question, je me sens en devoir de vous la transmettre, car aussi petite que soit la pierre que l'on porte ou que l'on fournit à la construction d'un édifice commun, elle fournit sa part proportionnelle de force et de consolidation à l'œuvre commune.

Je suis en train de faire terminer les formalités nécessaires pour l'obtention d'un brevet d'invention relativement à une *Baignoire flottante* et *Barque de sauvetage,* que je mis à jour en octobre 1853 et dont plusieurs journaux de Paris et de la province, notamment le *Moniteur de la Flotte*, ont entretenu leurs lecteurs en 1858.

Mes occupations ne me permettant pas de les faire moi-même, j'ai confié le soin des formalités à faire, à M. Bernard, capitaine d'état-major en retraite, chevalier de la légion d'honneur, membre de plusieurs autres ordres, ex-lieutenant-colonel de la garde nationale de Nîmes, professeur de dessin linéaire et d'architecture à l'école des beaux arts et au lycée impérial de la même ville. Il est sur le point de les avoir terminées.

Je reviens sur le *droit de propriété intellectuelle* (*).

. . . .

Les généreux et constants efforts que vous faites pour faire consacrer et appliquer *le principe de l'égalité* à la propriété en général seront, il faut l'espérer, bientôt couronnés de succès.

Courage! courage! la victoire qui vous attend sera pour la société l'inauguration d'une nouvelle ère de progrès.

Veuillez, je vous prie, mon cher Monsieur, m'envoyer le procès-verbal de la séance médianimique que vous m'avez si amicalement offert par votre deuxième et très honorée lettre, insérée dans la 5e livraison de ma Revue, car je tiens à lui donner place dans la même publication.

Comment les médecins officiels nommeront-ils et à quoi attribueront-ils l'influence que j'exerce parfois sur telle ou telle personne et dont je vais vous citer un exemple récent?

Samedi dernier 24 du courant, à 10 heures du soir, pour la centième fois peut-être, me trouvant en société de quelques amis, chez M. Pelet, rue Neuve, à Valence, je fus prié de faire du magnétisme. Y ayant consenti, je fis mon expérience favorite, celle dont je me sers pour connaître si une

(1) Nous sommes obligé de supprimer un passage de cette lettre à cause de son caractère tout particulier.

personne est plus ou moins propre à être magnétisée ; cette expérience consiste à faire, sans l'aide d'aucune passe ni d'aucun geste, varier le pouls de la personne sur laquelle j'expérimente ; il m'arrive quelquefois de faire accélérer le pouls d'un bras tandis que je fais ralentir celui de l'autre. — Est-ce que j'agis sur le sang, sur le fluide vital, ou simplement sur l'imagination de la personne que je magnétise ? Que la médecine officielle réponde.

Depuis longtemps je désire répéter cette expérience à grande distance ; vous plairait-il, M., de me servir de compère (terme vulgaire chez les Mabruts), car pour expérimenter de la sorte il me faut un second très-sincère et dévoué à la cause du magnétisme. — Voici de quoi il s'agit :

Il vous faudra procurer d'abord l'assentiment du docteur en chef d'un hospice à Bruxelles, et ensuite régler votre montre et la mienne sur la même heure, l'heure de Bruxelles par exemple, cela est facile aujourd'hui et, au jour et à l'heure que nous aurons indiqués, le pouls de tous les malades renfermés dans une salle de l'hospice en question devra varier selon que vous m'aurez ordonné de le faire faire ; vous pourrez, pour vous convaincre qu'il n'y va nullement de votre propre influence ni de celle du docteur prenant part à l'expérimentation, vous pourrez, dis-je, faire constater la chose par un docteur étranger, c'est-à-dire ignorant complètement ce qui se passe et ce que l'on veut faire. La mission de ce docteur consistera seulement à dire si le pouls des malades soumis à l'expérience varie ou non dans le délai fixé entre nous.

Autre expérience. — Vous me ferez connaître l'état de la santé d'un ou de plusieurs malades du même hospice ou de la ville ; ces malades ne devront pas être à toute extrémité, et je crois pouvoir vous affirmer que, à l'heure que je vous aurai ou que vous m'aurez vous-même désignée, ces malades se trouveront mieux; cela aura lieu d'une manière très-sensible, et à partir de ce moment leur maladie prendra une meilleure tournure : je prétends réussir cette expérience quatre-vingt-dix fois sur cent si je me trouve moi-même sur les lieux de l'expérimentation, et quelquefois même sans faire le moindre geste ni dire le moindre mot. J'ai eu fait aussi disparaître immédiatement de très-vives et chroniques douleurs rhumatismales; mais, je l'avoue, je n'ai jamais essayé de faire cette expérience à grande distance, voilà pourquoi aujourd'hui je désirerais la faire.

M. le docteur Velpeaux, de l'Académie, classera-t-il ces sortes d'expériences dans la catégorie des phénomènes hypnotiques? Je crois qu'il se contentera de dire que les malades gnéris ne sont que des compères ou des allucinés.

En 1858 j'eus l'honneur de proposer à l'*illustre* M. Mabrut, *lauréat de l'Académie de Paris*, j'eus l'honneur, dis-je, de lui proposer, par la voie de la presse, de convaincre l'Académie, voire même tous les académiciens imaginables, de l'existence du *magnétisme animal*. Je ne demandais pour cela que la permission de magnétiser ou de tenter de magnétiser l'un après l'autre tous les académiciens, qui, je crois, ne sont que quarante immortels-infaillibles. M. Mabrut prétendit que ma proposition était inacceptable et il se drapa dans sa systématique et ridicule incrédulité.

Aujourd'hui que sous un nouveau déguisement le magnétisme animal a pénétré dans le sanctuaire sacré de la science universelle, je renouvelle ma proposition, à savoir, que je me charge, moi tout seul, de convaincre, comme je l'ai dit plus haut, toutes les Académies du monde de l'existence du *magnétisme animal*.

J'ose espérer, monsieur et cher coreligionnaire en magnétisme, que vous daignerez m'honorer d'une réponse et pardonner à mon griffonnage.

Tout à vous corps et âme. MANLIUS SALLES.

Projet de création d'une Faculté de Magnétisme en France.

Le magnétisme prenant de plus en plus de l'importance dans la société, et sa connaissance étant grandement répandue parmi les hommes de tous les rangs, nous croyons venu le moment opportun de créer un établissement public et commun à toutes les écoles pour son enseignement général.

Une souscription universelle devrait être ouverte pour subvenir aux frais de l'installation de cette faculté, et à ceux de son entretien annuel. Le nombre de magnétistes en France est certainement assez grand pour qu'il soit permis d'espérer, ce nous semble, que la somme nécessaire serait bientôt souscrite par eux seuls.

Notre importance est trop insignifiante pour que nous nous permettions de mettre les premiers la main à l'œuvre. Cette initiative appartient de droit à Paris aux doyens de la propagation magnétique, soit à MM. le baron Dupotet, A. Morin, du journal du *Magnétisme;* E. Guillot, Bernard, Millet, etc., de l'*Union Magnétique;* à M. Pierrard, de la *Revue Spiritualiste;* à M. Jobard, de Bruxelles, M. Lafontaine et le docteur Rœssinger, de Genève.

—Pourquoi les magnétistes français et étrangers ne se réuniraient-ils pas cette année en congrès extraordinaire à Paris, afin de jeter les bases d'une vaste association religieuse universelle? Association qui, dans un temps très-rapproché, sera le flambeau de la foi, la lumière à l'aide de laquelle l'humanité pénétrera tous les mystères de la nature et pourra s'identifier avec son Créateur.   M. S.

COMPTONS-NOUS!!!

Appel aux Magnétistes.

Il y a certaines époques dans la vie de l'humanité où les partisans de toutes doctrines doivent se compter afin de savoir l'importance qu'ils ont dans la société et les droits dont ils lui peuvent réclamer la consécration.

N'est-il pas contrariant de voir encore un grand nombre de personnes, répétant sans cesse, à l'exemple de l'immortel *saint Thomas* : M. Mabrut, *célèbre lauréat de l'Académie, etc.*, *etc.*, que les magnétiseurs ne sont qu'une poignée de fous ou d'imposteurs, dignes tout au moins d'être enfermés dans les petites maisons si ce n'est d'être expulsés de ce monde.

Comptons-nous! faisons un appel à la bonne foi et à l'énergie de tous les magnétistes sans exception d'école, afin de pouvoir montrer au grand jour et surtout à nos calomniateurs, que contrairement à leurs discours diffamateurs, le nombre des croyants est grand, très-grand!

Comme les homœopathes! comptons-nous! car eux aussi ont été repoussés par la médecine officielle comme de purs charlatans ou d'illuminés. A leur exemple, réclamons à la société dont nous faisons partie, que dis-je, dont nous sommes sans nul doute la majeure partie, demandons-lui que le magnétisme soit officiellement enseigné dans les facultés de médecine, car c'est dans cette science surtout qu'il est appelé à rendre le plus de services à l'humanité.

Si tous les magnétistes en général osaient se produire, comme ils devraient le faire, le nombre des systématiques incrédules ou ignorants vrais, serait bientôt réduit à zéro.

Comptons-nous donc! l'heure de faire triompher la vérité a sonné! Debout! et proclamons bien haut l'ancienneté incontestable de notre sainte doctrine.

L'union fait la force! levons donc la tête, et couverts du bouclier de la foi, refoulons jusque dans les profondeurs de leur obscurantisme tous ces êtres qui, s'affublant de leur prétendu savoir, refusent d'admettre au rang des vérités éternelles la doctrine magnétique, qui, comme je viens de le dire, peut seule dévoiler aux hommes tous les secrets de la nature, et les identifier avec celui qui a toujours été, est et sera éternellement le grand magnétiseur universel.

Que le culte magnétiste soit enfin organisé et reconnu par la société, et proclamé par nous tous, ses fidèles et dévoués propagateurs, comme étant le seul vrai et unique lien indissoluble pouvant réunir en un seul troupeau les adorateurs du vrai Dieu Créateur tout-puissant...

MANLIUS SALLES.

EXTRAIT DE NOTRE CORRESPONDANCE PARTICULIÈRE.

Dans sa lettre du 18 novembre dernier (1859), M. Chéruël, de Rouen, m'autorise à mentionner dans ma Revue, une cure des plus remarquables, qu'il a faite à Rouen.

« M. Grenet, de Rouen, dit-il, atteint depuis quinze mois d'une amorose, avait consulté dans cette ville les médecins qui s'occupent de cette maladie, ne voyant aucune amélioration, M. Grenet eut recours aux sommités de cette science, ce qui ne lui réussit pas davantage. Cependant nous sommes en 1859 et monsieur Grenet lit sans lunettes, lui qui, lorsque je l'entrepris, voyait à peine pour se conduire.

» je vous autorise, M., à mettre mon nom en toutes lettres, pour convaincre les incrédules, il ne faut pas craindre de citer par leur nom, les personnes qui ont eu recours à la puissance magnétique et celui des magnétiseurs qu'elles ont consulté.

» Je suis connu à Rouen, j'y ai prouvé que le magnétisme

» n'était pas un vain mot ; aussi je ne crains pas qu'un dé-
» menti vienne anéantir ce que j'avance. »

CHÉRUÈL.

Nous accepterons toujours avec plaisir les communications que ce zélé disciple de Mesmer daignera nous faire.

M. S.

Sorcellerie.

Un jour, M. Mantes Peyron, propriétaire, nous disait, au
cercle à Nîmes, qu'il avait été témoin d'un fait remarquable
de sorcellerie. Il nous dit avoir vu un individu guérir ou du-
moins faire cesser presque immédiatement une épidémie
dans un troupeau de moutons dans lequel la mort faisait
beaucoup de ravages.

Pourquoi douterait-on de la véracité d'un fait semblable
quand on est convaincu que l'étendue de la puissance magnétique est sans borne; un grand nombre de personnes, des
milliers peut-être, ont pu constater l'existence de pareils faits,
de là vient la faveur qu'ont encore dans la société les différents ouvrages de sorcellerie qui circulent en si grand nombre dans les campagnes. — J'ai vu moi-même un paysan offrir plus de cinquante francs pour qu'on lui procurât un
exemplaire du *Petit-Albert*.

Les guérisseurs par le secret ne sont autre chose que des
magnétiseurs sans le savoir, ayant une foi aveugle dans leur
manière d'opérer. Dans la sorcellerie comme dans le magnétisme *la foi seule fait réussir* les expérimentations ; il faut
cependant admettre que, bien souvent, des effets se produisent tout naturellement, c'est ce qui doit nous faire supposer que des influences étrangères ou pour mieux dire des
êtres invisibles se mêlent à nos expérimentations et nous y
prennent pour leur instrument.

— Les 7ᵉ 8ᵉ 9ᵉ et 10ᵐᵉ livraisons de notre REVUE sont sous presse et renfermeront des lettres inédites et des articles de M. JOBARD, directeur du MUSÉE ROYAL INDUSTRIEL de BRUXELLES, entre autre le procès-verbal d'une séance médianimico-magnétique, ayant eu lieu le 29 mai 1859 à Bruxelles en présence de douze personnes dont nous citerons les noms. Il est question dans ce procès-verbal des affaires actuelles de l'Italie.

MANLIUS SALLES.

LES FAUX MAGNÉTISEURS
ou les Artistes prestidigitateurs

La plupart des prestidigitateurs courant le monde, annonçant à grand bruit de grosse caisse et de prospectus les plus rares et les plus surprenantes merveilles du magnétisme, réussissant en effet à les produire sans difficultés, ne sont autres que des magnétiseurs sans le savoir ou feignant de l'ignorer.

Hier encore, 11 Janvier 1860, c'était M. CHARLES, célèbre prestidigitateur-magnétiste des environs de Valence, qui donnait au milieu d'une très-nombreuse et élégante société composée de l'élite de la population valentinoise réunie dans le local du *Café de France*, une soirée réellement charmante, même pour les vrais magnétiseurs.

M. Charles lui-même m'a dit plusieurs fois, ici et à Nîmes où je l'ai déjà connu, qu'il n'avait pas le moins du monde, dans ses séances, la prétention de faire du magnétisme. Je suis convaincu qu'il croit dire vrai; mais en le voyant opérer on reconnaît aisément son erreur qui, aussi grande qu'elle soit, n'est pas irémissible : plus tard, bien sûr, il en reviendra : sera-ce encore temps pour lui de réparer le tort qu'il aura fait à la cause du magnétisme ? Je l'ignore...

Ne fait-on pas du magnétisme, quand on rend une personne insensible, quand, par la volonté seulement, on la prive d'un sens quelconque, même de sa propre volonté, quoiqu'elle paraisse être dans son complet état de veille ?

Je suis persuadé que l'influence qu'exerce M. Charles sur son sujet est telle, qu'elle s'empare de tous ses sens à la fois, pareillement à ce qui a lieu quand je m'amuse à rendre sourde, muette, insensible ou aveugle une personne que je n'ai jamais magnétisée, très-souvent jamais vue, et que je ne touche pas même dans le moment de l'expérimentation. Je produis ce fait au moins une fois par jour.

Les prestidigitateurs sont en général fascinés, influencés eux-mêmes par la puissance magique de leur action; c'est sans doute ce qui les empêche de se rendre compte du rôle qu'ils jouent dans leurs expérimentations magnético-magiques.

M. S.

L'Hypnotisme.

Nous avons demandé à un de nos collaborateurs qui *sait tout*, comme on ne cesse de le lui répéter, ce que c'est que l'hypnotisme, qui fait tant de bruit en ce moment dans la presse. Voici ce qu'il nous répond :

« La glace est rompue, la médecine officielle ouvre ses rangs au magnétisme animal et à la biologie, et c'est un de leurs plus rudes adversaires, le docteur Velpeau, qui leur sert d'introducteur dans le sanctuaire, en faisant ainsi la fraude sans le savoir. O Bellerophon !

Il est vrai que ces deux fontanaroses se sont déguisés en gentilshommes grecs; mais gare qu'on ne les reconnaisse. M. Velpeau, qui est expéditif comme on sait, n'hésitera pas à leur enlever le plis et le surplis, *pellex* et *super pellex* de prêtres d'Esculape dont ils se sont affublés, dès qu'il apprendra que l'*hypnotisme* n'est que le magnétisme et le biologisme américain.

» Il est probable que ce sont les esprits de *Mesmer*, de *Puységur*, de *Deleuse* et de *Foissac* qui ont voulu se venger de l'Académie, en inspirant aux docteurs *James Braid*, *Paul Broca* et *Azam*, l'idée de travestir le somnambulisme en *hypnobatase*, les magnétiseurs en *hypnobates*, et les opérations sanglantes, sans douleur et sans chloroforme, en *hypnotomie*.

» Le tour est bon et l'hypnothérapie va prendre rang à côté de l'hydrothérapie, de l'homœopathie, en attendant la chromopathie et l'idéopathie.

» On ne dira plus je vais vous endormir, mais vous *hypnotiser* ou vous *hypnostiquer*, cela n'effrayera plus les malades, qui tremblaient de se faire magnétiser, cataleptiser et paralyser. Grâces soient rendues à l'inventeur de l'*hypnomorphisme*, ou plutôt de l'*hypnosisme* (du grec *hypnos*, sommeil, — des nerfs, ajoute Paul Broca), qui traite les mesmérates de charlatans et professe le plus profond mépris pour le magnétisme animal. O idem ! trois fois idem ! Esculape

vous hypnotise et vous révèle ce que faisaient les asclépiades
dans les hospices magnétiques de Rome, où l'on n'avait pour
toute pharmacopée que la *manus sanativa* des carabins et
des infirmiers !

» *What a do for nothing* à propos d'une opération san-
glante faite à l'hôpital Necker sans douleur et sans chloroforme, et qui n'est que la répétion de celle que Jules Cloquet
a faite il y a vingt ans sur madame Dubois, laquelle opération est parfaitement semblable à des centaines que le docteur Esdail a répétées à l'hôpital de Calcutta, sur les malades que ses nombreux élèves endormaient et cataleptisaient
d'avance, non pas toujours sans peine; car il y a des natures
réfractaires au fluide magnétique et même au fluide galvani-
que; c'est ce qui ne tardera pas à se présenter dans les hôpitaux officiels, dès demain peut-être. Nous ferions volontiers
le pari qu'il ne s'écoulera pas un mois avant que le docteur
Velpeau ne vienne avouer componctueusement qu'il a été
victime d'une illusion et que l'*hypnotisme* n'existe plus; attendu qu'il aura attendu plus d'une heure sans que le *strabisme* ait produit le moindre effet; car il faut savoir loucher
sur un point brillant placé à quelques décimètres du nez,
avant que la catalepsie se déclare. Philipp faisait tenir son
disque dans la main gauche.

» Or, tous les sujets ne sont pas, comme tous les magnétiseurs le savent, également sensibles aux effets des passes
magnétiques ou de l'*hynobatisation*, qui ne sont, nous l'af-
firmons, qu'une seule et même chose. On aura beau crier :
cher docteur, attendez; demain, après-demain, dans huit
jours peut-être, nous réussirons. Le docteur ne fera qu'un
bond de l'hôpital à l'Académie pour traiter les hypnobates
comme le médecin noir qui s'est permis de guérir M. Sax
d'un lipôme carneroïde dont M. Velpeau n'osait pas le débarrasser, sachant que ce serait tuer un illustration très-reten-
tissante.

» L'abbé Moigno sera bien heureux de pouvoir crier alors :
à bas les *hypnotistes*, les *spiritistes*, les *tabulistes*, et les *mé-
dianimistes*, et le *Moniteur* des sciences médicales et pharma-
ceutiques devra, par contre-coup, déchirer le rapport du
docteur *Dittmar* et de son confrère et compère *Léon Gros*,
qu'il vient seulement de publier après six années d'hésita-
tion, d'informations et de confirmations, sur un traitement
magnético-somnambulique des plus extraordinaires, puis-

qu'il ne s'agissait de rien moins que de tirer du cerveau d'une jeune fille un grand insecte *miriapode*, qu'elle sentait et voyait circuler dans sa cervelle; ce qui fut fait à l'aide d'une incision cruciale pratiquée dans le cuir chevelu, à la place et au moment où l'insecte traversait la boîte osseuse, en suivant le conduit d'insertion d'une artère, d'une veine et d'un nerf, qui pénètrent, comme on sait, du dehors au dedans du péricrâne. C'est la patience elle-même qui a arraché avec ses doigts une partie du maudit ver, et les pinces du docteur Gros qui ont attrapé le reste en trois temps. En voilà une paumée, vont s'écrier les diplômés. Pour le croire il faudrait le voir, et encore! précisément comme ceux à qui l'on parle des invisibles, et qui vous répondent : faites-moi voir un invisible *hic et nunc!* et comme le spiritiste ne peut pas, il est bien et duement battu.

» Il n'y a pas de moyen plus sûr pour mettre au pied du mur les hypnobates que de se camper en face d'eux en leur disant : hypnobatisez-moi; je vous en défie! Ergo, l'*hypnobatase*, le *biologisme*, le *mesmérisme*, le *spiritisme*, ne sont que du charlatanisme, de l'illuminisme, de la démonomanie, de la pure folie enfin, dont on ne délivrera la terre qu'en rallumant les bûchers de Torquemada, seul procédé efficace contre la sorcellerie et la reviviscence de M. Doyère. Croirait-on qu'ils sont déjà plus d'un million en Amérique et qu'ils se multiplient d'une façon inquiétante sur le vieux continent; il se fonde même de tous côtés des sociétés de magnétisme, de spiritualisme, de *rationalisme*, de *biologisme* et d'*entransisme*, et chaque jour voit paraître un livre nouveau, créer un journal pour propager ces dangereuses épidémies, sans que la police s'y oppose. Nous vous annonçons donc avec certitude et sans être sorcier, que la fin du monde approche tous les jours de vingt-quatre heures.

JOBARD.

(Extrait du Progrès international de Bruxelles).

Nous ne savons pourquoi depuis trois mois le JOURNAL DU MAGNÉTISME nous manque et que L'UNION MAGNÉTIQUE nous arrive irrégulièrement. Avons-nous à enregistrer la mort prématurée de notre jeune et excellente sœur la RUCHE MAGNÉTIQUE de Bruxelles?

Valence, imprimerie et lithographie de CHALÉAT.

1er Volume   PRIX : 50 CENT. LA LIVRAISON.   **3e Livraison.**

FRANCE.
52 Livraisons
par la poste
12 fr.

ÉTRANGER.
52 Livraisons
par la poste
14 fr.

REVUE
CONTEMPORAINE

DES

SCIENCES OCCULTES ET NATURELLES

Consacrée

A L'ÉTUDE ET A LA PROPAGATION DE LA DOCTRINE MAGNÉTIQUE APPLIQUÉE A LA
THÉRAPEUTIQUE, A LA DÉMONSTRATION DE L'IMMORTALITÉ DE L'AME ET AU
DÉVELOPPEMENT DE NOS FACULTÉS NATURELLES, A LA RÉFUTATION
DE CERTAINES CROYANCES ET DE CERTAINS PRÉJUGÉS POPULAIRES,
A LA CONSÉCRATION DU PRINCIPE DE LA SOLIDARITÉ
UNIVERSELLE, ETC.

Psychologie et physiologie de la vie universelle
Publiée avec l'approbation ou le concours
de plusieurs docteurs en médecine, avocats, théologiens, littérateurs, magnétiseurs,
médiums, et de simples magnétistes, etc.

Par MANLIUS SALLES

Membre correspondant de la société du Mesmérisme de Paris et de la société
Philanthropico-Magnétique de la même ville.

**Cartomancie — Nécromancie — Chiromancie — et autres sciences
mystérieuses dévoilées par la pratique du magnétisme.**

EXPÉRIMENTEZ ET VOUS CROIREZ.

BUREAUX : {
A PARIS, au comptoir de la librairie de Province, rue Jacob, 50, et
chez J.-B. Baillière, rue Hautefeuille.
A NIMES, librairie Manlius Salles, boulevard de la Madeleine.
A VALENCE (Drôme), chez le Directeur, place du Champ-de-Mars, 12.
}

CAUSERIE.
Expériences et Faits Divers Inédits.

Valence (Drôme), le 31 janvier 1860.

Que vous dirais-je, mes chers lecteurs, pour m'excuser
auprès de vous du retard que je fais subir à ma publication? Les faits parleront plus haut que ne le feraient toutes les raisons imaginables, accumulées en ma faveur.

1° Mon départ forcé de Nimes, pour des affaires que je

ne pouvais nullement renvoyer et que je n'aurais jama
su prévoir; 2° les difficultés que nous éprouvâmes, m
imprimeur, M. Baldy, et moi, pour établir entre nou
une correspondance suivie; 3° enfin le retard involontair
mais très-contrariant pour l'avenir et la réussite de m
œuvre, que me fit et me fait encore supporter mon nouv
imprimeur, M. Chaléat, de Valence, ont seuls été et so
encore la cause de l'irrégularité de ma publication, qui, s'
plaît à Dieu, n'en suivra pas moins son cours et n'en au
pas moins de succès; j'ose du moins l'espérer !

Depuis que je suis à Valence j'ai recueilli un nombre d
faits magnétiques très-curieux et inédits que je citerai su
cessivement dans ma Revue. Aujourd'hui je ne vous entre
tiendrai que de ceux sur lesquels j'ai pu me renseigner
dont par conséquent je puis vous garantir l'authenticité
la véracité.

Songe. — Hier 30 janvier 1860, M. Dubordieu fils, pho
tographe à Valence, me racontait qu'un jour, pendant qu'i
était militaire et en garnison en Corse, il y a de cela quel
ques années seulement, car il est à peine âgé de 35 ans
ayant été injustement accusé d'avoir taché avec de l'encre
les draps, les couvertures et autres effets de l'un de se
voisins de lits, il fut condamné à les payer, ce qui ne le fai
sait nullement rire, car aussi petite que fût la somme
donner elle devait faire une forte brèche à son capital; ca

> En France comme en Autriche
> Le militaire n'est pas riche.

La nuit suivante M. Dubordieu eut un songe dans leque
il lui fut dit que l'encre était tombée sur le lit en question
par un trou pratiqué au plafond. Le lendemain matin
M. Dubordieu et quelques-uns de ses camarades se trans

portèrent dans la chambre supérieure, et virent en effet que le sergent-major qui l'occupait y avait renversé sur le sol, à l'endroit correspondant au trou, une bouteille d'encre. M. Dubordieu fut immédiatement justifié et relevé de sa condamnation.

Il me dit aussi à ce propos que très-souvent il recevait en songe d'excellentes inspirations dont il tirait parti à son réveil.

A propos de Songe. — Il m'a été raconté le même jour à Valence, par M. Auguste Barr, propriétaire et marchand chapelier à la Voulte-sur-Rhône (Ardèche), il m'a été raconté, dis-je, le songe et le fait suivants. Je laisse parler M. Barr : « Ayant eu besoin, il n'y a pas longtemps, pour une
» affaire d'intérêt, d'aller à Grenoble pour parler à M. B.......
» ancien pharmacien, rue B......., 8, je m'y rendis,
» mais dans l'ignorance la plus complète sur le nom et la
» profession de la personne que j'avais à voir; car ce n'était
» pas directement à elle que j'avais affaire, mais seulement
» à l'un de ses neveux qui nous avait, dans un temps,
» à ma femme et à moi, parlé d'elle, afin de se donner de
» l'importance et de la faveur.
» Arrivé à Grenoble je me mis en devoir de rechercher la
» personne en question, M. B., mais, comme je viens de le dire,
» ne sachant pas précisément son nom ni sa profession, je
» ne la découvris pas, quoique je m'informasse chez tous les
» docteurs en médecine, car je la croyais un ancien médecin. Je me disposai à porter le lendemain, mes investigations chez tous les notaires, comptant ainsi parvenir plus
» facilement à mon but; je me couchai donc en me disant : à demain.
» Dans la nuit, je vis en songe un ange, jeune enfant,
» vêtu de blanc, tenant un livre en main, il me dit très-
» distinctement : Tu cherches un ancien médecin? il te faut

» chercher un ancien pharmacien, rue B........, 8. Le le⟩
» demain matin je demandai à mon hôtesse si cette rue exi
» tait, et sur sa réponse affirmative je m'y transportai ⟨
» y trouvai en effet la personne que je cherchais. »

Ce fait m'a été raconté par M. Barr, chez mon frère, e⟩
présence de plusieurs personnes dignes de foi et dont, s'
le faut, je citerai les noms. M. Barr m'a raconté aussi u
fait de sorcellerie, que je mentionnerai un peu plus tard, sou
le titre de *mauvaise plaisanterie*, car il eut une funeste co⟩
séquence, du moins aux yeux de ceux qui le produisirent o
le provoquèrent presque involontairement; fait, qui sembl
s'accomplir au gré des expérimentateurs quoique personr
n'osât le supposer et n'en attribuât l'effet à autre cho⟩
qu'au hasard pur et simple.

Nous donnerons aussi, dans cette livraison ou dans l
suivante, le compte-rendu sommaire d'une séance tabulic⟩
magnétique qui à eu lieu hier au soir et à laquelle j'ai assis⟩
à ma grande satisfaction, car il ne m'avait jamais été donn
de voir une de ces expériences et par conséquent d'en aj
précier la valeur et l'importance pour la cause du magn
tisme en général.

Le père Giraud médium Valentinois. — Il y a déj
plusieurs jours que quelques personnes me parlèren
chez M. Dubordieu, de la puissance très-curieuse que poss⟨
dait et possède encore M. Giraud, de Valence. Ces personne
me racontèrent ce même jour qu'une jeune fille affligée d'u
mauvais mal à l'une de ses mains était sur le point de subi
l'amputation, que les divers docteurs qu'elle avait consu
tés à Valence, avaient déclarée nécessaire, lorsqu'il lui fu
conseillé par des amis d'aller consulter M. le père Giraud
elle y alla en effet.

Voici en quelques mots comment se passèrent le
choses : Le père Giraud se mit en devoir de consulter s
chaise mouvante et parlante, car il ne se servait pas de ta

ble; cette chaise lui indiqua, dans un jardin voisin, une racine de tulipe qui, cuite sur la braise, et, m'a-t-on dit, mise en pommade, devait, en 8 ou 10 jours, guérir cette jeune fille, ce qui, ajouta-t-on, réussit à merveille et contribua beaucoup à faire l'excellente réputation dont jouit aujourd'hui M. Giraud.

Hier encore, une dame me parlait de M. Giraud, dans des termes tels qu'on le croirait un saint du 1er ordre et directement en rapport avec Dieu. Je vais laissez parler cette Dame afin de rendre plus naturelles et plus vraies les expressions dont elle se servait pour me témoigner la confiance qu'elle avait en M. Giraud et l'admiration qu'elle professait pour tout ce qui émanait de ce bon vieillard.

« J'allai dernièrement, me dit-elle, le consulter au sujet
» de M. R., par ordre de sa mère, qui ne savait ce qu'il
» était devenu; M. Giraud me dit alors : Ma bonne je vais
» consulter mon esprit; et, ayant levé les yeux au ciel et
» prononcé quelques paroles, il me répondit en moins de
» trois secondes, M. R. est à Milan (Piémont), associé avec
» un Monsieur qui a un enfant avec lui, âgé de 10 à 11 ans.
» M. R. va bientôt venir ici pour ses affaires, mais il retour-
» nera encore à Milan et restera encore sept ans sans
» revenir ici, etc., etc. » Cela ayant été vérifié a été exact.

Cette même personne m'a dit aussi qu'elle connaissait une jeune fille orpheline qui était allée consulter M. Giraud pour le prier de lui faire retrouver ses parents, et que sur les renseignements qu'il lui avait donnés elle avait pu découvrir, sans se faire connaître, l'homme qui l'avait faite enregistrer. Les renseignements que le père Giraud a donnés à cette fille relativement à sa mère et à son père semblent exactement vrais.

On comprend aisément pourquoi nous ne nommons pas les personnes auxquelles nous faisons allusion dans ces deux derniers faits, d'abord par discrétion et ensuite par respect pour la jeune fille en question, aussi bien que pour les misérables auteurs de son existence malheureuse.

Depuis quelque temps je travaille, en présence de plusieurs personnes, à former une somnambule, mais mes efforts n'obtiennent pas le succès qu'ils auraient dû me procurer cependant, sans avoir jamais pu l'endormir entièrement, je lui paralyse tous les membres; je la cloue sur sa chaise, par terre ou couchée sur un canapé. Je lui enlève presque la voix même l'ouïe et la vue; mais, je le répète, je commence à croire que je ne l'endormirai jamais entièrement.

Hier je crus devoir profiter de l'occasion que m'offrait l'expérimentation *Tabulico-Magnétique* pour consulter la table ou du moins l'esprit qui s'entretenait avec nous, sur l'issue des expériences que je faisais avec cette personne, il me répondit que je n'en ferais jamais rien qui vaille; mais à propos de ma revue il m'engagea fort à continuer mon œuvre propagatrice car elle doit porter de bons fruits.

Je ne crois pas encore cependant d'une manière absolue à la justesse ni à la véracité des réponses que peut faire une table ou tout autre objet magnétisé.

En raison de ce que je viens de vous communiquer, je compte, mes chers lecteurs, sur la continuation de votre bienveillant concours et de votre appui moral; *l'union fait la force* : unissons donc nos efforts et nous réussirons toujours à vaincre les obstacles que l'incrédulité nous oppose!!

Regrets. — Je ne veux pas finir cet entretien sans témoigner la peine que j'ai éprouvée en apprenant la rupture qui a eu lieu entre M. Dupotet, doyen des magnétiseurs Français, et son ancien collaborateur M. A.-S. Morin. Une diversion dans la manière d'envisager une doctrine ne devrait pas suffire, ce me semble, pour motiver une séparation de la nature de celle dont nous parle l'honorable baron Dupotet.

Quand tous les chemins conduisent au même but, pourquoi se dire un adieu éternel? Pourquoi au contraire ne pas se dire simplement : Au revoir? C'est précisément de la discussion que naît toujours la conversion , mais, bien entendu de la discussion amicale!!

Je respecte trop le secret d'un chacun pour tenter de le pénétrer; mais aussi légitime que leurs griefs puissent leur paraître je ne cesserai de conseiller à nos deux honorables collègues le pardon réciproque dans l'intérêt de notre cause qui, j'ose le croire, est et restera toujours la leur!..

MANLIUS SALLES.

RETOUR DE LA PRESSE EN GÉNÉRAL

AUX IDÉES MAGNÉTISTES.

— Nous ne saurions trop engager nos lecteurs à lire le n° du 25 Janvier dernier du journal *la Patrie* (3ᵉ page, à l'article HYPNOTISME).

Depuis quelque temps on serait tenté de croire que la grande presse semble s'être convertie aux idées magnétistes , car elle s'en occupe presque journellement ; nous la remercions bien sincèrement de l'appui et du bienveillant concours qu'elle prête à notre œuvre propagatrice.

Nous invitons aussi nos lecteurs à lire la *Presse*, de Paris, du 7 Janvier dernier. Le *Journal de Toulouse* du 31 Décembre dernier.

Les quelques derniers nᵒˢ de la *Gazette médicale de Lyon*. La *Gazette hebdomadaire de médecine et de chirurgie* du 30 Décembre dernier (1859) et le *Pays* du 5 Janvier dernier (1860) et on verra que nous avons raison de dire que la *presse en général* est enfin entrée dans une voie qui sera désormais favorable à la propagation et à l'étude des sciences naturelles.

CORRESPONDANCE BRUXELLOISE.

A M. MANLIUS SALLES, ETC., ETC.

Bruxelles, le 29 Décembre 1859.

MON CHER HYPNOBATE,

Je vous envoie l'interrogatoire promis dont je voudrais bien avoir une dixaine d'exemplaires.

Je l'avais offert en son temps, à M. Allan Kárdec, en lui citant ce qu'Humbold avait dit du paysan du Var, cela a suffi pour qu'il refuse. (La boutique à côté).

Je ne pouvais cependant pas tronquer la vérité pour lui plaire; mes collaborateurs ayant pris chacun une copie de ce qu'ils avaient vu et entendu.

Les espèces de prédictions relatives à la guerre d'Italie se sont vérifiées.

Je crois aussi possible votre action magnétique au loin, que l'action électrique qui trouble l'état statique du fluide universel et nous permettra un jour de correspondre sans fil, d'un bout du monde à l'autre.

Il vient d'arriver à Bruxelles une LUCIDE non publique, qui surpasse tout ce qu'on a vu. Elle a décrit l'opération de la pensée, de la mémoire et du jugement d'une façon transcendante.

Ne craignez vous pas de retomber dans ce qui a été fait, avec votre *baignoire de sauvetage* comme avec vos *signaux de chemin de fer* (1) ?

Il y a des choses en vue auxquelles tout le monde a pensé ; il n'y a que l'érudition technologique qui puisse vous créer CASSE-COU !

J'avais soumis à l'obsession une famille qui m'a privé d'un héritage de 15 à 18 millions ; elle était si malheureuse avec ses millions et moi si heureux sans millions que je l'ai trouvée assez punie ; j'ai fait cesser mon action par pitié et par oubli je ne m'en trouve que mieux depuis lors. Le pardon est un attribut divin dont l'homme doit prendre sa part.

Adieu, je suis si pressé, pardonnez-moi de vous quitter.

JOBARD.

Evocation de l'Esprit d'Alexandre de Humbold

FAITE A BRUXELLES LE 29 MAI 1859

PAR M. JOBARD, DIRECTEUR DU MUSÉE ROYAL DE BRUXELLES, EN PRÉSENCE DE ONZE AUTRES PERSONNES DONT LES NOMS SUIVENT.

M. le Rédacteur,

Je me lève de grand matin pour vous transmettre avec une exactitude contrôlée par douze personnes honorables, de Bruxelles, le procès-verbal de la séance à laquelle nous avons assisté hier soir pendant plusieurs heures qui nous ont paru bien courtes et bien remplies, quoiqu'il n'y eût ni musique, ni cartes, ni piano.

Voici le fait : — J'avais, après beaucoup de tentatives infructueuses, rencontré une famille privilégiée, possédant plusieurs *médiums écrivants*, dont les membres épars ne sont parvenus à se réunir que plusieurs mois après, en évitant

(1) Je répondrai à l'observation de M. Jobard par une lettre spéciale.

l'intrusion de toutes personnes réfractaires, d'après le précepte qui nous avait été donné dès l'origine, par l'Esprit de saint Augustin, et dont tous les spiritistes reconnaissent le style et la valeur : « Tu n'invoqueras jamais les esprits quand » ton âme est malade, ni dans une assemblée où tous les cœurs ne sont pas en » Dieu. »

Bref, tous les convives ayant formé le cercle, la table se mit en mouvement après une demi-heure d'attente, et nous donna majestueusement le nom d'Évariste, ancien juge de Lille, décédé depuis environ 60 ans, et que nous connaissions déjà. Il nous témoigna son mécontentement de n'avoir pas été appelé depuis plusieurs mois, alors qu'il s'était offert de si bonne grâce à nous aider de ses conseils.

Quelqu'un lui ayant demandé s'il connaissait le savant de Humbold, récemment passé dans le monde des esprits, et s'il voulait nous faire le plaisir de nous l'envoyer, il répondit affirmativement et lui céda gracieusement la place.

On apporta du papier, un médium prit un crayon et écrivit immédiatement les réponses qui suivent avec une petite écriture descendant vers la droite, précisément comme si le savant eût tenu la plume.

Mais, s'écria un fils du médium, ce n'est pas l'écriture de papa !

Demande. — Pourrais-tu nous donner des renseignements exacts sur le monde que tu habites aujourd'hui ?

Réponse. — Les hommes sont des curieux, ils doivent savoir attendre.

D. — Tu as été le plus grand curieux du monde, puisque tu as couru toute la terre pour l'explorer et la décrire dans ton immortel *Cosmos.*

R. — La terre restera toujours inconnue.

D. — Dieu t'a donné le temps nécessaire pour remplir ta mission?

R. — Oui.

D. — Quelle est la planète que tu habites, est-ce Jupiter, patrie des grands hommes ?

R. — Non, Vénus.

D. — Tu as dû être bien flatté du beau cortége funéraire et de la statue dont on a illustré ta mémoire ?

R. — Dérision !

D. — As-tu retrouvé ton ami Arago ? que pense-t-il maintenant de la république et du rôle qu'il y a joué ?

R. — Arago boude.

D. — Si ce n'est pas être trop indiscret, pouvons-nous te demander ce que tu penses du sort futur de l'Italie ?

R. — L'Italie sortira de son linceuil.

D. — Que deviendra le Saint Père ?

R. — Le Pape restera le chef de l'Église catholique.

D. — La guerre s'étendra-t-elle partout comme on le craint ?

R. — Non.

D. — Combien de temps durera la guerre actuelle ?

R. — Cinq mois.

D. — Qui donc l'emportera?

R. — L'Empereur Napoléon sera victorieux.

D. — C'est donc le cas de vendre ses métalliques?

— Pas de réponse.

D. — Connais-tu le livre de *la Clé de la vie*, publié par un paysan du Var?

R. — Oui.

D. — Comment le trouves-tu?

R. — Sublime.

D. — Mais c'est donc un prophète?

R. — Incontestablement prophète, après Jésus, et ce sera le dernier.

D. — Nous connaîtrons donc un jour le mystère de la création?

R. — Jamais, Dieu ne révèle pas ses secrets, l'homme n'est pas capable de les apprécier.

D. — Mais Dieu n'est pas comme ces inventeurs qui cachent leur invention de peur qu'on ne les contrefasse et les étale à tous les yeux, n'est-ce pas nous inviter à les approfondir?

R. — Oui, l'esprit est fait pour chercher.

D. — Dieu sait mieux aimer ceux de ses ouvriers qui cherchent, que les cerveaux stériles, les paresseux?

R. — Oui.

D. — Toi qui as tant cherché, n'est-ce pas pour cela que tu es heureux?

R. — Dieu est profond dans ses volonté.

D. — Est-ce que nous ne devons pas tâcher de répandre la vérité nouvelle?

R. — Il vous est ordonné de faire des disciples.

D. — Est-ce que la diffusion de ces lumières n'améliorerait pas considérablement la vie morale des peuples?

R. — L'espèce humaine doit s'améliorer, Dieu y pourvoiera.

D. — Ne vois-tu pas le monde entier du point élevé où ton esprit se trouve?

R. — Dieu seul voit tout et ses moyens sont impénétrables.

D. — Tu connais la thèse que je soutiens depuis trente ans, à chacun la propriété et la responsabilité de ses œuvres, qu'en penses-tu?

R. — La propriété est l'œuvre de l'homme, son génie la lui donne.

D. — Oui mais il faut qu'elle passe dans les lois humaines?

R. — Les lois humaines erreront encore; mais l'heure sonnera.

D. — Il m'a été dit que Napoléon ferait triompher cette idée, mais un peu tard pour sa gloire?

R. — Napoléon fera de belles choses; mais la gloire revient à Dieu.

D. — Napoléon a donc une mission?

R. — Dieu a choisi Napoléon pour faire son œuvre ici-bas.

D. — Il ne mourra donc pas avant de l'avoir accomplie?

R. — Son œuvre s'accomplira avec sa vie.

D. — Durera-t-elle longtemps?

R. — Plus ou moins.

D. — N'est-ce pas que le travail est la loi par excellence, puisqu'il donne une satisfaction si pure à ceux qui ont rempli leur tâche ?

R. — Dieu par son travail de tous les jours apprend à l'homme à travailler.

D. — Ainsi l'homme qui ne fait rien ou ne fait que des riens n'a donc pas fait son devoir?

R. — L'homme doit porter à la ruche humaine sa part de travail ?

D. — Pas un homme n'a travaillé plus et mieux que toi?

R. — Mon labeur est faible devant la grandeur de Dieu.

D. — Approuves-tu le mien, ne serai-je pas dans l'erreur et n'ai-je pas tort d'y persister ?

R. — Ton travail a son mérite, et ton nom vivra dans l'avenir des siècles.

D. — Ton dernier livre est bien supérieur à mon *Organon?*

R. — Mon *Cosmos* n'est qu'une page arrachée du livre éternel.

D. — Dis-nous maintenant ce qu'il faut faire pour plaire au Créateur et être heureux dans ce monde?

R. — Aimer Dieu et son prochain.

D. — Mais les Chinois qui sont notre *lointain* devons-nous les aimer aussi ?

R. — Les Chinois sont l'œuvre de Dieu.

D. — Chacun dans l'autre vie recevra donc selon ses œuvres ?

R. — Dieu inscrit sur le livre des siècles les actions humaines.

D. — Qu'est-ce que c'est que notre vie terrestre, quel est son but?

R. — Notre vie est un acheminement à une vie meilleure.

D. — N'est-il pas vrai que cette terre est un purgatoire?

R. — La terre est une balance pour mesurer les bonnes et les mauvaises actions.

D. — C'est sans doute un lieu de passage où tu devrais bien nous enseigner le moyen d'être heureux.

R. — Commencez par croire que vous n'êtes pas malheureux.

D. — Tu nous réponds de si belles choses que nous désirerions bien te voir venir souvent dans notre cercle. Pourrons-nous encore t'évoquer?

R. — Mon esprit viendra mais on l'appelle partout.

D. — Il n'a donc pas le don d'ubiquité et ne peut pas se trouver en deux endroits à la fois?

R. — Non.

D. — Quand plusieurs cercles t'appellent en même temps où iras-tu?

R. — J'irai partout; mais Berlin aura la préférence.

D. — Notre cercle est-il bien composé, tous nos cœurs sont-ils en Dieu comme le veut Saint Augustin ?

R. — Oui, Dieu aime vos cœurs; Dieu donne la foi, malheur à ceux qui refusent de la recevoir.

D. — Nous avons donc tous bien fait de croire et d'ouvrir nos cœurs à la science vivante et fonctionnante comme l'appelle Michel, en opposition de la science morte?

R. — Oui, la lumière est avec vous.

D. — Ne pourrais-je pas devenir médium écrivant pour m'entretenir avec toi?

R. — Mon esprit se réveillera toujours au tien.

D. — Ne pourrons-nous jamais voir les esprits ?

R. — L'Esprit est invisible, l'Esprit se manifeste par l'esprit. (Il est dans l'homme).

Nous ne nous rappelons pas la demande à cette réponse.

D. — Est-ce que l'esprit de l'homme n'est pas un simple intermédiaire passif qui ne se meut que par l'impulsion d'autres esprits?

R. — L'émanation de la pensée vient de Dieu.

D. — Les inventions nouvelles par exemple?

R. — Rien n'est nouveau pour Dieu.

D. — Les grands inventeurs ne sont-ils pas des messagers que Dieu envoie sur la terre pour faire avancer le progrès ?

R. — Il les renvoie sur la terre en temps opportun.

D. — Où étais-tu quand nous t'avons fait appeler ?

R. — J'errais.

D. — Qui t'a averti que nous te désirions ?

R. — Evariste.

D. — Qu'est-ce que tu penses de lui ?

R. — Esprit judicieux.

D. — Nous te remercions bien sincèrement d'avoir bien voulu te communiquer à nous.

R. — Adieu.

Tel est, mon cher collègue, le procès-verbal exact, sans un mot de plus ni de moins de cette intéressante séance à laquelle ont religieusement assisté les personnes dont les noms suivent : M. et Mme Henry Vom Mons, M. et Mme Alphonse Verhaeren et leur fils, M. et Mme Edouard Verhaeren, M. et Mme Adolphe Verhaeren, deux domestiques et votre serviteur.

JOBARD.

Magnétisation d'un Chien.

— Un jour de la semaine dernière, j'étais, en attendant le départ du train, chez M. Finel, garde à la gare des marchandises, à Vienne (Isère), la conversation roulait depuis un instant sur le magnétisme et sur la puissance qu'un homme peut exercer sur un animal quelconque; il me vint alors à l'esprit de magnétiser le chien de M. Finel, âgé d'environ quatre mois, mais d'une très-petite race; cinq ou six minutes me suffirent pour l'endormir et le rendre même assez insensible à l'action de la chaleur et d'une piqûre d'épingle; quand je lui soulevais les pattes et que je les lâchais ensuite, elles retombaient comme s'il eût été mort. Un os très-chaud auquel tenait encore de la viande lui fut appuyé sur le nez sans qu'il fît le moindre mouvement, ce ne fut que quand on l'eut appelé très-fort et à plusieurs reprises qu'il s'éveilla; mais pendant longtemps encore et même le lendemain matin, il ne pouvait sans sourciller supporter mon regard. La réussite de cette expérience m'a beaucoup surpris, parce qu'il m'avait toujours été impossible de produire une impression sur un animal quel qu'il fût. Cependant j'ai maintes fois remarqué que j'exerçais une influence très-douce sur les animaux que j'ai possédés à diverses époques, soit sur des chiens, des chats, des poules, des oiseaux ou des lapins que je faisais très-facilement obéir sans menaces ni coups.   MANLIUS SALLES.

Action du Papier Magnétisé.

Extrait de la correspondance particulière de M. Minvielle, sergent de voltigeurs au 25e de ligne, en garnison à Nîmes, pendant les années 1850, 1851 et 1852.

« Bourbonne-lès-Bains, le 25 juin 1852.

» A Monsieur Manlius Salles, libraire à Nîmes, boulevard de la Madeleine.

» Il y a seulement huit jours que je n'aurais pu vous écrire que très-difficilement vu l'état de souffrance dans lequel je me trouvais; depuis cette époque j'attendais des nouvelles de mes camarades du régiment, et jespérais de jour en jour pour ne faire qu'un seul courrier, voilà donc la cause de mon retard que je vous prie d'excuser.

» Je ne sais, mon cher Monsieur, si je dois attribuer mon état souffrant à l'effet des eaux ou à l'influence atmosphérique; il fait un temps abominable depuis notre arrivée, et nous nous en sommes tous très-mal trouvés; bref, vous connaissez déjà le résultat heureux obtenu sur moi par le système magnétique dans vos premières séances, qui fit que, de l'état aigu où elles se trouvaient, mes douleurs passèrent immédiatement à l'état supportable, et le sommeil, qui m'avait abandonné, revint, et, quoiqu'agité, je goûtais, la nuit, quelques heures de repos.

» Dans mon voyage il m'est arrivé souvent qu'à mon arrivée au gîte, et particulièrement quand j'étais couché, la douleur se réveillait assez vive; je prenais aussitôt le papier que vous m'aviez donné (1), et après m'être frotté quelques instants, la douleur se calmait et je dormais ensuite. Voilà ce que je ne puis nier et ce qui est incontestable.

» Il faut vous dire que je n'ai plus souffert violemment de mon genou, et le mal semble être descendu à la cheville et au coude-pied, ce qui me gêne pour la marche. Ma souffrance ici a été occasionnée par une douleur de reins qui dure encore, quoique bien calmée. J'ai ressenti aussi des douleurs pointillantes au côté droit. »   MINVIELLE.

Le restant de la lettre n'ayant aucun rapport avec le magnétisme, je le supprime.

Monsieur Marchal, alors sergent-major et actuellement officier dans le même régiment (25e), m'écrivait un jour de Rome, que le magnétisme était toujours employé avec succès dans ce régiment par mes nombreux amis.

MANLIUS SALLES.

———◄►◄►◄►◄►———

REVUE DES JOURNAUX.

—Le journal l'AVENIR INDUSTRIEL ET ARTISTIQUE, de Paris, porte, dans son n° 49, un article assez intéressant pour les magnétiseurs, mais de nature, par les commentaires de son auteur, à retenir dans leur incrédulité la majeure partie des lecteurs de cet excellent journal. On y remarque cependant aisément que M. B., auteur de l'article en question, n'est pas si *ma-brutiste* (incrédule) que ses réflexions pourraient le faire supposer; car il avoue que les expériences auxquelles il a assisté l'ont grandement surpris et laissé dans un doute voisin de la conversion. Il n'ose encore croire aux merveilles dont il ne peut pénétrer le mystère. En effet, peut-on logique-

(1) Papier magnétisé.

ment, croire aux effets que produit une puissance si on ne croit pas à cette puissance même.

Ce même journal porte dans son n° 53 un autre article ayant trait aussi au magnétisme; cette fois on y remarque que l'auteur de l'article en question est presque un converti à la cause du magnétisme. Nous serions heureux de voir la presse scientifique en général se livrer à la discussion, la propagation et définition de cette importante partie des sciences naturelles; nous recommandons donc à nos lecteurs la lecture du journal l'*Avenir industriel et artistique*, de Paris, rue Richelieu, 110.

— Dans son n° du 8 janvier 1860, le journal l'*Ami des Sciences*, de Paris, rue Cassette, 9, porte un excellent article sur l'*od* (fluide magnétique vital et animal). L'auteur de cet article démontre l'existence et la puissance de ce fluide d'une manière remarquable et conclut en disant que l'eau magnétisée n'est autre chose que de l'eau dans laquelle on a introduit de l'*od*, très-souvent par la seule force de la volonté ou par l'apposition des mains au-dessus du verre.

On lit dans le même journal, n° du 29 janvier, un article dans lequel il est question d'une force magnétique animale pouvant agir très-fortement sur certains corps inertes. Voilà bien, je crois, de la vraie propagation magnétiste !...

— Le MAGNÉTISEUR, journal de Genève, publié par notre ancienne connaissance, M. Charles Lafontaine, rapporte que plusieurs animaux tels que : lions, hyènes, crapauds, etc., ont été magnétisés par lui avec assez de facilité, ce dont nous n'avons pas de peine à croire, car nous connaissons sa force et sa puissance magnétique herculéenne; *la foi qu'il a en sa puissance et la manière dont il l'emploie*, lui garantiront toujours la réussite dans ses expérimentations. Je l'ai connu en 1850 à Nîmes où je l'ai vu donner presque entièrement l'ouïe à un sourd-muet de naissance (M. Roule ex-entrepreneur de maçonnerie, de Nîmes.) Dans une autre livraison je raconterai les quelques expériences que j'ai eu l'honneur de faire en sa présence sur plusieurs de mes somnambules, notamment sur M. François Cabanis.

— Nous sommes heureux de voir M. Rœssinger, du *Journal de l'Ame* (de Genève), se déclarer de notre avis sur notre manière d'envisager les prestidigitateurs-magiciens.

— *L'Union Magnétique de Paris*, dans son n° 118 de 1859 porte un article des plus curieux, signé du nom de notre savant collègue M. Bernard ; il y dit que, trois ou quatre expériences très heureuses, lui ont clairement démontré l'avantage qu'il y aurait à appliquer le magnétisme pur et simple aux enfants atteints de la terrible maladie connue sous le nom de *croup*. Dans chacune des expériences qu'a faites notre collègue et ami M. Bernard, le succès le plus complet a toujours couronné ses généreux efforts.

TRAITEMENT DU CROUP.

Extrait du n° du 25 Novembre 1859 de l'UNION MAGNÉTIQUE *de Paris*.

Si la médecine officielle est forcée d'avouer ici son impuissance, le magnétisme, plus fort qu'elle, parce qu'il donne une vie nouvelle au malade, se proclame assez puissant pour vaincre le mal ; déjà souvent il lui a arraché quelques victimes. Je ne prétends pas dire ici que le magnétisme ressuscite les morts, mais j'affirme, et je prouverai, s'il le faut, aux incrédules, que le fluide magnétique a merveilleusement opéré dans trois cas, sur trois, de croup à la deuxième forme, c'est-à-dire lorsque les remèdes de la médecine allopathique étaient devenus inefficaces.

Voici, en peu de mots, le traitement que nous avons employé avec succès. Magnétisations générales ne dépassant pas quinze minutes, mais renouvelées de deux en deux heures; passes dégageantes à toutes les deux magnétisations. Commencer ces magnétisations à la partie supérieure de la tête, en laissant glisser les mains des deux côtés, devant et derrière les oreilles; prendre garde de ne pas s'arrêter au cou et prolonger au contraire jusqu'à la région ombilicale, où la magnétisation doit cesser pour faciliter les évacuations. Magnétisations semblables et toujours avec passes dégageantes, à partir de la nuque, tout le long de la colonne vertébrale jusqu'aux reins. De dix minutes en dix minutes, donner au malade une gorgée d'eau fortement et préalablement magnétisée.

Tel est dans toute sa simplicité le traitement qui, trois fois, m'a donné de précieux résultats en sauvant de la mort trois victimes du croup. Après la troisième ou quatrième magnétisations, c'est-à-dire au bout de neuf ou dix heures, les malades rendaient des lambeaux de fausse membrane, et trois jours après ils étaient en pleine convalescence. Il va sans dire que le nombre des magnétisations diminue dès que la guérison s'est manifestée par l'éjection de la fausse membrane.

Lorsque, à force d'observations, d'analyses, d'expériences, d'études, on aura découvert le principe nécessaire à la science nouvelle, nous pourrons expliquer sans doute la cause de la puissance du magnétisme; mais, en attendant, servons-nous-en tous avec confiance, et si nous ne pouvons en apprécier scientifiquement la loi primordiale, cherchons toujours à en utiliser les merveilleux effets.

BERNARD.

Valence, imprimerie et lithographie de CHALÉAT.

1er Volume   PRIX : 50 CENT. LA LIVRAISON.   **8e Livraison.**

FRANCE.
52 Livraisons
par la poste
12 fr.

REVUE
CONTEMPORAINE
DES

ÉTRANGER.
52 Livraisons
par la poste
14 fr.

SCIENCES OCCULTES ET NATURELLES

Consacrée

A L'ÉTUDE ET A LA PROPAGATION DE LA DOCTRINE MAGNÉTIQUE APPLIQUÉE A LA
THÉRAPEUTIQUE, A LA DÉMONSTRATION DE L'IMMORTALITÉ DE L'AME ET AU
DÉVELOPPEMENT DE NOS FACULTÉS NATURELLES, A LA RÉFUTATION
DE CERTAINES CROYANCES ET DE CERTAINS PRÉJUGÉS POPULAIRES,
LA CONSÉCRATION DU PRINCIPE DE LA SOLIDARITÉ
UNIVERSELLE, ETC.

Psychologie et physiologie de la vie universelle

Publiée avec l'approbation ou le concours
de plusieurs docteurs en médecine, avocats, théologiens, littérateurs, magnétiseurs,
médiums, et de simples magnétistes, etc.

Par MANLIUS SALLES

Membre correspondant de la société du Mesmérisme de Paris et de la société
Philanthropico-Magnétique de la même ville.

Cartomancie — Nécromancie — Chiromancie — et autres sciences
mystérieuses dévoilées par la pratique du magnétisme.

EXPÉRIMENTEZ ET VOUS CROIREZ.

BUREAUX :
A PARIS, au comptoir de la librairie de Province, rue Jacob, 50, et
chez J.-B. Baillière, rue Hautefeuille.
A NIMES, librairie Manlius Salles, boulevard de la Madeleine.
A ALAIS (Gard), chez le Directeur, basse place St-Jean, 22.

SOMMAIRE. — CAUSERIE INTIME. — FAITS MAGNÉTIQUES CERTIFIÉS ; *Lettre-Certificat*, par M. Durand Pierre, de St-Hippolyte-du-Fort. — Guérison radicale presque immédiate d'une douleur chronique à l'estomac, par l'emploi de l'eau magnétisée. — *Guérison instantanée* d'une douleur chronique rhumatismale à la jambe. — *Expérimentation magnétique* sur M. Clusel. — *Autre expérimentation* : Souvenirs de mon ami Sigaud. — REVUE DES JOURNAUX : L'*Avenir artistique et industriel* de Paris ; l'*Union Magnétique de Paris* ; le *Magnétiseur*, de Genève. — BIBLIOGRAPHIE. — CORRESPONDANCE AFRICAINE PARTICULIÈRE : *Compte-rendu*, par M. Quinemant, de Sétif. — ERRATA du dernier numéro.

PETITE CAUSERIE INTIME.

N'ayant nullement connaissance du nouvel ouvrage que vient de publier M. A.-S. Morin notre savant et honorable collègue du *Journal du Magnétisme*, de Paris, nous ne pouvons en rendre compte ni même en parler ; nous en entretiendrons nos lecteurs dès que nous en aurons pris connaissance.

Dans son n° du 15 février 1860, M. Ch. Lafontaine nous

apprend que M. A.-S. Morin n'est que l'homonyme de M. A. Morin, auteur du charmant petit volume publié sous le titre de : **Comment l'Esprit vient aux Tables**, et en même temps de la publication si intéressante et si spirituelle, paraissant il y a quelques années (1), à chaque nouvelle lune, sous le titre : **La Magie au XIXme Siècle.** Cette publication qui a je crois cessé de paraître méritait à tout égard l'attention des hommes spéciaux et des savants de tout ordres.

Quoique très-tardivement, je suis heureux de pouvoir remercier publiquement M. A. Morin, de la *Magie*, du bonheur qu'il me procurait par la lecture de chacune de ses livraisons, j'avais été assez heureux, pour pouvoir répandre, en grande quantité autour de moi, la semence des idées nouvelles qu'elles m'apportaient à chaque nouvelle lune.

J'ose espérer que cette excellente publication reparaîtra bientôt afin de contribuer encore au nouvel essor que prend dans la société la doctrine magnétiste en général.

Les hommes comme M. A. Morin, de la *Magie*, sont très-rares ; ils doivent être considérés par l'humanité comme autant de phares destinés à projeter leur lumière au loin jusque dans les siècles à venir.

Je crois pouvoir annoncer à mes lecteurs que je suis maintenant, du moins tout me le fait espérer, à la fin de mes pérégrinations, et que bientôt je rentrerai dans ma demeure, d'où je pourrai, Dieu aidant, publier très-régulièrement ma Revue et me livrer aussi assidûment que par le passé à l'étude et à la pratique du magnétisme.

MANLIUS SALLES.

Faits Magnétiques certifiés.

Je vais donner ci-dessous copie textuelle d'une lettre-certificat, qui m'avait été remise par ses signataires afin que je la livrasse à la publicité d'un journal de Nîmes : *Le Courrier, la Revue Méridionale*, ou autre, etc. Comme elle me concernait entièrement, je crus devoir la garder en ma possession afin

(1) A la librairie nouvelle boulevard des Italiens, 15, à Paris.

de m'en servir en temps opportun ; je la livre donc moi-
même, aujourd'hui aux lecteurs de notre *Revue Contempo-*
raine.   **M. S.**

St-Hippolyte-du-Fort (Gard), le 11 janvier 1858.

« Monsieur le Rédacteur du journal, etc.,

» Ayant lu dans certains journaux que M. Manlius Salles,
libraire à Nîmes, professait toujours gratuitement le magnétisme appliqué à la thérapeutique, j'ai cru qu'il était de
mon devoir de lui donner publiquement par la voie de la
presse, une preuve de ma reconnaissance pour la merveilleuse cure qu'il fit, il y a environ deux ans, sur la personne de ma femme.

» Voici en peu de mots l'historique de la maladie de ma
femme et de sa guérison miraculeuse : Depuis près de cinq
ans, ma femme était tombée dans un abattement complet,
elle était continuellement en proie à de violentes douleurs
dans les reins, la poitrine et la tête, en un mot dans
tout le corps.

» Elle ne pouvait plus ni sortir, ni s'occuper des soins
de son ménage, quand M. Manlius Salles vint, sur ma demande réitérée, la visiter. Il était dix heures du matin
d'heureuse mémoire, je ne sais comment il opéra, car à
peine eut-il dit un mot que ma femme déclara se trouver
mieux ; je crois pourtant que M. Manlius Salles laissa, volontairement ou non, tomber son mouchoir à terre et que sur
l'observation que lui en faisait ma femme, il lui répondit :
Ramassez-le et donnez-le-moi ; ce qu'ayant fait très-facile-
ment, elle se sentit et se crut immédiatement guérie. |

» Le lendemain matin nous allâmes, ma femme, M. Manlius Salles et moi, déjeuner à mon mazet (1), qui est situé sur
le versant du mont Pied-de-Mars, à plus de quatre kilomètres de mon domicile ; ma femme put y aller et en revenir
sans la moindre fatigue, et y déjeuner d'aussi bon appétit que
nous, quoiqu'elle ne marchât plus et ne mangeât presque
plus, comme je l'ai déjà dit, depuis plus de cinq ans.

(1) Nom que l'on donne aux petites maisons de campagne.

» J'ajoute, à la louange de M. Manlius Salles, qu'il ne voulut en aucune façon accepter la moindre rétribution, se disant suffisamment payé par la réussite de son expérience et le triomphe de sa cause qui, disait-il, est celle de tout magnétiste et magnétiseur sincères. »

» Avant, et depuis l'heureux jour dans lequel M. Manlius Salles fit rentrer le bonheur dans ma famille, j'avais et j'ai été témoin maintes fois des curieuses et très-intéressantes expériences magnétiques qu'il a faites : tantôt c'était une douleur qu'il faisait immédiatement cesser sur la personne de l'un de nos amis, tantôt c'était une sensation qu'il provoquait sur telle personne qui le lui avait demandé.

» Ayant communiqué à mes amis l'intention que j'avais de publier ce que je savais, et j'avais eu le bonheur d'éprouver des bienfaisants effets du magnétisme, ils m'engagèrent tous à le faire et promirent de signer eux-mêmes le présent certificat afin que M. Manlius Salles pût s'en servir quand il le jugerait bon. Je vais donc raconter ci-après certains faits se rattachant aux susdits amis.

» Quelques jours avant de se rendre chez moi, M. Manlius dînait avec nous dans une réunion d'amis; ce jour là, il fit cesser pour toujours, puisqu'elle n'a plus reparu depuis lors, une douleur chronique au talon de M. Grévoul, maître boulanger et propriétaire, Grand'-Rue. Le fait est certifié par sa signature au bas de cette lettre.

» Un jour de 1857, M. Manlius Salles prenait son café au *Café Provençal*, rue de la Plaine, quand M. Montméjean vint le prier de guérir son fils d'un mauvais mal qu'il avait depuis plusieurs jours, au bras et à la main et qui, outre la douleur et l'enflure qu'il lui occasionnait aux parties malades, l'empêchait de travailler.

» Une poignée de main suffit à M. Manlius Salles pour faire entièrement cesser la douleur et pour mettre M. Montméjean fils en état de travailler; le lendemain matin l'enflure avait disparu. Donc, en moins d'une minute, M. Manlius. Salles avait obtenu ce que plusieurs jours de traitement n'avaient pu obtenir.

» Il y a à peine deux mois, que Mme Vialat, propriétaire, restaurateur-cafetier à St-Hippolyte-du-Fort, avait été alitée par une douleur rhumatismale à la jambe. Une parole et une poignée de main que lui donna M. Manlius Salles, sur la demande de son mari, M. Vialat, suffirent pour la remettre immédiatement en état de marcher.

» Quelques jours après, la belle-fille Vialat, souffrant beaucoup d'une irritation de poitrine et d'une toux catharrale, fut remise en quelques heures en faisant usage interne d'un demi-verre d'eau magnétisée, que M. Manlius Salles lui avait préparée, c'est-à-dire lui avait fait prendre à la fontaine voisine, sans autre formalité que celle de lui garantir que, par sa volonté, il la ferait changer de goût... Ce qui eut lieu en effet, sans que M. Manlius l'eût touchée, ni même touché le verre avant l'opération.

» Enfin, il n'y a que quelques jours, que M. Manlius Salles, en arrivant de Nîmes, avec les messageries Canaguier, entra au café Vialat dont nous avons déjà parlé ci-dessus, tandis qu'il était encore seul dans une salle, M. Fesquet, propriétaire, marchand de bestiaux à Lassalle (Canton Gard), arrivant aussi de Nîmes entrait, ou du moins était entré dans une autre salle aidé par deux facteurs des messageries impériales. La veille, à Nîmes, M. Fesquet avait été très-grièvement blessé au genou par un coup de pied de bœuf; la plaie très-grande et très-envenimée, était douloureuse au point de l'empêcher même de poser le pied par terre. M. Fesquet se préparait à se faire porter ainsi à Lassalle quand M. Manlius, qui était resté dans la salle voisine du laboratoire, entendit Mme Vialat mère témoigner à M. Fesquet le regret qu'elle éprouvait, de ce que lui, Manlius, ne fût pas à St-Hippolyte, car lui, disait-elle, il vous guérirait bien certainement.

» M. Manlius Salles ne put résister au désir de se montrer et surtout de se rendre utile à M. Fesquet, qu'il ne connaissait nullement. Il entra donc, et, après l'heureuse surprise qu'il causa à la famille Vialat et aux autres personnes présentes, il posa la main sur la blessure de M. Fesquet en lui disant d'allonger la jambe, ce que celui-ci fit de suite sans souffrance. Dès ce moment il put marcher sans peine, au point que, si on ne l'en avait empêché, il serait parti à pied pour Lassale, malgré les 15 kilomètres qu'il avait à faire pour s'y rendre.

» M. Manlius Salles ne voulant rien accepter de M. Fesquet, celui-ci désirant néanmoins montrer sa joie et sa reconnaissance, voulut payer le café à tous les assistants.

» Ce fait nous a été maintes fois raconté par le voiturier

de Lassale et son postillon, MM. Auguste Salles (1) et Palatan, par la famille Vialat et autres témoins du fait ; M. Fesquet l'a raconté lui-même à un grand nombre de personnes.

» Hâtons-nous de le dire, si nous avions été au temps où l'on brûlait les sorciers, M. Manlius Salles aurait depuis longtemps disparu de ce monde ; mais Dieu merci, il restera encore parmi nous pour répandre dans la société les divins bienfaits du magnétisme.

» Je vous prie, M. le Rédacteur, de prêter à ma lettre, quoiqu'il puisse m'en coûter, la publicité de votre journal, car, ce n'est que par ce moyen que je compte pouvoir témoigner à M. Manlius Salles la millionième partie peut-être de la reconnaissance que je lui dois, pour le bonheur qu'il a fait rentrer dans ma famille. »

Votre serviteur dévoué.

Signé : Durand Pierre, propriétaire. — Juni Malignas femme Durand.

Lu et approuvé par nous :

Montméjean père, — Vialat Jean, — Mⁿ Grévoul, propriétaire (tous de St-Hippolyte-du-Fort, Gard).

Guérison radicale d'une chronique douleur d'estomac par l'emploi de l'eau magnétisée.

Je suis autorisé par Mˡˡᵉ Eldin Françoise, des Vans (Ardèche), à mentionner dans ma revue, la cure que j'ai opérée sur elle, pendant le court séjour qu'elle fit l'an dernier à Nîmes, chez son beau-frère, M. Girand, employé à la préfecture, bureau des travaux publics à Nîmes.

Mˡˡᵉ Eldin souffrait depuis fort longtemps d'une très-forte douleur d'estomac, elle avait presque entièrement perdu son sommeil. Un jour qu'elle était venue à la maison, je lui conseillai de faire usage de l'eau magnétisée comme boisson et de s'en frictionner la poitrine avec la main presque sèche.

Mˡˡᵉ Eldin but pendant trois jours de suite, en se couchant, un demi-verre d'eau magnétisée et se frictionna la poitrine selon que je le lui avais conseillé ; ces trois jours de traitement suffirent pour la débarrasser entièrement de sa

(1) M. Auguste Salles n'est que l'homonyme de M. Manlius Salles notre directeur.

cruelle maladie qu'elle croyait devoir l'entraîner dans la tombe.

C'est du moins ce qu'elle a répété mille fois peut-être devant moi et notamment encore le 25 novembre dernier, chez et en présence de M. et Mme Monier, ex-marchand de vins et propriétaire à Valence, place du Cagnard, 1, et quelques autres personnes non moins incrédules que M. Monier.

Guérison instantanée d'une douleur à la jambe.

Un jour, c'était en 1850 ou 1851, époque à laquelle je commençai d'appliquer le magnétisme à la thérapeutique, j'eus le bonheur de faire la plus belle et la plus heureuse expérience que jamais magnétiseur soit appelé à faire.

Un jour, dis-je, je rencontrai M. Louis Vincent, employé chez MM. Méjan et Capillairy-Méjan, apprêteurs de châles; il était tellement souffrant depuis une quinzaine de jours, d'une douleur rhumatismale à la jambe, qu'il avait dû cesser de travailler.

Je le priai de venir chez moi le jour même, à 8 heures du soir, et que bien certainement je le guérirai. Il vint à l'heure dite et en présence de M. Puëch, ex-employé à la poste, et d'une autre personne, j'expérimentai de la manière suivante.

Mon ami, dis-je à M. Louis Vincent, assieds-toi et laisse-moi faire sans mot dire. Dès qu'il fut assis je lui pris ses deux béquilles et les portai dans un coin de mon magasin, je lui touchai ensuite une fois le genou malade en lui disant : va-t-en chercher tes cannes et marche sans douleur.

M. Louis Vincent n'osait se mettre à marcher sans ses cannes dans la crainte de se laisser tomber; mais sur l'assurance que je lui donnai de sa guérison il se leva et marcha comme s'il n'avait jamais été malade et souffrant.

Quand il rentra chez lui, le soir à 9 heures, son père et sa mère le grondèrent de ce qu'il était resté si longtemps dehors, quand il savait que non seulement la fraîcheur de la nuit lui était très-défavorable, mais qu'il savait aussi qu'on lui avait préparé des remèdes.

Qu'elle ne fut pas la surprise du père et de la mère Vincent, quand, la lampe étant éclairée, ils virent leur fils marcher droit et sans peine.

Ce premier fait de *Magnétisation Thérapeutique sans passes*, fut je crois l'expérience qui me décida à pratiquer dé-

sormais ce système de magnétisation avec lequel depuis lors
il m'a été donné si souvent de me rendre utile à la société;

MANLIUS SALLÈS.

---◇---

Expérimentation Magnétique

*Sur M. Clusel, employé aide-opérateur au chemin de fer
de Lyon à Marseille.*

Un jour, c'était le samedi 8 octobre 1859, je me trouvais
dans un convoi avec M. Clusel; après un instant d'entretien sur divers sujets, il me dit qu'il souffrait beaucoup
d'une douleur au bras gauche, surtout depuis que,
huit jours auparavant à Montélimar, on lui avait fait
mettre un emplâtre; depuis ce jour, dis-je, son bras avait
enflé et s'était couvert de plaques rouges et de boutons; le
sein gauche, le dessus de l'épaule et l'homoplate en étaient
couverts aussi,

Ces plaques et ces boutons procuraient à M. Clusel une dé-
mangeaison cuisante presque insupportable; tout lui faisait
craindre l'aggravation de sa maladie.

Je lui conseillai de suspendre immédiatement toute médication pour suivre simplement le système magnétique que
je lui indiquai, consistant à mettre dans un verre d'eau,
quand il rentrerait chez lui, une pièce d'argent que je lui
magnétisai dans la voiture même sans l'aide d'aucun attouchement, prendre ensuite de cette eau magnétisée et en hu-
mecter la main avec laquelle il pourrait faire des frictions
ou passes magnétiques sur les parties malades.

Cela, lui dis-je, doit dans peu de temps faire disparaître
les rougeurs et les boutons dont vous êtes couvert ainsi que
la douleur qui vous a occasionné cette irruption.

Le samedi suivant, 15 octobre, j'ai rencontré de nouveau
M. Clusel à la gare de Valence, et là, devant plusieurs personnes, il m'a assuré qu'ayant suivi mon conseil, en arrivant
à Marseille, le 8 octobre au soir, il avait été très-prompte-
ment guéri, à son grand étonnement et à celui de sa femme,
qui lui riait au nez en se moquant de sa trop grande naïveté (crédulité).

Ce jour là (le 15 octobre 1859), M. Clusel m'a avoué que
l'expérience préalable de magnétisme que j'avais faite sur

lui dans la voiture (le 8), avait pleinement réussi, mais, qu'il avait cru ne pas devoir me l'avouer de suite, crainte sans doute, que je me moquasse de lui.

Voici l'expérience en question : Je lui avais fait mettre dans sa main une pièce de un franc en lui disant que, selon son désir, cette pièce deviendrait plus ou moins pesante et plus ou moins chaude ou froide, et que, s'il le désirait, je lui ferais faire cette expérience dans celle de ses mains qu'il me désignerait, main qui s'engourdirait aussi au contact de la pièce en question; l'engourdissement annoncé gagna même le bras et tout le côté du corps.

Je n'avais pas encore touché ni ne touchai M. Clusel, ni sa pièce de un franc, quand je lui proposai de faire cette expérience : j'opère toujours de la même manière quand je suis appelé par le hasard à expérimenter sur une personne que je ne connais pas, ou dont je ne connais pas la maladie.

Monsieur Clusel, que j'ai maintes fois revu depuis lors, m'a renouvelé le souvenir de cette expérience que j'avais faite devant des témoins dont s'il le faut je citerai les noms.

Autre Expérimentation.

(souvenir).

M. Sigaud, sergent-major au 25° de ligne, de 1850 à 1852 (aujourd'hui officier dans un autre régiment), venait presque journellement me prier de le soulager dans la gastralgie dont il souffrait continuellement à cette époque. Il me suffisait pour lui calmer les douleurs d'estomac, de lui prendre le bras ou la main et de rester ainsi pendant un instant.

Un jour qu'il souffrait beaucoup, il me fit appeler par un ami pour que j'aille le magnétiser dans sa chambre à la caserne; à peine lui eus-je pris la main qu'il s'endormit paisiblement dans son lit et que la fièvre cessa.

De nombreux témoins pourront quand bon me semblera certifier ces faits et déclarer que j'exerçais alors sur M. Sigaud, qui était l'un de mes plus intimes amis, la meilleure et la plus grande influence magnétique. MANLIUS SALLES.

REVUE DES JOURNAUX.

Le journal l'*Avenir Industriel et Artistique de Paris*, se lance enfin dans les eaux des sciences occultes, son rédacteur, M. Mens, nous promet, dans chacune de ses *Revues Hebdomadaires du Monde Scientifique*, de nous entretenir très-au long et en temps opportun **de la Question du Magnétisme,** autrement dit par les nouveaux convertis, **Hypnotisme.**

Nous osons espérer que l'exemple de cet excellent journal sera suivi par toute la presse scientifique; déjà nous sommes heureux de pouvoir annoncer à nos lecteurs qu'un grand nombre de journaux de Paris et de la province entraînés sans doute aussi par la *révolution qui s'opère actuellement dans l'esprit public relativement aux sciences occultes en général*, imitent son exemple.

Nous lisons dans le numéro du 10 février, de l'*Union Magnétique de Paris*, une lettre de M. le docteur Gourdon, de Toulouse, adressée à M. le docteur Bégué, de la même ville. Dans certain passage de sa lettre, M. le docteur Gourdon prétend que l'Hypnotisme ne produit pas les mêmes effets que l'électro-biologie; on voit très-bien par son raisonnement que M. Gourdon n'est pas un praticien très-expérimenté; car s'il en était autrement, il saurait que par le système hypnotique électro-biologique ou magnétique par passe, on obtient, selon les sujets sur lesquels on opère, les mêmes phénomènes.

Il m'arrive journellement de cataleptiser entièrement certaines personnes, sans employer ni l'hypnotisme ni l'électro-biologisme, ni même les moyens ordinaires du magnétisme vulgarisé, c'est-à-dire les passes. Je me contente de prévenir la personne sur laquelle je vais opérer, même pour la première fois, de la prévenir, dis-je, des effets que je veux lui faire sentir : *Ma foi seule fait tout dans mes expérimentations*.

Le n°ˢ du 15 février du journal *le Magnétiseur*, de Genève, publié par M. Ch. Lafontaine, est on ne peut plus intéressant, il traite et rapporte les articles suivants :

1° Sur la magnétisation des animaux. 2° Une lettre de M. Pereyra, de Varsovie, et la réponse à cette lettre, par M. Lafontaine, sur la transposition des sens. 3° Par les faits remarquables de somnambulisme qu'il cite. 4° De la parole et de l'ouïe données à des sourds-muets de naissance. 5° Par la trop sévère, peut-être, critique du nouvel ouvrage publié par M. A.-S. Morin, du *Journal du Magnétiseur*. 6° Par les expériences qu'il offre de faire en présence des corps savants. A ce sujet, nous laissons parler M. Lafontaine lui même.

« Quant au fluide même nous avons avancé dans le *Journal de Genève* et *la Gazette des Tribunaux*, et nous répétons ici, que nous allons faire devant des hommes compétents par leur science et leur impartialité, des expériences QUI PROUVENT MATHÉMATIQUEMENT son existence et son action sur tous les corps.

» L'une de ces expérience consiste à faire dévier de dix, vingt, trente degrés, par *une Magnétisation directe*, des aiguilles mobiles suspendues dans des vases de verre hermétiquement fermés. (Ces aiguilles sont en tout autre métal que le fer, afin que l'aimant ne puisse avoir action sur elles).

» La seconde expérience se fait sur les aiguilles aimantées d'un galvanomètre, sur lesquelles nous obtenons des déviations positives de plusieurs degrés *par l'eau magnétisée*, c'est-à-dire par l'eau à laquelle *le fluide vital* a été communiqué.

» Nous nous sommes fait un plaisir de convier tous les savants impartiaux à venir constater les faits que nous avançons; ils sont assez importants pour que les hommes de science qu'il cite ne nous fassent pas défaut et se rendent *à l'invitation directe que nous leur adressons*. »

De cette manière nous ferons constater OFFICIELLEMENT L'EXISTENCE DU FLUIDE VITAL.

CHARLES LAFONTAINE.

Bibliographie.

Rapport du magnétisme avec la jurisprudence et la médecine légale (1).

Sous ce titre, Monsieur Jules Charpignon, docteur en médecine, à Orléans, vient de publier un charmant petit volume dans lequel il s'est efforcé de concilier la doctrine magnétiste avec les lois qui nous régissent; nous nous dispo-

(1) Un volume in-8°, à Paris, chez Germer Baillière, éditeur, rue de l'École-de-Médecine, chez Durand, libraire, rue de Grès-Sorbonne, et à Nîmes ou à Alais, au bureau de notre Revue.

sons à analyser cet ouvrage d'un bout à l'autre dans nos prochaines livraisons, nous nous contenterons donc aujourd'hui d'en recommander la lecture à nos amis et collègues en magnétisme.

Voici en quels termes M. J. Charpignon entre en matière et introduit ses lecteurs dans le courant de ses idées.

« Toutes les sciences, quelles que soient leurs applications diverses, sont des révolutions dans la grande unité scientifique qui, elle-même, émane de la vérité. Il doit donc y avoir harmonie entre les principes et les applications de toute doctrine, entre la loi religieuse et la loi civile, entre la science et l'art. S'il en est autrement, c'est qu'il y a erreur dans la doctrine ou fausse interprétation du fait, et alors il y a un progrès à accomplir.

» Ce principe que je pose est applicable à un grand phénomène que la fin du XVIII⁰ Siècle a fait connaître comme nouveau, mais que l'on suit parfaitement dans les âges précédents; ce phénomène est le Magnétisme. Ensemble de phénomènes dont la réalité est incontestable, le magnétisme cherche à se constituer science, et il n'y peut parvenir. Tandis que les Académies nient son existence et le repoussent comme une chimérique illusion, il produit des faits qui révèlent sa puissance, qui causent des accidents ou déterminent des effets salutaires, et qui soulèvent les questions les plus élevées de la philosophie.

» Quand la justice est saisie de plaintes à l'égard de ces faits, elle se trouve en opposition avec la science, car l'une constate la réalité de ce que l'autre nie. Il existe donc sur la question du magnétisme une lacune à combler. Il faut d'une part que la science reconnaisse les faits et leur donne une causalité, et, de l'autre, il est nécessaire que la jurisprudence subisse sur cette question certaines modifications et reçoive certaines additions pour réglementer un art nouveau.

» Le temps réalisera certainement ces perfectionnements, car encore une fois l'harmonie doit régner entre les principes et les faits, entre la science et la loi.

» Convaincu de la vérité du magnétisme et de la portée physiologique et philosophique, j'ai cherché à préparer, par divers ouvrages, le grand travail de la réconciliation scientifique.

» Dans cet écrit, je veux présenter quelques considérations sur les rapports du magnétisme avec la jurisprudence et la médecine l'égale. Ce travail m'a paru d'autant plus nécessaire que depuis quelques années les cas où les magistrats sont appelés à juger des faits de magnétisme deviennent plus fréquents, et qu'il semble que désormais ce soit la magistrature qui doivent établir la réalité du magnétisme, forçant, avec la voie publique, les académies à reconnaître une science et un art dont elles ne soupçonnait encore ni la nature ni la portée. »

JULES CHARPIGNON.

Nous, nous croyons que le meilleur moyen de forcer la main des académies à signer *le certificat de vie du magnétisme*, ne consiste qu'à produire des faits autant qu'il en est nécessaire pour la propagation de notre doctrine. Publions par tous les moyens légaux et moreaux, tout les résultats que nos expériences nous donneront. La publicité seule peut résoudre le grand problème de la reconnaissance légale du magnétisme par la société. Citons! citons donc des faits! et faisons surtout de la propagande autour de nous, non pas en public, c'est-à-dire en grande assemblée, mais en petit comité, car de cette manière notre bonne foi ne sera jamais suspectée et les adeptes que nous ferons à notre cause s'en proclameront les fidèles apôtres, bientôt après s'en être dit les disciples. Les expérimentations en très-petit commité sont presque toujours couronnées du plus grand succès, car de part et d'autre il y a sympathie, ou tout au moins confiance réciproque. Le bruit que fait une bonne expérience faite à huis clos se répand au loin avec la plus grande rapidité, bien plus que celui de celles qui ont été faites en public et ne sont jamais qualifiées de charlatanisme.

MANLIUS SALLES.

Correspondance particulière Africaine

de la REVUE CONTEMPORAINE DES SCIENCES OCCULTES ET NATURELLES.

Nous avons reçu de M. Quinemant, commissionnaire à Sétif (Algérie), une lettre très-intéressante que nous croyons devoir reproduire analytiquement dans notre présent numéro. Dans cette lettre, M. Quinemant nous offre sa collaboration de la manière la plus aimable; aussi nous empressons-nous de l'accepter, car elle sera, non seulement pour nous, mais pour notre cause en général, nous osons du moins l'espérer, un puissant auxiliaire dans l'Algérie.

Nous prierons M. Quinemant de nous envoyer autant qu'il le pourra les comptes-rendus qu'il nous promet, revêtus de la signature de quelques témoins. Nous le remercions très-sincèrement d'avoir répondu si promptement à notre appel et nous le prions d'agréer nos fraternelles salutations.

MANLIUS SALLES.

« Sétif (Algérie), le 11 février 1860.

» M. Manlius Salles, directeur de la *Revue*, *etc.*

» J'ai lu avec beaucoup de plaisir les numéros publiés de votre excellent journal et, pour répondre à l'appel que vous faites à tous les *magnétistes et spiritistes* pour la propagation des sciences nouvelles naturelles auxquelles la doctrine magnétiste a donné le jour, je vais vous rendre compte de quelques expériences que j'ai faites moi-même ou auxquelles j'ai assisté à Sétif.

» Je me bornerai, M., à vous raconter aujourd'hui le résultat de quelques expériences, de temps à autre je vous donnerai le compte-rendu aussi fidèle que possible des nouvelles expériences auxquelles il me sera donné d'assister ou que j'aurai faites moi-même.

» M. Courtois, habitant de Sétif, m'ayant maintes fois parlé de son fils, âgé d'environ 16 ans, duquel il obtenait des réponses écrites, à des questions mentales, sachant que je m'occupais de *spiritisme*, me proposa de m'admettre à l'une de ses petites soirées intimes, ce que j'acceptai volontiers.

» Le 20 janvier dernier je me rendis chez M. Courtois avec MM. C. Dumas, marchand de nouveautés à Sétif, et Arnaud, sous-chef de musique au 8° chasseur à cheval, afin d'assister à une séance dans laquelle M. Courtois fils se prêta de la meilleure grâce aux expériences suivantes :

» Il se plaça devant une table avec un crayon à la main, fixant l'extrémité de ce crayon ; au bout de six à sept minutes sa tête s'affaisa sur la table en appuyant sur son bras gauche. Alors M. Courtois nous invita à vérifier l'état de sommeil dans lequel était son fils; il était magnétisé, autrement dit hypnotisé. M. Courtois nous ayant permis d'adresser mentalement plusieurs questions à son fils, nous le fîmes successivement, et à chacune de ces questions l'enfant répondit d'une manière remarquable et admirable par la profondeur de ses pensées. Voici une de ces questions, la dernière qui lui fut faite par M. Arnaud interpellant l'esprit de sa mère qui lui avait dit : pensez quelquefois à nous.

» *Demande*. — Est-ce à M. Quinemant, à M. Dumas ou à moi que vous vous adressez ?

» *Réponse*. — Pour moi, vous n'avez plus de noms de famille, vous êtes tous frères. »

M. Quinemant se propose, nous dit-il, de nous envoyer assez régulièrement le compte-rendu des séances qu'il donnera ou auxquelles il assistera ; nous le prions de croire que ses communications seront toujours fort bien reçues, nous en sommes certains, par nos nombreux lecteurs.

« Un soir, dit-il, me trouvant chez Mᵐᵉ Massa (café Martinique), à Sétif, j'eus le bonheur de guérir cette dame d'une maladie très-chronique, d'un étouffement dont elle souffrait parfois depuis plus de 22 ans, et pour laquelle elle avait été traitée en vain, à Lyon et à Sétif, par un grand nombre de médecins civils ou militaires.

» Lui ayant proposé de la magnétiser, elle accepta, contrairement à ce qu'elle avait toujours fait, n'ayant jamais cru au magnétisme, ce soir là elle n'accepta ma proposition, pour son bonheur, que parce qu'elle voulait en finir avec sa maladie. Je réussis d'abord à l'endormir et lui demandai ensuite si elle avait, selon le rapport des médecins qu'elle avait consultés, telle partie du corps malade (le foie); elle me répondit que cette partie était très-saine, lui ayant alors conseillé de regarder sa tête : elle est aussi très-saine, me répondit-elle.

» *Demande*. — Alors dites-moi donc la cause de votre maladie ?

» *Réponse.* — J'ai là, me dit-elle (en me montrant le côté droit du ventre), une grosseur qui remonte de temps en temps, c'est ce qui détermine les étouffements qui me font tant souffrir.

» *Demande.* — Que faut-il faire pour vous guérir ?

» *Réponse.* — Placez votre main à plat sur cette grosseur et laissez-l'y jusqu'à ce que je vous dise de nouveau ce qu'il vous faudra faire.

» Au bout de dix minutes environ elle me dit que cette grosseur se dissolvait et qu'elle semblait se répandre dans le bas-ventre, elle m'ordonna alors de lui faire quelqus passes à grand courant de l'extrémité de la tête à cette partie là. De temps en temps elle me disait de m'arrêter afin de me reposer, car, disait-elle, quand vous seriez fatigué vous ne produiriez rien ou du moins pas assez d'effet ce soir, laissez-là la douleur que je ressens dans l'aine et dans trois jours je serai guérie.

» Le lendemain je magnétisai de nouveau la malade et lui fis descendre la douleur dans la partie inférieure de la cuisse. Enfin le troisième jour, après avoir beaucoup souffert de la jambe, ensuite du pied, elle me dit que tout était fini, qu'elle n'aurait plus d'étouffements, car elle était entièrement guérie, et, en effet, depuis lors elle n'a plus été malade.

» Je vous autorise, M., à publier le compte-rendu ci-dessus comme vous l'entendrez, et à citer les noms si vous le voulez, et vous prie de recevoir les bien sincères salutations de votre dévoué serviteur. » EM. QUINEMANT.

Errata de la 7e livraison.

Page 91, dans l'article intitulé : A PROPOS DE SONGE, *au lieu de* : Barr, *lisez* : Bard.

— 94, l'alinéa commençant par ces mots : *Je ne crois pas encore*, etc., doit être placé avant celui commençant par ceux-ci : *En raison de ce que je tiens*, etc.

— 103, ligne 12, *au lieu de* : 16 janvier, *lisez* : 8 janvier.

— 103, ligne 16, *id.* conclue, *id.* concluante.

Valence, imp. de Chaléat, rue St-Félix.

1er **Volume.**   PRIX : 50 CENT. LA LIVRAISON.   9e **Livraison.**

FRANCE
52 LIVRAISONS
par la poste
12 fr.

REVUE CONTEMPORAINE
DES

ÉTRANGER
52 LIVRAISONS
par la poste
14 fr.

SCIENCES OCCULTES & NATURELLES

CONSACRÉE

à l'étude et à la propagation de la doctrine magnétiste appliquée à la thérapeutique ,
à la démonstration de l'immortalité de l'âme et au développement de nos
facultés naturelles , à la réfutation de certaines croyances et de
certains préjugés populaires , à la consécration du principe de
la solidarité universelle, etc.

Psychologie et physiologie de la vie universelle

publiée avec l'approbation ou le concours

de plusieurs docteurs en médecine , avocats, thélogiens , littérateurs , magnétiseurs ,
médiums, et de simples magnétistes, etc.

PAR MANLIUS SALLES

*Membre correspondant de la Société du Mesmérisme de Paris et de la Société
Philantropico-Magnétique de la même ville.*

**Cartomancie. — Nécromancie. — Chiromancie — et autres sciences mystérieuses
dévoilées par la pratique du magnétisme.**

EXPÉRIMENTEZ ET VOUS CROIREZ.

BUREAUX :
A PARIS , au comptoir de la librairie de Province, rue Jacob, 50, et chez
J.-B. Baillière , rue Hautefeuille , et E. Dentu, Palais-Royal.
A NIMES , librairie Manlius Salles , boulevart de la Madeleine.
A ALAIS , chez le Directeur, rue Taysson , 5 , près la Mairie.

CAUSERIE INTIME.

Alais, le 18 avril 1860.

Par des circonstances tout-à-fait imprévues, il m'a été possible de pouvoir, dans le courant du mois de mars qui vient
d'expirer , passer quelques heures à Nimes , au sein de ma
famille et auprès de mes amis. Quoique très-pressantes, les
affaires qui m'y avaient emmené m'ont pourtant permis de

sacrifier quelques instants à l'expérimentation du magnétisme
en présence de quelques amis réunis, comme à leur habitude,
dans le local de leur cercle (la loge des Franc-Maçons), notamment le samedi 17 mars, de 2 à 4 heures du soir.

La conversation s'étant engagée sur certains faits magnétiques
crus par les uns et repoussés par les autres comme autant de
mensonges, je dus céder aux instances réitérées de quelques-
uns des assistants qui me priaient d'expérimenter sur l'un
d'eux, n'importe lequel, à mon choix. Je refusai d'abord et les
fis consentir à se magnétiser réciproquement entr'eux, afin de
pouvoir, selon les effets qui se produiraient, choisir un sujet pour
le magnétiser ensuite moi-même; cela, j'ose l'avouer, n'avait
d'autre but que de me ménager une retraite favorable pour notre
cause en cas d'insuccès.

Cependant, je m'amusai à faire varier les pulsations du poulx
de plusieurs de ces messieurs ; je répétais, sans trop de succès,
l'expérience de la magnétisation de l'eau ; sur cinq ou six qui
la goûtèrent, deux seulement purent constater son changement
de goût. Malgré son peu d'importance, cette expérience suffit
pour ébranler l'incrédulité dominante dans notre société.

Après avoir fait les expériences précitées, je fus de nouveau
prié d'en faire quelques autres : ce fut alors que je tentai de
magnétiser mon ami Henri R..., négociant et directeur de
plusieurs Compagnies d'assurance, à Nimes.

En moins de temps qu'il n'en faut pour le dire, M. Henri R....
passa entièrement sous mon influence malgré les efforts qu'il
faisait pour lutter contre elle, non pour me contrarier, car il a
trop de bon sens, mais uniquement dans le but d'étudier par
lui-même et sur lui-même les effets magnétiques. Pendant
les quelques minutes que dura mon expérimentation, M. R....
fut atteint de divers malaises et douleurs que je fis instantanément cesser par ma volonté exprimée seulement par la
parole.

Il me demandait continuellement, mais sans colère, la réouverture de ses yeux que j'avais clos par un subit enchantement ;
il ne le demandait, disait-il, que dans la crainte, et il avait raison,

que cela ne le fît trop vite succomber à mon influence. Enfin, craignant de lui faire de la peine en persistant à le magnétiser contre son gré, je fis un signe du bout des doigts au moment où chacun avait les yeux fixé sur lui et où il parraissait ne penser à rien, et immédiatement ses yeux s'ouvrirent à son grand étonnement, et à celui de tous les assistants.

Cette insignifiante expérience, comme je l'ai déjà dit, porta cependant de bons fruits. Depuis lors, dans ce cercle intelligent, le magnétisme est très-souvent le sujet de sérieuses et spirituelles dissertations, d'où découlent toujours quelques conversions à sa cause.

Quelques minutes après, je tentais et réussis à rendre M. Rouvier aveugle ou borgne selon qu'on me le demandait, quoiqu'il conservât toujours les yeux grands ouverts et qu'il eût toute sa lucidité d'esprit. Dans cette expérimentation magnétique, je ne me suis nullement écarté de mon système, consistant à ne jamais employer les passes ou tout autre moyen vulgaire, que cependant je ne condamne ni ne désaprouve, car bien de magnétiseurs ne pourraient rien sans leur secours. Je me suis constamment tenu debout à un mètre cinquante centimètre de mon sujet qui était assis ; je n'ai fait aucun geste ni n'ai prononcé une seule parole autre que les questions d'usage : Comment vous trouvez-vous? Vous sentez-vous bien? et que pensez-vous? etc., etc.

Je ne rapporte ici cette expérience que pour prouver que l'idée progressiste du magnétisme a pénétré partout, qu'elle a des disciples, des apôtres même dans tous les rangs de la société ; que partout où elle rencontre des opposants, elle rencontre aussi des défenseurs zélés. C'est précisément dans le second cas que je me trouvais à la loge lorsque j'ai essayé de magnétiser M. Rouvier. Quelques-uns de ces Messieurs prétendaient, sinon que le magnétisme était une chimère, du moins une exagération sortie du cerveau fêlé de quelques illuminés, surtout, en ce qui touche aux phénomènes somnanbulico-magnétiques. Il n'y avait présent à cette séance improvisée que M. Gide Devilas, avocat, qui, seul, défendait avec

moi la cause de cette éternelle et immuable vérité d'où doivent
forcément un jour sortir toutes les lumières régénératrices de
l'univers. Une vingtaine de prosélytes furent pour le magnétisme le fruit de notre victoire dans cet amical combat ; cette
victoire n'avait été déterminée que par ma réussite dans la
fermeture ou la réouverture des yeux de M. Rouvier, contre
son propre gré ou du moins à son insu.

Songes et pressentiments. — Je ne veux pas terminer cet entretien sans citer une nouvelle preuve du rôle que
joue l'esprit dans notre existence active animale, c'est-à-dire
à l'état de veille et dans celle du sommeil, image très-fidèle
de la mort. Comment, en effet, ne pas supposer que l'esprit
veille, vit, pour ainsi dire, individuellement, quand la matière
sa servante pour ne pas dire son esclave, repose, ou du moins
vit aussi, dans son individualité, je dirai plus, dans l'individualité de chacune de ses molécules dont la réunion forme
notre être matériel.

Mais, me direz-vous, comment cet esprit qui veille peut-il
voir dans l'avenir? A cela, je répondrai que tout sans exception,
dans la nature, jouit d'une particularité vitale, et est dirigé par
une influence supérieure dans le rôle qu'il a à y jouer. Les
moindres choses, celles-mêmes qui ne nous paraissent pas
prévoyables, sont quelques fois combinées, méditées à l'avance
par l'esprit des êtres qui doivent les accomplir; elles peuvent
même quelques fois être connues par certains esprits, principalement par des esprits supérieurs. Le fait dont je vais vous
entretenir, ainsi que bien d'autres dont on peut parfois avoir
le pressentiment, est de la nature de ceux que je classe dans
cette catégorie.

M. Gustave Bed... l'un de mes plus anciens camarades et
l'un des fondateurs du journal la *Revue méridionale de Nimes*,
me racontait, le dimanche 18 mars dernier (1860), en causant
ensemble, au sujet de l'incendie qui, le dimanche précédent,
à 11 heures du matin, avait failli réduire en cendre le théâtre
de Nimes, me racontait, dis-je, que la nuit de ce même jour

(du 10 au 11) il avait vu en songe éclater un violent incendie au théâtre de Nimes ; quand, dans la matinée, il sortit de chez lui, il fut plus qu'étonné de voir se réaliser sa prévision nocturne.

Il y a une quinzaine de jour à Alais (Gard), je m'éveillai très-impressionné par le souvenir confus du songe que j'avais eu dans la nuit même. Tout me portait à croire que j'étais menacé d'un grave accident ; j'en parlai même à plusieurs personnes avec lesquelles je restai toute la journée, et je conservai involontairement une physionomie sombre, triste et très-préoccupée.

Sur le soir, à six heures, je traversai un passage à niveau du chemin de fer, la personne que je n'avais pas quitté me disait en cet instant : « Ma foi, M. Manlius, la journée est tout à l'heure finie, et Dieu merci, il ne vous est encore rien arrivé. » Il n'avait pas fini de parler, qu'en voulant franchir la chaîne fermant le susdit passage à niveau, au moment même ou une locomotive de manœuvre venait de s'arrêter en cet endroit et allait reprendre sa course, qu'en voulant franchir la chaine, dis-je, je m'y accrochai le pied droit et me précipitai à terre, ayant les pieds à quelques centimètres seulement des roues de la locomotive. Dans cette circonstance, le danger que j'avais encouru était bien plus grand que le mal que je m'étais fait. Je puis dire que, dans le courant de ma vie, rarement une semaine s'est écoulée sans que j'ai vu se réaliser un de mes pressentiments.

Les tables tournantes. — L'un de mes nouveaux amis, M. Gaitte, d'Orange (Vaucluse), et membre de l'Université, ex-professeur de mathématiques, actuellement vérificateur des poids et mesures dans l'arrondissement d'Alais, m'a raconté l'un de ses derniers jours, à l'hôtel Victor, en présence de plusieurs personnes qui y sont pensionnaires, plusieurs expériences auxquelles il avait assisté et coopéré, faites sur une grande table ronde à 3 ou 4 pieds dans un salon aristocratique. Cette table, m'a-t-il dit, tournait et allait dans tel ou tel sens selon la volonté mentalement exprimée de tel ou tel expérimentateur soit qu'il restât seul ou accompagné, en contact avec elle. M. Gaitte m'a assuré l'avoir lui, tout seul, mise plusieurs fois en mouvement. Il m'a promis le compte-rendu très-exact de ces curieuses expériences, portant les noms de ses co-expérimentateurs, afin que je le publie dans une prochaine livraison.

Je vous dirai à ce sujet, mes chers lecteurs, qu'il y a une vingtaine de jours, je reçus une très-courte lettre de M. Michel, de la Figanière (Var), auteur de l'excellent ouvrage *La Clé de la vie*; cette lettre accompagnait un article intitulé : *Evocation de l'esprit de Galilée, à Boston.* Cet article avait été envoyé à M. Michel, par M. Jobard, de Bruxelles, afin qu'il en prît connaissance et pour qu'il me l'envoyât ensuite. Nous reproduisons ci-après la lettre de M. Michel et l'article en question.

Je suis fâché de ne pouvoir faire suivre ou précéder cet article de quelques lignes de M. Jobard et de sa propre signature; mais la lettre de M. Michel en dit assez à cet égard pour me dispenser de tout commentaire.

Hallucination.—Je suis heureux de lire, dans le numéro du 25 mars de l'*Union magnétique*, de Paris, un article du docteur Charpignon, d'Orléans, dans lequel il dit avoir guéri quelques hallucinés par l'emploi du magnétisme pur et simple; à ce sujet, je vais raconter deux expériences que j'ai eu l'occasion de faire moi-même: la première, en septembre 1854 ou 55, au Vigan; la seconde, à Nimes, en mai ou Juin 1858 ou 59.

J'étais au Vigan, dis-je, pour mes affaires, y ayant ouï dire que la jeune fille de l'un des facteurs des messageries Coulomb et Comp°, aujourd'hui les Impériales, était sujette, tous les jours, de 4 à 5 heures du soir à de certaines hallucinations, dans lesquelles elle se croyait poursuivie par un homme, quelquefois par des fantômes de différentes formes; je dis à ce facteur que, s'il voulait, je lui guérirai son enfant sans l'aide d'aucun remède ni d'aucun sortilège; il y consentit, je lui dis alors : Trouvez-vous ce soir chez vous, à l'heure que l'accès prend à votre fille et, dès que vous la verrez tomber en crise, prenez-la dans vos bras, caressez-la bien tendrement, mais surtout en lui tenant ses deux mains dans les vôtres, tâchez de lui persuader et à vous aussi, par la puissance de votre volonté, qu'elle ne doit plus rien avoir.

Le moyen reussit à merveille et cette affection mentale qui durait depuis fort longtemps, cessa en quelques minutes. Depuis lors, il m'a été donné de faire une pareille expérience, mais, qui a d'autant moins réussi complètement que le sujet sur lequel j'opérai, était un jeune garçon de 12 à 13 ans, gâté par la faiblesse de ses parents. Voici le fait :

Un jour, à l'époque susdite, pendant la belle saison, M. Ducros, pharmacien à Nimes, qui avait eu l'occasion de me voir expérimenter quelquefois, me proposa, au nom de M. et Mme Montel, négociants à Nimes, rue Régale, d'aller magnétiser leur jeune fils, qui, depuis une chute qu'il avait faite dans son escalier, était en proie à des hallucinations alarmantes pour ses parents et désespérantes pour le docteur qui en avait entrepris le traitement; j'y allais pour la première fois un dimanche matin, une seule poignée de main que je donnais à cet enfant suffit pour lui procurer son accès que, dès ce moment, je faisais cesser ou reprendre à volonté; j'aurai voulu alors que M. Montel lui-même consentît à se charger du traitement magnétique de son fils; mais, soit par crainte de ne savoir bien employer le magnétisme ou par pure faiblesse, il n'en fit rien, et son fils resta sous l'action de cette terrible maladie, car il m'était impossible alors comme aujourd'hui de me livrer régulièrement au traitement des malades. Les bons effets que j'avais déjà produits sur ce petit garçon disparurent petit à petit et cédèrent leur place à une recrudescence de la maladie. A qui la faute ?

Dans une prochaine livraison, j'aurai le plaisir de vous raconter les heureux résultats que j'obtins en 1852 à Barlonne, sur la personne de M. Reynaud, fils ainé, âgé d'environ 30 à 35 ans, négociant, possédé au suprême degré.

Souvenirs. — Le mardi 15 avril courant (1860), j'ai eu le plaisir de retrouver l'un de mes meilleurs sujets somnanbules, M. Mazert d'Alais, ex-pensionnaire de l'institution Ducros à Nimes, duquel je ne parlerai qu'en passant et ne citerai, par la même occasion, que deux ou trois expériences que j'ai eu l'honneur de faire sur lui pendant le dernier temps qu'il demeura à Nimes. M. Mazert était à cette époque (en 1855 ou 56) somnanbule naturel, il se livrait toutes les nuits à des excentricités extraordinaires, de nature à causer de grandes frayeurs à ces jeunes collègues d'études, ce qui mit M. Ducros dans la nécessité de l'enfermer chaque nuit dans une chambre particulière, fortifiée comme une prison, d'où il ne pouvait s'échapper, mais dans laquelle il faisait un tapage infernal durant toute la nuit.

M. Ducros me le conduisit un jour en compagnie de son oncle-tuteur; après une minute de magnétisation, je crus pouvoir m'engager à le faire rester tranquille dans son lit si on voulait me permettre de le voir une fois pendant son somnanbulisme naturel : le soir même cette occasion se présenta.

M. Mazert était enfermé dans une salle du rez-de-chaussée, dont la fenêtre était solidement fermée, il y faisait un vacarme de tous les diables; à mon arrivée, près de la porte, il se tut et demanda si je n'étais pas là, car il m'avait très-probablement aperçu à travers les murs; je me fis ouvrir la porte par M. Ducros qui, craignant pour moi, voulut me suivre de près; j'entrai, malgré les craintes d'un chacun, et je trouvai M. Mazert dans la nudité la plus complète, ayant démonté son lit. Je le fis recoucher sans difficulté, après lui avoir fait refaire aussi bien que possible son lit.

Après cinq minutes de conversation, je lui dis de s'habiller et le réveillai sans le secours d'aucune passe, afin de le mener promener autour de ville avec nous, selon que je le lui avais promis en entrant dans sa chambre : Il ne faut jamais mentir aux somnanbules.

Le grand changement qui s'est opéré dans sa physionomie m'empêchait de le reconnaître, j'ai été heureux de cette rencontre, et surtout du renouvellement par lui-même à ma pensée et en présence de plusieurs personnes au café d'Orient, des circonstances qui nous avaient mis en relations, J'ai, du reste, reconnu plusieurs fois, en lui, l'un de mes meilleurs sujets magnétiques.   MANLIUS SALLES.

Figanières, 13 mars 1860.

A *Monsieur Manlius Salles*, *directeur*, *etc.*, *etc.*

Monsieur,

J'ai reçu, il y a quelques jours, une lettre de Monsieur Jobard, à laquelle était jointe l'évocation de l'esprit de Galilée à Boston. Selon ses désirs, je m'empresse de vous la faire parvenir, après en avoir pris copie.

Veuillez agréer, Monsieur, l'assurance de mes sentiments les plus distingués.

F. MICHEL,

à Figanières *(par Draguignan, Var)*.

Évocation de L'esprit de Galilée.

A BOSTON.

Je suis là, que me voulez-vous?

D. Nous voudrions savoir de toi-même la vérité sur les tortures que l'on t'a fait subir, pour avoir prouvé que la terre tourne, car il y a ici de bons catholiques qui prétendent que ces tortures sont une fable propagée par les libres-penseurs pour soulever l'indignation des masses contre notre sainte religion.

R. Je le sais, et suis bien aise de saisir l'occasion de rétablir la vérité; non je n'ai pas été torturé, mais simplement *averti*, ce qui a suffi pour que mes meilleurs amis se retirassent de moi et n'osassent plus prendre ma défense. Le champ resta libre à mes ennemis, à mes envieux, à mes compétiteurs; j'eus beau changer de pays, cette espèce de malédiction me suivit partout; il y a parmi vous plus d'un savant dans la même position. Il suffit d'un mot lâché par un homme du pouvoir contre un individu qui lui déplaît, pour que ce mot retentisse dans toute sa corporation et que la médisance fasse boule de neige en roulant jusque dans les bas-fonds de la société; c'est ce qui m'est arrivé, et voilà tout.

D. Mais cet isolement a dû te laisser le temps d'étudier, de réfléchir et d'écrire; comment n'as-tu pas ébloui de tes lumières tes aveugles détracteurs?

R. Oh! j'ai beaucoup pensé, beaucoup écrit, mais à ma mort tout a été saisi et brûlé en grande partie; les imbéciles me prenaient pour un fou et les fous pour un imbécile, je n'avais personne pour moi que mon chien.

D. Ne pourrais-tu pas nous donner quelqu'aperçu des élucubrations dont tu as pu vérifier la vérité depuis ta sortie de prison?

R. Ce serait trop long, et je ne puis qu'en donner un sommaire trop concis pour que vous le compreniez sans commentaires.

D. Qu'importe, nous t'écoutons, et plus tard peut-être, quelque esprit plus avancé en saisira le fil. Dis-nous, par exemple, si tu as vu Dieu?

R. Je n'ai pas vu Dieu, personne ne le voit; mais je le sens assez pour être convaincu, ici comme à terre, que la prière qui lui est la plus agréable, c'est le travail. Nos louanges et nos actions de grâces intéressées lui sont aussi inférieures que la flatterie d'un valet qui ennuie son maître pour obtenir des faveurs et des exemptions des corvées sous toute espèce de prétextes dictés par la paresse.

Il est évident, il est certain que nous ne sommes que les ouvriers du créateur incréé, qui se plaît à défricher le chaos, et qui nous a faits comme un ingénieur fait des outils de force et de vitesse pour l'aider dans son travail. Nous ne sommes donc en réalité que les doigts du grand homme infini dont l'âme est le commandant spirituel qui nous envoie sa volonté, précisément comme notre âme à nous, qui n'est qu'un des milliards de ganglions du grand appareil névralgique de l'immense *univers*, envoie ses effluves nerveuses jusque dans nos ongles pour nous donner l'envie et le besoin de gratter la terre, le bois ou le papier, c'est-à-dire de travailler. Tout se lie par des cordons nerveux dans la création, tout part d'un centre commun, unique, céleste, qui met en vibration le fluide électrique spirituel, intelligent, lequel met en jeu la matière, *mens agitat molem*. Nous avons un exemple de cet organisme par la gravitation et l'attraction qui retient tous les astres ent'reux par d'invisibles fils.

Il y a une grande distinction à faire entre le règne hominal et le règne animal.

La preuve que les animaux terrestres n'ont pas d'âme et ne sont ni les ouvriers ni les délégués de Dieu, mais plutôt ceux du diable, c'est qu'ils ne savent que ravager, saccager, briser, renverser, détruire et augmenter le désordre, tandis que l'homme et l'hominicule sont les seuls êtres dotés d'une scinticule de l'âme divine qui les porte à réparer, assainir, nettoyer, planter, anter, greffer et construire.

Le travail est donc la dernière fin de l'homme, le but de sa mission sur la terre, sa consolation, sa joie et non pas sa punition, son expiation, sa condamnation, comme on a eu le grand tort de le faire envisager à l'humanité dans son enfance. Funeste méprise qui a causé et cause encore toutes les misères, tous les fléaux de toutes les sociétés. Pourquoi ne s'en est-on pas tenu à cette parole divine : *Qui laborat orat*, qui travaille prie ; et à cet inimitable axiôme : *la paresse est la source de tous les vices!* Ce peu de mots auraient tenu lieu de code civil et religieux, vrai résumé du Décalogue.

Si l'on nous eût seulement dit : souvenez-vous que vous êtes les doigts de Dieu, ne vous les écrasez pas les uns les autres, pansez ceux qui sont blessés, et Dieu vous bénira ; le monde serait depuis longtemps en pleine harmonie.

Comment a-t-on pu faire croire aux hommes que leur Créateur leur serait d'autant plus favorable qu'ils sauraient mieux l'enjoler, le flagorner, en lui répétant à satiété qu'ils le considèrent comme très-haut, très-beau, très-grand, très-puissant, très-glorieux, etc., qu'on lui rend grâce, qu'on s'humilie, qu'on le reconnaît enfin pour son maître, (c'est bien heureux) et qu'on se regarde comme indigne de baiser la poussière de ses pas. Il est vrai que cet acte d'humiliation intime se termine ordinairement par la demande de quelque petit cadeau, comme la santé, la fortune et le succès pour les armes que l'on tourne contre les infidèles, les hérétiques, les schismatiques qui ne l'adorent pas selon le rituel, mais qui n'en sont pas moins ses enfants et ses contre-maîtres dont il ne doit pas voir avec plaisir qu'on dise tant de mal sans les connaître.

Si quelque chose pouvait fâcher le Dieu des travailleurs, le grand architecte, comme disent les maçons, ce serait de voir ses ouvriers gaspiller leur temps à lui bâtir des arcs de triomphe, à lui consacrer des trophées et à lui frapper des médailles, à lui adresser des sonnets comme à un ministre ambitieux et vain dont on attend des faveurs, tout en se moquant de sa crédulité.

Ne croyez pas que Dieu soit trop haut, trop loin, pour s'apercevoir des simagrées, des non sens, des folies des hommes : vous vous tromperiez grossièrement, car vous ne pouvez faire un mouvement, avoir une pensée, prononcer une parole, sans qu'elle ne retentisse immédiatement au cerveau du grand homme. Si le petit homme fait à l'image du grand ne peut recevoir une impression externe quelconque, sans en avoir immédiatement connaissance, si l'on ne peut prononcer un mot, toucher le point le plus excentrique de son corps, sans que la sensation n'en parvienne à son cerveau; pourquoi Dieu serait-il privé de ce magnifique appareil télégraphique?

Quand vous plongez une épée dans le corps d'un ennemi, c'est comme si vous perciez un doigt de Dieu ; tout le mal physique, métaphysique ou moral que vous faites à un de vos semblables est perçu par Dieu comme une injure personnelle qui se grave à jamais dans sa grande et infaillible mémoire; ce n'est que juste, et la justice est l'électricité statique du monde moral dont l'équilibre rompu tend à se rétablir incessamment et avec éclats, et ces éclats qui s'appellent en physique : foudre et tonnerre, s'appellent en spiritualisme : remords, désespoir, et en politiques : émeutes et révolutions. Adieu, et méditez ceci !

Unissons nos efforts pour que la lumière se fasse.

Nous n'avons jamais eu l'habitude de suspecter la bonne foi d'autrui ; aussi, croyons-nous à la sincérité des doutes que M. A.-S. Morin manifeste dans son nouvel ouvrage *Du Magnétisme et des Sciences occultes*, au sujet de certains faits produits et racontés par notre collègue M. Ch. Lafontaine, de Genève, et par quelques autres magnétiseurs.

Nous respectons, parce que nous les croyons sincères, aussi l'opinion que M. Lafontaine émet sur l'ouvrage susmentionné et l'indignation témoignée par M. le baron Dupotet envers M. Morin lui-même, son ancien corédacteur; mais, de cela, il ne faut pas conclure, que nous condamnons M. A.-S. Morin et son œuvre, dont nous n'avons pas encore eu le temps de prendre entièrement connaissance. Du reste, la dernière lettre que nous avons eu l'honneur de recevoir de M. Morin doit forcément nous le faire envisager comme un magnétiste sincère, mais non encore consommé; comme praticien habile, peut-être, mais non comme un magnétiseur privilégié par la supériorité de ses expérience et par la bonté de ses sujets. Comme bien des gens, M. Morin nie quelques fois l'existence de ce qu'il n'a pas vu; cela ne prouve qu'une chose : c'est qu'il n'est pas possesseur d'une très-forte dose de foi.

Il croit au magnétisme en général, à la lucidité sommambulique en général et à un grand nombre de phénomènes attribués au magnétisme; il croit en homme du siècle, non illuminé, autrement dit, non éclairé, non dominé, non guidé par la lumière de la foi qui, seule, peut, en

magnétisme, faire faire des prodiges. Il ne croit pas, à toutes les merveilles magnétiques et sommambuliques, il ne croit pas à ces merveilles, dis-je, parce qu'elles ne se sont pas produites à ses yeux dans
des conditions satisfaisantes ; parce qu'il n'a sans doute jamais eu
l'heureuse occasion d'expérimenter ou de voir expérimenter par des
personnes auxquelles il eût entièrement confiance. Suit un extrait de
salettre.

« Nous sommes, comme vous le verrez par la lecture, en désaccord
« sur bien des points, mais nous sommes d'accord sur l'essentiel,
« c'est-à-dire la réalité et la haute utilité du magnétisme, du som-
« nambulisme de la lucidité. Dailleurs, entre gens qui s'estiment, la
« polémique ne peut être que courtoise, et je sais qu'une critique
« sincère ne peut être que profitable au public et à l'auteur lui-même.»

MORIN.

On le sait, la confiance aujourd'hui n'est pas chose commune dans
la société ; peu de gens, à moins d'une grande intimité et de beaucoup
de sympathies avec et pour leurs amis, n'osent entièrement croire à la
bonne foi de ceux-ci. Voilà pourquoi dans maintes circonstances,
dans lesquelles les phénomènes magnétiques les plus extraordinaires
se sont produits, très-souvent même à l'insu des expérimentateurs, *les
soi-disant esprits forts* assistant à ces séances se sont plû à suspecter
la bonne foi et la sincérité des premiers (les expérimentateurs), quoiqu'ils fussent de leurs amis intimes et qu'ils n'eussent comme eux, en
expérimentant, d'autre but que de s'instruire.

Ne suis-je pas journellement obligé de supporter, sans me fâcher, le
sarcasme de certains de mes amis. Ne me traitent-ils pas souvent
d'illuminé ; ne doutent-ils pas souvent aussi de la sincérité de mes
expérimentations, surtout quand je produis devant eux les plus rares
phénomènes magnétiques ? Oui ! il faut, dans la profession de notre
foi, que nous soyons forts de notre conviction ; il faut aussi que
nous sachions continuellement rester en dehors et au-dessus de tout
faux amour-propre. Nous nous devons entièrement au triomphe de
notre cause, triomphe que nous ne pourrons jamais obtenir si nous
ne savons pas nous prêter charitablement aux exigences de l'incrédubi-
lité ignorante, mais avide de la lumière qui donne la foi, de la foi
qui sauve, de la foi qui transporte les montagnes, de la foi qui donne
seule la puissance magnétique.

Devons-nous nous maudire les uns les autres ? Non ! Parce que tel d'entre nous n'a pas été privilégié de la nature, parce qu'il n'a pas encore pu se dépouiller entièrement de son viel homme, parce que la foi ne l'a pas complètement transformé, ou, parce qu'une puissance étrangère le retient de force dans l'ornière de l'incrédulité, devons-nous le maudire et l'abandonner à son triste sort? Non! Quel est le devoir le plus sacré d'un berger? C'est de veiller à la conservation intégrale de son troupeau. Croyez-vous qu'il a pour mission de l'y retenir ou de chasser du bercail la brebis qui, poussée par n'importe quelle influence, tend à en sortir? Il doit, ce me semble, la ramener en lui démontrant son ereur: *La droiture rend fort*, dit le proverbe.

Qu'ai-je vu dans l'ouvrage de M. A.-S. Morin? La contestation de la véracité de certains faits, qu'il attribue au compérage; certainement, mettre en doute la sincérité d'un expérimentateur alors que celui-ci ne le mérite pas, c'est lui percer le cœur, c'est le perdre dans l'opinion publique, c'est porter atteinte à ce qu'un homme doit avoir de plus cher, l'honneur; mais, *à tout péché miséricorde*, dit encore un proverbe; habitué dès ma jeunesse à savoir pardonner, je me suis efforcé de trouver dans les dénégations et les réfutations de M. A.-S. Morin, une raison sinon juste, du moins sincère; sa lettre ne m'autorise-t-elle pas à admettre que s'il avoue ne pas croire à certains faits magnétiques racontés, comme les ayant produits, par M. Lafontaine et autres, à admettre, dis-je, qu'il a été victime lui-même, non d'une hallucination; mais de l'impuissance dans laquelle il est et a été de produire lui-même ces faits ou de la trop grande restriction qu'il fait, dans son erreur, subir à la puissance magnétique.

Je me garderai bien de qualifier une chose d'impossible, par ce que je ne pourrai la faire. Chaque homme a une apitude, et ce n'est qu'entre nous tous que nous pouvons tout. *L'union fait la force*, dit aussi un proverbe que nous devrions avant tout, nous, magnétistes, admettre comme base de notre doctrine.

Pour les fluidistes, par exemple, n'est-il pas avéré qu'une plus ou moins grande quantité de fluide agloméré sur un sujet le met plus ou moins sous l'influence de son magnétiseur, et lui donne ou lui enlève plus ou moins de ses qualités sommambuliques?

M. A.-S. Morin, s'exprimant avec respect envers les magnétiseurs dont il conteste les assertions, mérite la réciprocité. Comme lui, j'ose l'avouer, dans maintes circonstances, j'ai été (et d'autres magnéti-seurs aussi) victime de ma trop grande crédulité; mais de ce qu'un fait avait été une fois le résultat d'un escamotage, je n'en concluais pas et n'en conclue pas plus aujourd'hui qu'il est impossible de le produire sincèrement.

Expérimentons ! expérimentons sans cesse! le voile obscur qui couvre les yeux des ennemis du magnétisme ne peut tarder à se déchirer. M. A.-S. Morin, que je ne classe pas le moins du monde dans les rangs des sceptiques et des incrédules systématiques, mais seulement, comme je l'ai déjà dit, dans celui des victimes que font journellement, au profit de l'obscurantisme, les mauvaises et trompeuses expérimentations, les magnétiseurs maladroits ou impuissants, quoique sincères, et enfin les idées trop matérialistes d'un grand nombre de nos honorables collègues, reconnaîtra sans doute bientôt son erreur et s'empressera de la réparer.

Expérimentons donc ! car bien souvent l'expérimentation la plus insignifiante opère plus par sa simplicité que ne le ferait la solution du problème le plus obstru. L'incrédulité la plus révoltante n'est chez les hommes que le résultat de l'état intellectuel et moral dans lequel ils se trouvent. L'homme est crédule ou ne l'est pas ; comme il est faible ou fort, chétif ou robuste physiquement, comme il est intelligent ou borné, comme il est sympathique ou non avec telle ou telle personne ou telle idée ; un rien peut, sans qu'il s'en doute, le changer complètement : Bienheureux est celui qui a travaillé à l'amélioration des hommes ! et plus heureux encore est celui dont le travail a porté de bons fruits! Le plus souvent de la plus simple expérimentation peut naître la plus ferme conviction, et la foi, cette puissante mère, peut pénétrer dans le cœur de l'incrédule le plus endurci.

Alais le 25 mars 1860. MANLIUS SALLES.

Correspondance particulière africaine.

Sétif, le 30 mars 1860.

A. M. MANLIUS SALLES, ETC., ETC.

Très-cher Monsieur ,

Je vous remercie, dans l'intérêt de la science magnétique, du bienveillant accueil que vous avez fait à ma lettre, dont j'ai vu l'extrait dans la 8e livraison de votre revue: soyez sûr que je contribuerai autant qu'il me sera possible à la propagation du magnétisme dont j'ai reconnu tant de fois l'efficacité à l'égard de maladies pour lesquelles la médecine avait epuisé ses ressources, ainsi que vous le verrez par les communications que je me propose de vous adresser.

Je vous entretiendrai aujourd'hui des deux cures les plus récentes que j'ai obtenues.

Mˡˡᵉ Naud (Rosalie), employée chez M. Parelon, principal clerc d'huissier à Sétif, en lavant sa lessive, s'était brûlée les deux mains, et la dénudation presque complète des dix doigts en avait été le résultat.

Cette personne passa la nuit qui suivit cet accident dans des angoises et des souffrances incroyables; elle ne pouvait étendre ses doigts qui étaient comme crispés; ses mains étaient très-enflées.

Mon épouse me pria de la magnétiser; mais je lui assurai que je ne pensais pas la guérir dans cet état; que je ferai tout mon possible pour la soulager, et elle vint chez moi.

Après quelques minutes de magnétisation, je parvins à la plonger dans le sommeil magnétique sans sommanbulisme, c'est-à-dire qu'elle avait les yeux clos sans pouvoir les ouvrir.

Je lui magnétisai ensuite chaque bras en partant de l'épaule jusqu'au bout des doigts pendant cinq minutes chaque; puis je lui ordonnai d'allonger ses doigts, ce qu'elle fit sans trop de difficulté.

Je lui dis ensuite de faire jouer ses doigts, ce qu'elle exécuta sans éprouver aucune douleur.

Je la démagnétisai ensuite, et elle me déclara ne plus éprouver aucune douleur.

Je la magnétisai de nouveau le lendemain et le surlendemain, et non seulement ses mains étaient complètement désenflées, mais elle n'avait ressenti aucune douleur depuis la première magnétisation et ses mains furent complètement cicatrisées.

Il y a environ huit jours, la femme du nommé Simon, israélite indigène, en voulant préserver son fils d'une chute, courait dans la cour pour le retenir, lorsqu'en courant elle marcha sur une vieille faulx à laquelle elle fit faire bas-cule et alla frapper d'un coup sur le tendon de sa jambe droite, lui fit une entaille de plus de cinq centimètres de largeur et entama le tendon; cette malheureuse tomba sur le coup, et mon épouse la pansa avec de la pommade camphrée.

(*La suite prochainement.*)

Nîmes; imprimerie D. Roger, boulevart St-Antoine, 2.

1ᵉʳ **Volume.** PRIX : 50 CENT. LA LIVRAISON. 10ᵉ **Livraison.**

| FRANCE 52 LIVRAISONS par la poste **12 fr.** | REVUE CONTEMPORAINE | ÉTRANGER 52 LIVRAISONS par la poste **14 fr.** |

DES

SCIENCES OCCULTES & NATURELLES

CONSACRÉE

à l'étude et à la propagation de la doctrine magnétiste appliquée à la thérapeutique, à la démonstration de l'immortalité de l'âme et au développement de nos facultés naturelles, à la réfutation de certaines croyances et de certains préjugés populaires, à la consécration du principe de la solidarité universelle, etc.

Psychologie et physiologie de la vie universelle

publiée avec l'approbation ou le concours

de plusieurs docteurs en médecine, avocats, théologiens, littérateurs, magnétiseurs, médiums, et de simples magnétistes, etc.

PAR MANLIUS SALLES

Membre correspondant de la Société du Mesmérisme de Paris et de la Société Philanthropico-Magnétique de la même ville.

Cartomancie. — Nécromancie. — Chiromancie — et autres sciences mystérieuses dévoilées par la pratique du magnétisme.

EXPÉRIMENTEZ, ET VOUS CROIREZ.

BUREAUX : { A NIMES, chez le Directeur, librairie Manlius Salles, boulev. de la Madeleine A PARIS, au comptoir de la librairie de Province, rue Jacob, 50, et chez J.-B. Baillière, rue Hautefeuille, et E. Dentu, Palais-Royal. A VALENCE (Drôme), cours du Cagnard, 1, maison Monnier.

Sommaire. — *Causerie théorique* : Simples explications du phénomène des Tables tournantes et parlantes. — *Projet de création d'une mission magnétiste* : Adresse à MM. les membres des diverses sociétés magnétistes de France et de l'étranger, qui doivent se réunir à Paris en congrès commémoratif, le 23 mai courant 1860. — *Séance improvisée d'hallucination magnétique.* — *Revue des journaux.*

ERRATA DE LA 9ᵉ LIVRAISON.

Lisez la première phrase de la *Causerie*, ainsi qu'il suit :

« Par des circonstances tout-à-fait imprévues, il m'a été possible, dans le courant du mois de mars qui vient d expirer, de passer quelques heures à Nimes, etc. » Les mots *de pouvoir* sont supprimés dans la deuxième ligne ; le mot *de* est intercalé dans la troisième ligne entre les mots *d'expirer* et *passer*.

A l'article *Songes et Pressentiments*, page 124, à la huitième ligne, intercalez les mots entre deux virgules, *mais seulement*, entre les mots *vit aussi* et *dans son individualité*.

A la sixième ligne du deuxième alinéa du même article, page 124, remplacez les mots *quelquefois* par le mot *généralement*.

A la huitième ligne du même alinéa, page 124, remplacez le mot *certains* par le mot *d'autres*.

A la vingt-quatrième ligne de la page 135, lisez : *puissance mère* au lieu de *puissante mère*.

CAUSERIE THÉORIQUE.

SIMPLE EXPLICATION DU PHÉNOMÈNE DES TABLES TOURNANTES ET PARLANTES.

Je crois sincèrement à l'existence d'un principe universel répandu dans tout ce qui existe, mais subordonné, dans certaines circonstances, à des influences combinées ; ainsi, par exemple, chez un animal quelconque, homme ou bête, qu'est-ce que la vitalité ? N'est-ce pas le principe qui, obéissant à l'esprit commandant de l'être, anime sa matérialité dans ses plus petites particules et les rend propres à exécuter l'ordre du chef ? N'y a-t-il pas vitalité, dans un corps quelconque, quand il ne disparaît pas, quand il persiste à exister dans la plénitude de sa valeur ? Evidemment si ! La vie existe partout où il n'y a pas le néant, proprement dit la mort ; et, si j'osais le dire, j'avouerais que, j'entrevois un puissant principe de vie dans l'action même de l'anéantissement. Comment supposer en effet que la mort accomplit son œuvre de transformation sans l'aide d'une puissance qui lui est propre, en un mot, sans être elle-même nantie d'une vitalité d'autant plus puissante qu'elle doit absorber celle des êtres ou des choses qu'elle anéantit ?

Qu'est-ce qu'une table ? c'est la réunion en un nouveau corps de plusieurs parties, encore vivantes *dans leur particularité*, du corps dont elles faisaient partie intégrante avant leur *particularisation ?*

Je sais fort bien que la jambe d'un homme ne vivrait pas longtemps séparée de son corps ; mais cela tient, j'en suis convaincu, à la nature mixte, c'est-à-dire demi-matérielle et demi-spirituelle, de l'ensemble de son être ; tandis que la nature des corps inertes est tout à fait matérielle ou du moins le paraît, puisque leur spiritualité est, sauf de très-rares exceptions, est, dis-je, constamment en catalepsie.

Je reconnais que les animaux seulement, hommes ou bêtes, possèdent une individualité indépendante que n'ont pas les autres corps matériels terrestres ; les premiers sont subordonnés aux deux puissances dirigeant la nature ; le principe spirituel et le principe vital simple ; les seconds, sauf de très-rares exceptions comme je l'ai dit plus haut, sont et resteront constamment sous l'influence *cataleptisatrice* d'une seule de ces puissances, le principe vital solidarisateur universel.

Les animaux, hommes ou bêtes, ne sauraient vivre démembrés, parce qu'ils sont des êtres animés et agissant par eux-mêmes, du moins en ce qui concerne leur individualité ; parce qu'ils se rapprochent de la perfection intellectuelle, sous l'influence directe d'un unique chef, pour toute leur agrégation animale. Quand l'être est dissout, autrement dit licencié, chacune de ses parties reprend par la transformation que cette dissolution (la mort) lui fait subir, sa première spécialité, c'est-à-dire que la matière redevient matière terrestre pure en perdant sa spiritualité animante, et que l'esprit, dégagé de la matière, s'identifie avec l'universel principe d'où il provenait. Voilà, je crois, l'explication la plus rationnelle du passage des Ecritures-Saintes qui dit : qu'*après la mort, le corps retourne à la terre d'où il a été tiré, et l'âme à Dieu qui l'a donnée.*

Plus un corps est par lui-même matériel ou fait partie de la matérialité universelle terrestre, plus il est susceptible de conserver longtemps sa vitalité naturelle particulière, car toutes les parties du tout vivent d'abord de la même vie particulière à chacune d'elles, sous l'influence d'un principe unique de vie. Donc, une table, comme toute autre partie de corps inerte, renferme ou possède, par sa nature, de la vitalité dans chacune de ses molécules, mais point pour son ensemble. Donc, si elle vit dans ses détails, quoique morte en bloc, elle peut, par une ou plusieurs influences vivifiantes agissant dans le même but, se particulariser, s'individualiser, pour ainsi dire, et par conséquent devenir la matière animée d'un être spirituel quelconque, prenant le commandement en chef de sa nouvelle agrégation spirituo-matérielle animée.

Dans un corps inerte, la vie individuelle générale n'existe pas ou du moins est plongée dans un profond sommeil léthargique ; mais elle peut lui être donnée ou être réveillée en lui par le contact et par la volonté d'un ou plusieurs êtres vivants dans la plénitude de leurs facultés intellectuelles.

Je suis cependant très-loin de conclure, de mon raisonnement, qu'une table vit de sa vie particulière et répond de son chef aux questions qu'on lui adresse dans les expérimentations médéanimiques. Non ! je n'en conclus pas cela et en suis bien éloigné ; mais, je crois que, comme le ferait un animal quelconque sortant d'un profond sommeil léthargique, elle passe subitement, de l'inertie qui lui est propre, en sa qualité de simple matière, à l'état vivant que lui donne par le contact l'influence supérieure d'une puissance animante.

Aussi confus que soit mon raisonnement, il est compréhensible pour tous ceux qui sont imbus de la vraie foi et versés, surtout, dans l'étude de ces sortes de phénomènes. N'est-il pas vrai, qu'un paralytique n'exerçant aucune influence sur ses membres, est placé dans les mêmes conditions de plusieurs magnétiseurs tentant, en vain, de faire mouvoir une table, de décataleptiser un cataleptique naturel, ou de tirer de l'extase un extatique en contemplation ? Qu'un magnétiseur, naturellement puissant, intervienne dans ces expérimentations, et de suite on verra l'extatique s'éveiller, le cataleptique se mouvoir librement et la table obéir à cette nouvelle influence ; on verra très-souvent aussi les membres des paralytiques sortir de leur inertie sous l'influence directe de leur chef de corps, quand, par une influence étrangère, spirituelle ou autre, ils sont tout à coup mobilisés par la puissance magique de la foi.

Pourquoi persister à ne voir la vie que dans les êtres réputés vivants, autrement dit, dans les animaux et les végétaux, quand il nous est dit, dans les Saintes-Ecritures, que *Dieu est le commencement et la fin, le mouvement et la vie, qu'il est tout*, en un mot. Peut-il être vivant sur un point de son être universel, et mort sur un autre ? Evidemment non ! donc, si Dieu est la vie et qu'il soit tout, tout est vivant et solidairement organisé dans l'univers !...

Pour ceux-là qui voient en tout et partout la présence de Dieu, qui est l'unique principe de vie, l'éternel et universel moteur, il est certain, quoique bien mystérieux encore, que n'importe quel corps peut, à un moment donné, vivre d'une vie active, par l'action d'une influence étrangère à sa nature matérielle ordinaire.

Une table peut donc obéir à un ordre quelconque et devenir animée, aussi bien que les jambes d'un somnambule sont soustraites à la puissance de son corps par la volonté de son magnétiseur et n'obéissent plus qu'à ce dernier. Le compte-rendu de quelques expérimentations que j'ai faites dernièrement, à Alais, donnera quelques exemples frappants de la mobilité du principe vital chez certains êtres.

MANLIUS SALLES.

A MESSIEURS
LE BARON DU POTET, LE DOCTEUR MARQUIS DU PLANTY
ET LE DOCTEUR E.-V. LÉGER
Organisateurs du Banquet commémoratif Mesmérien, du 23 mai 1860, à l'occasion du 126e anniversaire de la naissance de l'immortel MESMER.

MESSIEURS,

Votre qualité de Présidents organisateurs du banquet des magnétiseurs et magnétistes en mémoire de Mesmer, notre immortel chef, me fait un devoir de vous choisir pour mes interprètes auprès de tous ceux de nos condisciples qui se réuniront, le 23 mai courant, pour assister à cette charmante fête de famille.

Veuillez donc, mes très-chers et honorables Présidents, témoigner aux magnétistes de toutes les écoles, présents à cette solennité, le regret que j'éprouve de ne pouvoir répondre, par ma présence, à leur appel. Dites-leur bien, que partout où des frères et des amis se réuniront pour travailler en commun au triomphe de notre sainte cause, je serai spirituellement avec eux!...

Dites-leur aussi que je ne cesse de faire des vœux au ciel, pour que la plus grande divergence d'opinion ne puisse plus désormais justifier aux yeux de personne la désunion de nos efforts et la discordance de nos pensées, et afin qu'il inspire, à tous les magnétistes, l'idée commune d'introniser, dans la société, la puissance du magnétisme, en y créant une œuvre propagatrice incessante et désintéressée d'autant plus fructueuse qu'elle serait l'œuvre de nos efforts communs.

A ce sujet, Messieurs et très-chers Collègues, j'ai l'honneur de proposer, par votre intermédiaire, aux magnétistes réunis et dirigés par votre sage et longue expérience, la prise en considération de la proposition suivante.

Veuillez, je vous prie, Messieurs, après l'avoir vous-mêmes agréée, la leur communiquer, et recevoir l'hommage de ma plus parfaite et respectueuse considération.

Alais, le 21 mai 1860.

MANLIUS SALLES,

Directeur de la *Revue Contemporaine des Sciences occultes et naturelles*, de Nimes.

AUX MAGNÉTISTES FRANÇAIS ET ÉTRANGERS

Réunis à Paris, le 23 mai 1860, en congrès commémoratif, à l'occasion du 126ᵉ anniversaire de la naissance

DE L'IMMORTEL ET GRAND APOTRE DU MAGNÉTISME MESMER.

MESSIEURS,

Depuis longtemps je rêve la création d'une œuvre apostolique magnétiste; mais, jamais Dieu ne m'avait, comme il le fait aujourd'hui, montré le moment opportun.

Les grandes et salutaires idées du siècle de progrès dans lequel nous vivons, sont la semence qui portera un jour pour fruit à notre postérité les félicités promises, dès la création du monde, par le Créateur à ses créatures; mais ces félicités ne peuvent nous être données en partage que par notre coopération à l'œuvre régénératrice qui s'accomplit journellement dans la société humaine. Travaillons donc sans relâche au triomphe de notre sainte cause, car ce n'est que par lui que le salut peut nous être donné.

Organisons à l'instar des missions religieuses, des missions magnétistes, créons des écoles magnétistes gratuites, partout où nos moyens nous le permettent! Que chacun de nous paie de sa personne. en donnant, dans le cercle qu'il lui est possible de parcourir, des séances gratuites, seul moyen pour faire disparaître d'autour de nous l'esprit d'opposition qui nous combat et l'incrédulité gluante qui retient encore, dans l'ornière du passé, la majeure partie des hommes. Que notre franchise, notre loyauté, notre désintéressement surtout soient nos seules armes! Celles-là seules sont invincibles, et par cela même toujours victorieuses!...

Ne craignons pas de nous mettre en évidence : *qui marche droit ne craint rien.* Nous nous devons entièrement à nos principes; défendons-les donc avec énergie et conviction! Soyons aussi zélés que fervents propagateurs de notre doctrine! N'avons-nous pas l'intime conviction de travailler ainsi au bien-être à venir de l'humanité? Car, ceci soit dit en passant et sans ostentation : tout vrai, tout sincère magnétiste, à quelle école qu'il appartienne, est un être, non pas privilégié, mais spécial, ordonné, et par conséquent se devant entièrement à la chose publique!...

La Franc-maçonnerie magnétiste date sans nul doute des premiers jours de la création. Notre grand Vénérable est sans contredit le Créateur de toute chose, l'Eternel tout puissant, celui par qui nous agissons tous, du plus puissant magnétiseur jusqu'au plus simple magnétiste, voire même les incrédules dont l'enveloppe croûteuse voile à leurs yeux la lumière sacrée.

Unissons-nous! suivons l'exemple de notre honorable doyen, M. le baron du Potet! consacrons-nous à la propagation de notre foi! soyons tous en particulier les apôtres dévoués de notre sainte communion spirituelle! Créons-lui, consacrons-lui des missionnaires; qu'ils aillent prêcher d'exemple de lieu en lieu! qu'ils courent *de ville en ville, de hameau en hameau*, à nos frais communs, annonçant partout que la lumière divine, celle qui doit resplendir un jour dans tout l'univers, va bientôt briller de tout son éclat et dissiper les ténèbres de l'incrédulité! Qu'ils fassent des prodiges et des miracles, qu'ils dépensent loyalement et avec prodigalité la puissance magnéti-

que qu'ils ont reçue de Dieu car c'est là le plus sûr moyen de lui
être agréable et de servir sa cause qui est la nôtre.

Les générations futures, fières de l'héritage spirituel que nous leur
aurons laissé, chanteront les louanges de notre salutaire doctrine;
elles béniront votre nom, Messieurs, car en travaillant dans le présent à préparer votre avenir, vous aurez préparé celui de la société
tout entière.

En hâtant l'invasion de la société matérialiste par l'esprit progressif
du principe magnétiste, nous hâtons le moment de son entière régénération et la prise de possession par elle des avantages immenses
que la Providence nous fait entrevoir à travers le canevas des siècles.

Notre tâche est difficile, je le sais, mais elle n'est pas impossible;
la sincérité avec laquelle nous expérimenterons et la force de nos
convictions seules, nous assureront la victoire. Plus nous montrerons
du désintéressement, plus on aura confiance en nous et plus le nombre de nos adeptes sera grand.

Je regrette, Messieurs et chers Collègues, que mes affaires ne me
permettent pas d'aller en personne, à Paris, pour joindre mes vœux
aux vôtres pour le triomphe de notre cause, et pour profiter, d'une
manière plus sûre et plus directe, des lumières qui jailliront de votre
réunion! Je vous prie, en conséquence, Messieurs, de croire que mon
éloignement n'est que matériel; car mon esprit est et sera toujours
partout où des frères seront réunis pour la propagation et la défense
de nos idées et de nos principes sacrés.

Alais, le 20 mai 1860.

Manlius SALLES,

Directeur de la *Revue Contemporaine des Sciences occultes et naturelles*, de Nîmes.

(Cette adresse, et celle qui précède ont été envoyées à leur destination,
en plusieurs exemplaires avant le 22 mai 1860.)

PREMIÈRE SÉANCE IMPROVISÉE

d'Hallucination magnétique à Alais (Gard),

sur la personne

DE Mlle MARIE PICARD, DE SAINT-FLORENS (LOZÈRE).

Le samedi 14 avril dernier 1860, à onze heures du soir, en rentrant
chez moi, à Alais, je rencontrai M. Sebelin, marchand papetier, qui
m'invita à aller avec lui au Café Cercle-des-Fleurs pour y prendre quel-
ue chose, mais les circonstances nous empêchèrent de faire la moin

dre consommation; cependant nous consommâmes, à défaut de bière ou de café . les plus curieux faits magnétiques.

En entrant dans la salle du café par la porte du laboratoire (car, vu l'heure avancée, toutes les autres étaient fermées, le gaz était éteint et personne autre que M. et Mme Amalric, chefs de l'établissement, leur bonne Mlle Marie Picard, leur jeune neveu, et M. André (Espagnol), leur garçon de service, ne se trouvait là) ; en entrant dans la salle du café, dis-je, je rencontrai M. Amalric qui me demanda en plaisantant, si je voulais le magnétiser. Sur ma réponse affirmative, quoique faite aussi en riant, il me dit : Non pas moi, mais Mlle Marie. — J'accepte encore la proposition, lui dis-je ; mais Mlle Marie ne voulant nullement se prêter à l'expérimentation, ce ne fut qu'après une demi-heure de pourparlers qu'elle se décida à me laisser faire, ou plutôt à répondre aux questions que je lui adressais dans le but de l'influencer. Elle ne cessait de rire; aussi désespérais-je un moment de réussir mon expérience.

Je débutai par faire déguster par Mlle Marie et par Mme Amalric quelques gorgées d'eau que la première avait elle-même mis dans un verre; elle était assise à plus d'un mètre de la table sur laquelle j'étais nonchalamment accoudé, comme M. Amalric et M. Sebelin. Ma première expérience ayant réussi à merveille, je dis à Mlle Marie: Mademoiselle, veuillez, si vous le pouvez, vous tenir debout et me dire ce que vous ressentez dans vos jambes, dans vos bras et dans vos pieds.

Je ne sens rien, me dit-elle tout d'abord; mais se ravisant presque immédiatement, elle dit, en riant aux éclats, à M. Amalric, son patron : Tenez, Monsieur, je voudrais que vous puissiez sentir tout ce qui se passe maintenant en moi; je ne puis ni ne pourrais jamais le définir ; mais cependant je ne suis pas prête à dormir, car mes yeux ne se troublent pas le moins du monde. En disant cela, elle nous regardait tous pour bien se convaincre de la véracité de ce qu'elle disait. Je lui ordonnai alors de s'asseoir; elle obéit, et quand je lui dis de se redresser si elle le pouvait, elle déclara se sentir collée à sa chaise. Tous les efforts qu'elle fit pour s'en détacher furent vains. Elle dut se résigner à m'obéir désormais comme un esclave dévoué. Alors M. et Mme Amalric et M. Sebelin voulant l'aider à se redresser, lui imprimèrent une telle secousse, qu'ils la jetèrent violemment à terre d'où ils ne purent la relever. Cependant Mlle Marie riait toujours aux éclats, et déclarait ne rien comprendre à tout ce qu'elle voyait s'accomplir sur elle par ma simple volonté, car je ne la touchais point.

Je lui ordonnai de se redresser, et elle le fit à l'instant sans la moindre peine. L'expérience ne devait pas se borner là. M. Sebelin me demanda si je pourrais la rendre muette et aveugle à ma volonté. Je lui dis que oui. Ayant alors prié Mlle Marie de parler si elle le pouvait. la voix expira sur ses lèvres pâles. et presque aussitôt elle fut fortement suffoquée. Je ne lui rendis la parole que lorsque je vis que les efforts qu'elle faisait pour parler la fatiguaient trop. Dès lors, elle était devenue complètement isolée, n'entendait plus et ne voyait plus que moi. Ainsi je l'avais voulu !...

Sur la table, à côté de ma main. était un petit bonhomme (porte-allumettes). Ayant prié Mlle Marie d'écouter attentivement ce que lui disait cet homme . nous fûmes tous surpris de la voir s'entretenir avec lui comme si c'eût été un homme vrai; très-souvent elle ne faisait que répondre à ma pensée croyant répondre au petit homme. L'illusion était complète et nous surprenait d'autant plus, que Mlle Marie s'en trouvait elle-même étonnée : — « Comment, disait-elle, ce petit homme peut-il me parler? Je ne l'aurais jamais cru !.. Et elle riait aux éclats.

Pour finir mon expérience, je priai Mlle Marie de se transporter à Paris pour y voir l'obélisque, la colonne Vendôme et l'arc de triomphe du Carousel. Sa joie était tellement grande, qu'elle ne pouvait se lasser de dire, que jamais elle n'aurait cru voir de si belles choses. Il était minuit ; je cessai mes expérimentations, promettant à Mme Amalric de la magnétiser à son tour, car elle le demandait instamment, disant qu'elle aussi, voudrait voir Paris sans qu'il lui en coûtât davantage qu'à Mlle Marie. Le lendemain, il n'était question dans le quartier que de cette séance improvisée à laquelle chacun regrettait de ne pas avoir assisté.

Il m'a été dit que quelques-unes des personnes qui ont assisté à cette expérience et à celle du lundi 16 avril, en ont rédigé le procès-verbal afin de le livrer à la publicité. Nous le publierons dans notre prochain numéro. Les incrédules pourront donc, s'ils le jugent à propos, aller aux renseignements. *Avis aux Mabruts* !

MANLIUS SALLES.

Revue des Journaux.

Les numéros 47, 48, 49 du Musée des Sciences renferme une notice historico-biographique très-intéressante de la vie de *Jean-Sylvain Bailly*, ex-maire de Paris et apôtre zélé du magnétisme, par M. Cathelineau.

Que ce soit d'une manière ou d'une autre que nos collègues de la presse scientifique nous prêtent leur concours dans l'œuvre propagatrice à laquelle nous nous sommes voués, ils ne travaillent pas moins au triomphe de notre cause; aussi, sommes-nous vraiment heureux de les voir mêler leur voix à la nôtre.

L'impartialité scientifique de cet excellent journal, ainsi que le caractère universel qu'il va prendre dans sa cinquième année, nous font un devoir de le recommander sous quelque nom qu'il porte, à la bienveillance de nos lecteurs.

Le numéro 50 de sa quatrième année nous apprenait qu'à partir du mois de mai prochain, son titre de Musée des Sciences serait remplacé par celui de la Science pittoresque. Nous lui souhaitons bien sincèrement bonne chance. Déjà plusieurs numéros de cette nouvelle, magnifique série ont paru.

Le Journal du Magnétisme porte, dans son numéro du 10 avril dernier (1860), un long article me concernant, dans lequel il est rendu compte d'une séance improvisée *d'hallucination magnétique* que j'eus l'honneur de donner à La Voulte-sur-Rhône (Ardèche) le 9 février dernier (1860), de 8 heures du soir à minuit, chez M. Auguste Bard, négociant et propriétaire dans la susdite ville, sur la personne de M. Mondon, employé et propriétaire à La Voulte, et en présence de MM. Brunel, propriétaire au Pape, près La Voulte; Bousquenaud, propriétaire à La Voulte; Charras, marchand tailleur et propriétaire à La Voulte; Delay , propriétaire et employé à La Voulte; mon frère, Mme Bard et d'autres dames dont j'ignore les noms.

Une indiscrétion amicale, un ami dévoué à la doctrine magnétiste, a livré ce fait à la publicité. Sachant que M. Mondon avait témoigné le désir que cette expérience restât inconnue, je ne l'aurais pas même inséré dans ma *Revue* ; mais puisque le fait est éventé, je le raconterai dans une prochaine livraison : déjà plusieurs journaux de Paris, des départements et de l'étranger l'ont raconté, notamment, le JOURNAL DE L'AME , de Genève, auquel je dois de sincères remerciements pour l'accueil et le concours bienveillant qu'il m'accorde dans l'émission et la propagation de mes idées.

L'UNION MAGNÉTIQUE DE PARIS porte , dans son numéro du 10 avril dernier (1860), un éloge sincère, je crois, du dernier ouvrage de M. A. S. Morin, sur divers point de la critique que ce dernier a faite des œuvres et des assertions de M. Lafontaine. Comme mon honorable collègue de *l'Union magnétique*, je reconnaîtrais, si je n'avais mon expérience pour me convaincre du contraire, que l'enquête faite par M. Morin pour découvrir la vérité sur les faits avancés par M. Lafontaine , n'ayant abouti qu'à des dénégations complètes, un incrédule endurci ne pouvait dès-lors les croire vrais ; mais, M. Morin et notre honorable collègue de *l'Union magnétique* ignorent-ils que dans la crainte de passer pour des imbéciles, la plupart des personnes qui ont été magnétisées plusieurs fois, le nient obstinément, malgré l'attestation de nombreux témoins?

De deux choses, l'une : ou c'est par mauvaise foi, ou par ignorance des faits, qu'ils les nient. L'un de mes meilleurs somnambules, M. Cabanis François, négociant en greneterie à Nimes, que je crois de très-bonne foi, a bien nié, dans une séance publique donnée dans le local du cercle d'Orient, en 1857 ou 1858, par M. Laroche Lambert et par M. Ricard, a bien nié, dis-je, que je l'avais, ainsi que bien d'autres magnétiseurs, magnétisé presque journellement pendant deux ou trois ans. Il l'avait été cependant plusieurs fois par MM. Lafontaine, de Genève ; Régadzoni , Rigaud ; Granier, docteur ; Villard, avoué ; Nicot, avocat, etc., et toujours en présence de nombreux témoins ; il est vrai que jamais il ne conservait à son réveil le souvenir de son somnambulisme, et qu'il oubliait même bien souvent, quoiqu'il ne fût jamais sorti apparemment de son état de veille ordinaire, l'emploi qu'il avait fait de son temps. Il est évident que si M. Morin demandait à M. Cabanis s'il a été magnétisé, celui-ci , lui répondrait non ; peut-être même lui dirait-il qu'il a fait, pour nous tromper ou pour nous plaire, la comédie pendant deux ou trois ans. Est-ce croyable et possible ? A mon tour , je répondrai, non ! mille fois non ! M. Cabanis est incapable de pouvoir faire la comédie journellement à ses dépens pendant plusieurs années, et personne autre, mieux que lui!..

L'AVENIR INDUSTRIEL ET ARTISTIQUE de Paris raconte, dans sa Chronique du monde scientifique, du samedi 24 ou 27 avril dernier (1860), un fait magnétique ou plutôt somnambulique remarquable que nous reproduirons dans une prochaine livraison. M. Mens , auteur de cette charmante chronique, termine son article par des réflexions favorables au magnétisme. Nous sommes heureux de nous rencontrer avec lui , sur le même terrain, pour la défense de la même cause.

On lit dans la REVUE SPIRITUALISTE de Paris, tome III, 3e livraison, à la suite d'un très-intéressant article de M. Salgue, notre honorable correspondant, une théorie expliquant les différents phénomènes spiritiques qui se produisent journellement ; nous la reproduisons en entierci-après .

« Prétendez-vous que tout ce que vous ne voyez pas ne doive pas exister ? Avons-nous les yeux faits pour tout voir ? Sans les nyctalopes, comme les chauves-souris, les chats, les rats et les souris, les oiseaux nocturnes, nous croirions qu'il eût été impossible à Dieu. de faire les yeux capables de voir dans les plus profondes ténèbres. Cependant l'observateur remarque qu'à la chasse d'insectes forts petits, cette même chauve-souris vole avec la rapidité de l'hirondelle , au milieu du plus épais feuillage.

« Si, d'ailleurs , je dessine sur un mur une figure humaine dans toutes ses formes, avec du phosphore , dans un lieu bien fermé , et que j'y fasse aussitôt pénétrer une vive lumière, y verrez-vous cette image, qui ne sera pas une abstraction, mais qui existera matériellement ? Non sans doute! Et pourquoi ? C'est que l'œil humain n'a pas été fait dans des conditions qui lui permettent de tout voir. Dans nos visions nocturnes, si nous sommes éveillés *subito* , nous voyons quelquefois les esprits à l'état lumineux, mais quelques secondes seulement ; pourquoi ne les voyons-nous jamais longtemps? C'est qu'au premier instant de notre réveil , notre vue spirituelle a encore assez de puissance pour nous faire ainsi apercevoir les esprits. Mais cette puissance est aussitôt annihilée par la vue de la matière qui dans les ténèbres dissipe la première et ne voit rien.

« Enfin , les esprits, pour transporter les objets, se servent des éléments ambiants qu'ils trouvent dans l'atmosphère ; le vent qu'on ne voit pas, ne transporte-t-il pas mille objets, même les arbres séculaires qu'il arrache , les toits des maisons , des masses d'eau de mer , dans un mouvement giratoire ?

« Quant à cette faculté qu'ont les esprits de faire entrer les objets dans des meubles bien couverts ou bien fermés , elle tient à ce qu'ils peuvent remettre à l'état spirituel tout ce qu'ils touchent , et c'est en mettant dans cet état une lettre sous enveloppe qu'ils la retirent sans qu'il y ait la moindre coupure pour cela. C'est ainsi qu'ils lancent des pierres dont on cherche inutilement une longue parabole , parce qu'elles ne sont jamais lancées de bien loin , et les agents de police perdent leur temps à chercher les propulseurs de ces projectiles , qui sont souvent auprès d'eux , tenant des pierres invisibles , mais qui reprennent leur naturel matérielle aussitôt qu'elles sont lâchées. »

SALGUES.

A PROPOS DE PIERRES LANCÉES PAR UNE MAIN INVISIBLE.

L'année dernière (1859), dans les premiers jours de juin, nous étions allés, la famille Gazay, agent de change, M. Périllier fils, Mme et Mlle Montet, sa fille, M. Ferrière et sa fille, M. et Mme Roger, imprimeur du journal *la Revue Méridionale*, de Nimes, M. Henri Rouvier, négociant, directeur des Compagnies d'assurances *the Gresham* et *le Nord*, ma femme, mes enfants et moi ; nous étions allés, dis-je, faire une partie au PONT DU GARD, aqueduc romain. M. et Mme Roger, M. et Mlle Montet, M. Gazay, mes enfants et moi, nous étions assis au bord de la route pour nous y reposer, quand tout-à-coup plusieurs grosses pierres à la fois partant de la lisière du bois situé vis-à-vis de nous, vinrent violemment tomber à nos côtés, et porter l'épouvante dans le cœur de nos dames.

Nous étant mis de suite tous ensemble à fouiller dans le bois, même à une très-grande distance (plus de 500 mètres), nous ne vîmes et n'entendîmes personne. Il faut remarquer que ces pierres n'étaient parties que du bord de la route, car nous n'avions pas entendu le moindre frôlement de broussailles ou de feuillage qu'elles auraient sans nul doute produit par leur passage dans le fourré. D'où venaient-elles donc? Qui nous les avaient lancées? Je l'ignore ; mais, ce que je sais, c'est que nous fûmes très-surpris, très-intrigués par cette étrange, curieuse et mystérieuse aventure.

On lit dans le même journal, qu'après la révocation de l'édit de Nantes (en 1688), il surgit dans le midi de la France, parmi les malheureux que cet édit frappait, des hommes de cœur qui luttèrent contre leur tyran avec des armes à la fois spirituelles et matérielles ; l'histoire les a glorifiés sous le nom de Camisards. Ils avaient dans leur sein, outre des guerriers inspirés, des prophètes qui, mis dans l'état de transe qui distingue nos médium, avertissaient leurs frères de tout ce qui pouvait leur être utile dans la lutte désespérée qu'ils avaient entreprise. C'est ainsi que pendant longtemps ils tinrent en échec Louis XIV et vainquirent jusqu'au maréchal de Villars, avec lequel ils traitèrent d'égal à égal dans l'église des Pères Recolets dite de Saint-Paul, à Nimes. Cette église n'a été démolie qu'en 1850 ; les magnifiques maisons du docteur Brouzet, de M. Foulc et de l'hôtel Manivet ont été construites sur son emplacement.)

Les descendants de ces malheureux Camisards (les réformés d'aujourd'hui) ne se sont pas éteints ; ils ont donné naissance à une des plus intéressantes sectes qui, après les Quakers, soient allés peupler le Nouveau-Monde. Qui n'a entendu parler des Shahers ou Trembleurs d'Amérique ? des Crugues, de Nimes, chez lesquels le magnétisme et surtout le spiritisme est professé avec zèle et dévotion ? M. le docteur Granier, qui est le médecin de la secte, à Nimes, magnétise très-souvent ses malades.

Nous lisons dans *le No 17 de la sixième année de* L'AMI DES SCIENCES (*22 avril 1860*) *à l'analyse des Comptes-rendus de l'Académie des sciences* : « M. Pigri adresse de Sienne une note sur l'*anesthésie hypnotique* et le *magnétisme animal*. L'extrait suivant suffit pour faire comprendre le point de vue auquel s'est placé ce savant physiologiste (*l'Ami des Sciences.*)

« Les procédés au moyen desquels on obtient l'*anesthésie hypnotique*, dit M. Pigri, et la succession des troubles nerveux que détermine un strabisme convergent un peu prolongé, m'ont rappelé l'explication que j'avais donnée, il y a plusieurs années, de ce qu'il y a de bien constaté dans les phénomènes attribués à ce qu'on nomme *magnétisme animal*. Il va sans dire qu'il n'était point ici question de la prétendue clairvoyance des magnétisés, des prédictions, de la vue à distance, des transports des sens et autres merveilles admises par les adeptes, mais que j'avais toujours vu manquer dans des expérimentations auxquelles j'assistais à Paris en 1845. Si tout cela cependant se trouvait démontré par les expériences dont je viens de parler, ce qui était parfaitement établi, c'est qu'au moyen de certaines pratiques on jetait le patient d'abord dans une sorte de *diliquium*, puis dans un sommeil plus ou moins profond et souvent accompagné d'insensibilité.

» Pour expliquer ces faits, sur lesquels il ne peut rester aucun doute, on ne gagnerait rien à faire intervenir la volonté du magnétiseur et ces mystérieux fluides imaginés par les hommes qui n'attachent aucun sens précis à cette expression. »

Tout en déclarant que M. Pigri n'est pas plus dans le vrai que ses immortels collègues, je dirai comme lui que bien des magnétiseurs ne comprennent nullement la portée du mot fluide, quand ils l'appliquent à l'agent qui sert d'intermédiaire entre les magnétiseurs et les magnétisés. Je ne suis pas du tout de l'avis de M. Pigri, au sujet de la puissance de la volonté du magnétiseur sur le magnétisé ; s'il la considère comme rien, moi, je lui attribue tous les effets magnétiques qui se produisent chez un somnambule. Il est vrai que je crois à la nécessité de la part des magnétiseurs et des magnétisés d'être dans un état exceptionnel, anormal, matériellement et spirituellement parlant. Je crois que ce n'est que par l'influence spirituelle, c'est-à-dire de l'âme du magnétiseur sur celle du magnétisé, que ces effets se produisent et quelquefois, si ce n'est la plupart du temps, par l'influence d'un tiers *esprit* intervenant dans l'expérimentation.

« Mais il faudrait toujours en venir à examiner ce qui se passe dans le patient. Or, remarquons qu'on lui prescrit d'attacher les yeux fixement sur ceux du magnétiseur et qu'il ne peut leur conserver cette position fixe sans fatigue, qui devient bientôt très-grande, d'autant plus grande qu'elle est accompagnée d'un strabisme interne et souvent d'une élévation des deux globes oculaires, le magnétiseur étant d'habitude placé plus haut que le magnétisé ; ajoutez à cela l'inquiétude de ce qui va survenir, et vous trouverez les causes suffisantes pour une hypérémie du cerveau qui rendra compte du *diliquium*, du sommeil, de l'insensibilité subséquente. Les expériences faites récemment à Paris, où l'on a vu se reproduire les faits annoncés plusieurs années auparavant par M. le docteur Braid, de Manchester, me paraissent admettre la même explication, et je suis heureux de voir que parmi les physiologistes qui ont cherché à s'en rendre compte, on s'est arrêté sur le même point de départ que moi, c'est-à-dire sur une hypérémie du cerveau déterminée par la fatigue du muscle moteur des yeux. »   (*L'Ami des Sciences*).

Il est clair que tout ce qui tend à faire cesser l'harmonie nécessaire à l'existence d'un être, est de nature à en déplacer les sens ; la même cause peut faire pencher la balance dans un être du côté de l'esprit ou de la matière ; que cette cause soit la fatigue ou autre chose, le fait n'en existe pas moins. Cependant, je ne veux ni ne peux dire que ce soit exclusivement la fatigue, puisque la plupart du temps un homme cédant à la fatigue qui lui est occasionnée par la fixité de son regard ne fait que tomber dans un engourdissement simple et ne passe nullement sous l'influence de personne ; tandis que celui qui cède à l'influence exercée sur lui par un magnétiseur, s'identifie avec lui au fur et à mesure qu'il perd de son individualité, c'est-à-dire que les deux puissances qui ordonnent chez lui se désunissent, l'une pour passer complètement au service du magnétiseur (c'est la matière proprement dite), l'autre à la puissance ordonnatrice du magnétiseur ou tout au moins pour lui céder momentanément son autorité (c'est l'âme).

Si ce n'était ainsi, comment se ferait-il qu'un magnétiseur parvint à produire des effet physiques très-sensibles sur l'organisation mécanico-matérielle d'un magnétisé ? Comment pourrait-il faire mouvoir un membre paralysé depuis longtemps, faire presque instantanément cesser une douleur, faire disparaître à son gré chez son magnétisé toute espèce de sensibilité et de susceptibilité ? Cela ne prouvet-il pas jusqu'à l'évidence que nous sommes, nous, comme les animaux, les minéraux et les végétaux, de simples agrégations, vivant dans notre spécialité tant par nos détails, c'est-à-dire par les plus petites parties de notre matière, que par l'individualité de notre ensemble? N'ai-je pas raison de comparer notre être matériel, surtout, à une légion marchant avec accord et ensemble vers un but commun, mais dont chaque individualité sert la cause commune, selon sa spécialité et son savoir? N'arrive-t-il pas de temps à autre, dans la société humaine, qu'une légion, une armée, une secte, une corporation, se désorganise et que, sous l'influence d'une puissance supérieure, elle se réorganise et rentre dans l'ordre qui est le principe vital essentiel de toute agrégation.

Comme mon honorable correspondant d'Angers (M. Salgues), je crois qu'il est possible à notre être de se démettre au bénéfice d'un autre être de telle partie de sa composition animale; ainsi, par exemple, je crois que ce qu'un grand nombre, si ce n'est tous les magnétiseurs, appelle fluide, n'est autre chose que l'émanation de notre être *fluidéfié* qui pénètre chez celui que nous magnétisons, ou qui pénètre de chez lui, chez nous, quand il nous oppose une résistance volontaire, ou non; cette invasion est souvent douloureuse ou tout au moins pénible pour qui la supporte.

J'avoue donc que je crois très-sérieusement, quoi qu'en puisse dire l'honorable correspondant de l'Académie (M. Pigri), que je crois, dis-je, qu'il est donné à tous les êtres de pouvoir permuter physiquement et spirituellement entre eux, de s'envahir même entièrement les uns les autres, soit par la matière *fluidéfiée* ou par l'esprit. Cela seul peut m'expliquer les curieux phénomènes de la lucidité somnambulique, de l'hallucination magnétique, que je produis très-souvent sans obtenir le sommeil apparent.

Quand un sujet se magnétise seul, par sa propre volonté, il ne fait que déplacer ses sens et s'adjoindre d'autres influences. On ne peut qualifier ce fait d'invasion, car ce sont des interventions amicales. C'est dans ce cas que se trouvent la plupart des magnétisés. Quand, au contraire, une personne tombe involontairement en crise et sans la coopération d'un magnétiseur, on peut dire qu'elle a été envahie par une influence étrangère qui trouble ses sens et qui finit par s'en emparer, ou bien elle n'est que la victime d'une désharmonisation accidentelle dans son agrégation animale matérielle.

Nimes, le 8 mai 1860.

Pour toutes les réflexions dans la *Revue des Journaux*, MANLIUS SALLES.

L'abondance des matières nous ayant empêché d'insérer, dans cette livraison, l'adresse au Congrès magnétique du 23 mai que nous a communiquée notre honorable correspondant, M. Jobard, directeur du Musée royal industriel de Bruxelles, nous la publierons dans notre 11me livraison.

Nimes, Imprim. D. ROGER, boulevart Saint-Antoine, 2.

1ᵉʳ **Volume**.   PRIX : 50 CENT. LA LIVRAISON.   **11ᵉ Livraison**.

FRANCE
52 LIVRAISONS
par la poste
12 fr.

REVUE CONTEMPORAINE

ÉTRANGER
52 LIVRAISONS
par la poste
14 fr.

DES

SCIENCES OCCULTES & NATURELLES

CONSACRÉE

à l'étude et à la propagation de la doctrine magnétiste appliquée à la thérapeutique
à la démonstration de l'immortalité de l'âme et au développement de nos
facultés naturelles, à la réfutation de certaines croyances et de
certains préjugés populaires, à la consécration du principe de
la solidarité universelle, etc.

Psychologie et physiologie de la vie universelle

publiée avec l'approbation ou le concours

de plusieurs docteurs en médecine, avocats, théologiens, littérateurs, magnétiseurs,
médiums, et de simples magnétistes, etc.

PAR MANLIUS SALLES

Membre correspondant de la Société du Mesmérisme de Paris et de la Société
Philanthropico-Magnétique de la même ville.

Cartomancie. — Nécromancie. — Chiromancie — et autres sciences mystérieuses
dévoilées par la pratique du magnétisme.

EXPÉRIMENTEZ, ET VOUS CROIREZ.

BUREAUX :
{ A NIMES, chez le Directeur, librairie Manlius Salles, boulev. de la Madeleine
A PARIS, au comptoir de la librairie de Province, rue Jacob, 50, et chez
J.-B. Baillière, rue Hautefeuille, et E. Dentu, Palais-Royal.
A VALENCE (Drôme), cours du Cagnard, 1, maison Monnier. }

Sommaire. — Causerie; la mère Laporte; M. Soulayret (médium). —
Allocution de M. Jobard, directeur du musée royal industriel de Bruxelles,
pour le banquet de Mesmer (23 mai 1860), nous ayant été communiquée
par lui-même.— Réflexions empruntées au journal le *Spiritual Magazine*
de Londres, relative au Discours par M. Louis Blanc, sur le Merveilleux. — Bonne nouvelle relative au Mémoire sur la Catalepsie déposé
à l'Académie par notre ami, M. Jobard, de Bruxelles. — Remède médianimique contre le choléra-morbus, par M. Courtois fils, de Sétif (Algérie).
— Extrait de ma correspondance particulière; Lettre de M. A. S. Morin,
avocat à Paris. — Effet produit par l'influence de la foi. — Bibliographie;
Réflexions relatives au nouvel ouvrage de M. Alcide Morin; M. Lafontaine et les Sourds-Muets, réflexions par M. A. S. Morin (simple homonyme
de M. Alcide Morin). — Séance improvisée d'Hallucination magnétique.

CAUSERIE INTIME.

Je demande mille pardons à mes lecteurs pour l'irrégularité
avec laquelle je publie ma revue; pardons, que d'avance,
je suis sûr d'obtenir; car je ne puis douter un instant d'être
compris et approuvé par tous mes correspondants.

Quand on est obligé de créer et de diriger tout seul une
entreprise semblable, au milieu de tous les obstacls qui me

barrent le passage, on ne peùt sans danger marcher vite. Chacun sait ce que dit le proverbe : *Qui va doucement va sainement ; qui va sainement va longtemps.*

Je me suis mis en mesure de pouvoir parcourir un certain
rayon autour du centre que j'habite, afin de travailler à la
propagation des idées magnétistes avec plus de chances de
réussite, afin aussi de me créer des correspondants et de
recueillir un aussi grand nombre que possible de faits magnétiques ou découlant de la pratique et de l'étude des sciences
occultes, auxquelles j'ai consacré ma *Revue ;* ce que j'insère
dans ses colonnes, je l'ai tout vu, tout fait, ou tout ouï raconter par des personnes dignes de foi, ayant été elles-mêmes
ou acteurs ou témoins des faits en question.

Aussi extraordinaire que paraisse un fait, quand je puis en
garantir la véracité, je le relate, comme étant une preuve
à l'appui de notre doctrine.

J'ai trop souvent dit aux magnétiseurs et magnétisés en
général de payer de leur personne pour ne pas le faire moi-
même. Donc, le but de mes tournées, de mes voyages, ne consiste que dans la mise en pratique des conseils que je ne cesse
de donner aux autres. Je sème, partout où je passe, les idées
magnétistes que me fournit mon intime et sincère conviction ;
je recueille le récit de tous les faits anciens et modernes qui
sont de nature à intéresser mes lecteurs ; en voici un exemple.

Le mardi 22 mai expiré, je consentis à aller passer la journée à la maison de campagne de la famille Soulage (située à
quelques kilomètres d'Alais, près des hauts-fournaux.) Depuis
plus de quinze jours, M. Edouard Soulage fils aîné me priait
d'aller voir sa mère, qui souffrait beaucoup, disait-il, d'une
douleur au bras.

Le samedi 19 mai, ayant promis d'aller au premier jour
voir Mme Soulage, M. Edouard son fils s'empressa de le lui
dire ; elle en éprouva une telle joie, qu'elle se sentit presque
instantanément guérie. N'est-ce pas là une preuve de plus
de la puissance de la foi sur l'organisation spirituo-matérielle
humaine ? Evidemment si !

La foi opère en nous d'heureux ou de malheureux changements, selon que nos pressentiments nous sont, oui ou non avantageux. La foi opère sur notre organisme mécanique, selon qu'elle est le résultat d'un revirement survenu dans les vues de notre conseil organique spirituel. Je m'exprime ainsi, parce que je fais découler mon raisonnement de la manière dont j'envisage la composition de notre agrégation animale.

Enfin, il est de fait que, quand j'allai voir Mme Soulage (le mardi 22 mai), elle me déclara que la nouvelle de la prochaine visite que je devais lui faire lui avait produit (le 19) une impression salutaire et impossible à décrire. Au moment qu'elle me disait cela, sa joie était indicible : à ce sujet, elle et son mari (chevalier de la légion-d'honneur), vieillard encore ingambe, quoique âgé de 76 ans, me racontèrent les deux faits suivants :

La mère Laporte ou LA SORCIÈRE DE MAGUIÈRE (près d'Alais Gard) — « Un jour, me dirent-ils, il y a de cela 35 ou 36 ans, Dieu inspira à une bonne femme, de nos voisines, de venir nous conseiller d'aller consulter, sur le compte de notre jeune enfant (Isidore Soulage, actuellement employé dans les magasins de la maison *du Masque de Fer*, rue Coquillière à Paris), la nommée Laporte, de Maguière, que l'on disait être sorcière et guérisseuse par le secret. »

M. Isidore Soulage était alors âgé d'environ 6 ou 7 ans, il était atteint depuis plusieurs années d'une maladie vermineuse terrible qui le rendait aveugle, maussade et quelquefois sourd ; il était obligé de rester presque continuellement assis et la tête sur les genoux de sa mère, que le chagrin dévorait à vue d'œil.

Un jour, M. Soulage partit pour la montagne de Maguière, emporté par la puissance de la foi et par l'inexprimable désir de voir guérir son jeune enfant, qui marchait à pas de géant vers la tombe. Il arriva deux heures après chez la mère Laporte, qui le reçut très-cordialement et le pria d'accepter un modeste et amical déjeûner, pendant que j'irai, lui dit-elle, réfléchir un instant à ce que j'aurai à vous dire au sujet du malade pour lequel vous venez me consulter. Mme Laporte ne connaissait nullement le fils Soulage, elle ne pouvait donc agir que par intuition. Après avoir demandé à M. Soulage ses noms et prénoms, ceux de Mme Soulage, de l'enfant, de son parrain et de sa marraine, elle entra dans une petite chambre voisine d'où elle sortit quelques minutes après en disant à M. Soulage : Votre enfant va mieux! à l'heure qu'il est, il ouvre les yeux et, contre son ordinaire, il demande à boire un verre de vin à sa mère; allez! partez vite votre enfant est guéri!

Deux heures plus tard, M. Soulage était en vue de sa maison. Impatiente de dire à son mari ce qui venait d'avoir lieu, Mme Soulage était allée au devant de lui; elle l'aborda en lui disant : « Devine ce qui s'est passé pendant ton absence ! Notre enfant est guéri, il a ouvert les yeux il y a deux heures environ et a demandé à boire un verre de vin. »

Quelques jours après, le fils Soulage fut entièrement guéri et depuis lors il n'a plus été malade. C'est du moins ce que m'ont garanti M. et Mme Soulage.

M. Soulayret (Médium). — Le même jour, en dinant, mes hôtes, aussi aimables que sincères, me racontèrent aussi le fait suivant dont ils me garantirent l'authenticité.

Il y a encore de ceci 36 ou 37 ans environ, me dirent ils, que M. Soulayret, employé aux mines de Fenadan (concession de la Grand'Combe, arrondissement d'Alais), demeurant à Champclozon, eut une vision dans le genre de celle qui éblouit saint Paul, il y a dix-huit cents ans, et qui le convertit au christianisme.

M. Soulayret était un très-honnête homme, père d'une assez nombreuse famille et jouissant de l'estime publique partout où il était connu. Une nuit, pendant qu'il travaillait, comme à son ordinaire, à l'extraction de la houille, une vive lumière resplendit tout à coup autour de lui, et lui fit craindre un instant de se trouver enveloppé dans un violent incendie occasionné par un courant de gaz enflammé, ce qui arrivait fréquemment alors dans les mines.

Pour éviter le danger dont il se croyait menacé, M. Soulayret, frappé de terreur, se coucha d'abord par terre, mais cette lumière ne disparaissant pas et aucun symptôme d'asphyxie ne se déclarant chez lui, il conçut d'autres craintes, et songea à se recommander à Dieu, car il se croyait perdu sans retour. Alors, il entendit une voix humaine qui lui disait : Ne crains rien, je suis (elle nomma un prêtre vénéré qui avait habité le lieu voisin et qui était enseveli sur le sommet d'une montagne voisine aussi), relève toi, et écoute ; pour la glorification de Dieu et pour le salut de ton âme, il te faudra désormais toutes les nuits, à minuit précise, me desservir la messe dans ta maison, où se rendront, de bien loin à la ronde, une multitude de vrais croyants.

M. Soulayret sortit instantanément de la mine, entraîné, poussé, par une secrète frayeur ; la lumière en question l'accompagna non-seulement jusque chez lui, mais continua de l'éclairer avec le même eclat pendant le restant de la nuit, qu'il passa dans une cruelle agitation d'esprit et de corps.

A dater de ce jour, M. Soulayret fut constamment dans un état anormal très-apparent. Il changea complètement d'habitude de s'exprimer ; précédemment il ne parlait que patois, depuis lors il ne parlait que français et d'une manière assez correcte.

Toutes les nuits, en présence de nombreux assistants honorables et raisonnables, M. Soulayret desservait, dans sa maison, la messe qu'allait y célébrer l'esprit du prêtre qui lui était apparu, et chaque fois, durant la cérémonie, resplendissait à ses yeux la susdite lumière.

A partir de cette époque, M. Soulayret posséda au plus haut degré la lucidité médianimique. Un jour que Mme Soulage, qui était alors ce qu'elle est aujourd'hui, protestante (1) lui demanda des nouvelles de son père et de sa mère décédés depuis fort longtemps, il se mit en rapport avec *son esprit familier* (celui du prêtre susmentionné), et donna ensuite des détails très-surprenants sur le passé du père et de la mère de Mme Soulage. Ce qu'il dit sur leur présent ne pourrait être

(1) On sait que le protestantisme repousse l'idée d'intervention auprès de Dieu, pour les morts.

cru vrai que par des magnétistes extra-croyants. Dans cette circonstance, M. Soulayret rappela à Mme Soulage certains faits qui étaient restés ensevelis dans les replis de sa mémoire, depuis qu'ils s'étaient accomplis, mais dont le souvenir lui causa un sensible plaisir.

M. Soulayret ayant un jour consulté son esprit familier au sujet de la valeur relative et comparative des divers cultes, et sur la question de savoir si l'on faisait bien de changer officiellement de religion, quand on avait la conviction de ne pas en professer une bonne, prétendit en avoir reçu la réponse suivante :

« Quelle que soit la religion que l'on professe sincèrement, on ne peut qu'adorer l'unique Dieu, tout puissant Créateur, but commun vers lequel tendent les aspirations de tout homme de bien. » — C'est bien là ce que je pense aussi très-sincèrement.

M. Soulayret conseilla donc, à son tour, à la personne qui lui avait demandé si elle devait, de protestante qu'elle était, se faire catholique, de terminer sa carrière dans la religion qu'elle professait depuis son enfance !!!

Une foule considérable de curieux et de croyants accouraient journellement, même de très-loin à la ronde, à la maison de M. Soulayret, afin d'assister à ces prodigieuses manifestations médianimico-spiritiques.

L'état anormal dans lequel était M. Soulayret dura quelques années, mais, pendant ce temps, l'autorité intervint et lui interdit de recevoir chez lui les personnes qui le visitaient en sa qualité de sorcier inspiré.

On voit, d'après ce récit, que le médianimisme ne date pas seulement de nos jours et qu'il n'a pas été non plus toujours pratiqué par des savants et des érudits comme il l'est aujourd'hui. Dieu s'est de tout temps manifesté, de préférence, par l'intermédiaire des ignorants, car ceux-là ont, sauf quelques rares exceptions, le cœur et l'esprit purs ; sauf à de rares exceptions aussi, ils ne sont pas absorbés par les préoccupations et les influences spirituelles étrangères qui rongent ou du moins qui captivent et obsèdent l'esprit et le cœur des savants en général.   MANLIUS SALLES.

LES PROPHÈTES ET LES MÉDIUMS.

Allocution de M. JOBARD pour le Banquet de Mesmer.

L'histoire sacrée nous apprend l'étrange mouvement spiritiste qui agita le monde à l'époque de la rédemption; on ne voyait que prophètes inspirés, obsédés ou possédés, annonçant les choses extraordinaires qui allaient arriver, la plupart se donnant comme le Messie annoncé par les prophètes Elie, Isaïe, Jérémie, Daniel, inspirés par l'esprit de vérité; les bons prophètes ne cessaient d'avertir le peuple de se méfier des faux prophètes et des magiciens qui venaient à eux sous des dehors trompeurs, loups ravissants cachés sous la peau de l'agneau, faisant même quelques miracles, et débitant des sentences en apparence irréprochables, ce qui n'empêchait pas les vrais prophètes de crier sans cesse : Peuples d'Israël, méfiez-vous! méfiez-vous !

Ces faux prophètes n'en étaient pas moins animés et inspirés par des esprits, mais des esprits inférieurs, trompeurs ou perfides, qui n'ont eu que trop d'empire sur les Juifs, puisqu'ils ont réussi à les empêcher de reconnaître le Messie, *venit inter illos et sui eum non cognoverunt*, qu'ils ont crucifié, alors qu'ils épargnaient les voleurs, payaient les judas et protégeaient les magiciens.

Les princes des prêtres, les scribes et les pharisiens, qui étaient les savants, les académiciens, les esprits forts de l'époque, ajoutaient plus de foi aux Mabru, aux Dubois, aux Velpeau, qu'aux Husson, aux Puységur, aux Duplanty, aux Dupotet.

La négation dispense de toute preuve, l'affirmation en exige ; le rôle de négateur étant le plus aisé, sera toujours le plus commode. Ainsi, le *oui* collectif de votre assemblée n'est pas suffisant pour balancer le *non* isolé de M. Mabru.

La foule ajoute plus de créance à la négation d'un seul écervelé qui n'a rien vu, qu'à l'affirmation de milliers d'hommes sérieux qui ont vu. Où donc est la logique que l'on prête aux majorités? est-ce que nous en serions venus à ce point de devoir dire : *Vox populi vox diaboli ?*

Qu'est-ce que les médiums écrivant, parlant, entendant et voyant, qui surgissent de tous côtés à notre époque, si ce n'est le renouvellement du phénomène précurseur d'une nouvelle série de vérités qui vont être révélées à l'humanité, jugée capable de *porter à présent* les choses que les disciples du Christ n'auraient pu comprendre dans l'enfance de la végétation humanitaire.

Les *médiums*, les somnambules, les extatiques et les voyants ne sont évidemment que les prophètes de notre époque, les reflecteurs, les porte-voix des esprits ; mais de quels esprits? C'est un point qu'il s'agirait d'éclaircir et de régler dans le présent concile, que nous pouvons appeler œcumenique, puisque pour la première fois tous les schismes, toutes les hérésies même s'y trouvent représentés.

Les pères de l'Eglise avaient trop simplifié la question, en n'admettant que deux esprits absolus, celui du bien et celui du mal. Ce fut une erreur grave et dont les suites ont été fatales au progrès. Peut-être devait-il en être ainsi, car rien n'a lieu sans la permission de Dieu.

Une grande découverte a été celle du *nouveau monde* matériel ; mais elle n'a pas à nos yeux une aussi grande portée que celle du monde spirite, dont la population est aussi variée et mille fois plus nombreuse que la nôtre. Il est avéré pour nous tous à présent, du moins j'aime à le croire, qu'il y a autant de sortes d'esprits, autant d'espèces et de genres qu'il y a de sortes d'hommes incarnés dans les globes infinis qui composent *l'omnivers;* l'essentiel est de faire un choix dans ceux qui se présentent pour nous endoctriner, et il y a d'autant plus lieu de se méfier, que les ignorants et les méchants sont les plus nombreux et s'emparent trop souvent de l'esprit des somnambules et de la main des *médiums*, pour qu'on accepte de confiance leurs oracles, leurs prédictions, leurs prescriptions, bien qu'elles débutent avec toutes les apparences de la sainteté. En effet, que peut-on trouver à reprendre à ces vulgarités évangéliques : *Suivez le chemin de la vertu, faites le bien, évitez le mal, aimez Dieu et votre prochain,*

ou quelques autres maximes irréprochables mais banales des
petites écoles primaires évangéliques, dont ils se servent
habituellement pour vous inspirer confiance dans les mensonges qu'ils se proposent de vous insinuer plus tard. Heureusement que les grands esprits sont toujours prêts à démas-
quer les hypocrites, dès qu'on les en prie.

Ce n'est pas ainsi que procèdent les esprits supérieurs, et
encore moins l'esprit de vérité qui choisit ses précurseurs,
ses révélateurs et ses apôtres. Ceux-là ne craignent pas,
comme les autres, d'affimer, *au nom de Dieu*, la véracité
de leurs enseignements ; ce n'est pas chez eux qu'on apercevra
la plus légère infraction à la logique, à la raison, au bon sens,
écrivissent-ils des volumes. En un mot, les vrais *médiums*
sont aussi rares de nos jours que les vrais prophètes.

Somme toute, les *médiums* intuitifs et voyants, les somnambules guérissants et les gens doués de la seconde vue, ne
sont que les sybiles, les oracles et les prophètes d'autrefois,
d'autant plus aimés et favorisés des bons esprits, qu'ils sont plus
purs et marchent plus droit dans les voies du Seigneur. Toutes
les écoles, toutes les opinions, tous les schismes doivent disparaître devant cette affirmation divine : Il n'y a qu'*une foi*, qu'*une
loi, qu'un Dieu*. Ceux qui n'en sont pas encore persuadés sont
des boutons retardataires qui s'ouvriront en leur temps, au so-
leil de la vérité; mais il ne convient pas aux boutons éclos d'hier,
de blâmer ou de mépriser les bourgeons arriérés ; car il y a le
temps des feuilles, le temps des fleurs et le temps des fruits,
pour toutes les semences du parterre terrestre et céleste de Dieu.

C'est avec joie que nous voyons s'opérer, aux pieds de l'image
de Mesmer, ce rapprochement que nous avions recommandé
depuis l'instant où nous eûmes découvert l'unité du phénomène
et de la foi nouvelle, unitaire et universelle.

Que ceux qui en doutent encore étudient et prient Dieu
d'éclairer leur intelligence, car les temps sont proches où les
manifestations redoubleront d'intensité, jusqu'à l'établissement
du royaume de Dieu sur la terre, et dont tous les convives
de vos saintes agapes seront les premiers dignitaires.

RÉFLEXIONS RELATIVES AU DISCOURS DE M. LOUIS BLANC
SUR LE MERVEILLEUX
Empruntées au *Spiritual Magnésine* de Londres.

Parmi les faits remarquables de ces derniers temps , on doit mentionner le discours prononcé par M. Louis Blanc , le 3 avril , à l'assemblée de La Salle-du-Bois-de-Saint-Jean, devant les plus éminents personnages de notre époque.

L'ex-ministre du gouvernement provisoire de France traita du merveilleux en France vers la fin du xviiie siècle. Il s'étendit sur l'amour du merveilleux inné chez l'homme et il montra , dans un éloquent langage, combien un âge sceptique est près de croire aux choses les plus mystérieuses ; que dans le fait , les encyclopédistes avec leur incrédulité sur toutes choses, aidèrent au développement des sciences occultes aussi bien que Saint-Germain et Cagliostro. Il passa rapidement en revue les phénomènes des convulsionnaires ; il dépeignit le banquet de Mesmer et la chambre magique de Cagliostro. Quant à ce dernier , il affirme qu'il a été un émissaire des illuminés soutenu par les fonds que prodiguait cette société secrète dont le but était l'extension des doctrines révolutionnaires , et qui communiquait avec les initiés des loges maçonniques. Une telle idée , bien qu'éloquemment et puissamment défendue , mérite réfutation. La vérité est que Cagliostro était médecin et rien de plus , il l'affirme lui-même. Cela réfute assez l'idée émise par M. Louis Blanc.

M. Louis Blanc raconta à son auditoire la prophétie de Cazotte relative à la future révolution , prophétie qu'il considère comme ayant été faite après l'accomplissement du fait ; et, dans une péroraison d'un grand éclat , il conclut que les efforts combinés des philosophes sceptiques et des associations occultes de ces temps dominaient et propageaient les terribles révolutions qui bouleversèrent toute l'Europe.

L'autorité de l'orateur fera naître la réflexion dans beaucoup d'esprits , et engagera ses adversaires à combattre l'incrédule savant.

La salle contenait près de 800 cents auditeurs parmi lesquels on remarquait un grand nombre de personnes très-distinguées.

BONNE NOUVELLE.

Le président de l'Académie des Sciences, M. Elie de Beaumont, vient d'informer le savant M. Jobard, directeur du musée belge, qu'une commission composée de MM. Chevreul, Flourens et Velpeau venait d'être chargée d'examiner son mémoire sur la catalepsie, la paralysie et la léthargie, mémoire où M. Jobard démontre la possibilité de suspendre la vie pendant un temps illimité, de rappeler les noyés à la vie même après deux jours de submersion, de ranimer également les individus gelés depuis dix ans et de remplacer la peine de mort par celle de la cataleptisation artificielle. Ce mémoire s'appuie sur l'exemple des Indous, qui se font enterrer pendant des mois entiers et reviennent à la vie comme la belle au bois dormant; il s'appuie également sur les congélations opérées par M. Geoffroy Saint-Hilaire et sur les expériences de MM. Seguin et Dumeril, qui ont revivifié des crapauds emplâtrés pendant plusieurs années.

On comprend, par ce qui précède, que le mémoire de M. Jobard mérite, en effet, de fixer l'attention des savants, et que, s'il se réalisait dans quelques-unes de ses parties, il opèrerait une de ces révolutions qui font époque dans les annales des découvertes humaines.

Dans ma prochaine livraison, je reproduirai l'intéressant article de M. Jobard sur *la Léthargie et la Catalepsie*, qui a été publié dans *le Progrès international* de Bruxelles, article qui a motivé la délibération susmentionnée de l'Académie des sciences de Paris.   M. S.

Spiritisme.

REMÈDE MÉDIANIMIQUE CONTRE LE CHOLÉRA-MORBUS,
Ecrit par le fils Courtois, médium dormant.
SÉANCE DU 5 MARS 1860.
Communiqué par M. Quinemant de Sétif (Algérie.)

D. Pouvez-vous nous transcrire la ligne qui est illisible dans la séance du 2 mars?

R. Oui, et cela est tout naturel, car le doigt de Dieu est là. « Ce n'est que pour vous manifester la vérité. »

(La ligne est reproduite textuellement).

D. Pouvez-vous nous dire en latin ce que M. D.... a écrit lui-même?

R. Je n'ai pas besoin de m'occuper de ce qu'il met lui-même. Je ne connais que Dieu et moi :

Manus sancta est hic per perinde humani et verbo inter pater.

D. Voulez-vous nous dire en latin le remède capable de guérir le choléra-morbus?

R. Oui, mais je ne vous le dirai pas en latin :

Mettez sur votre ventre un peu d'une herbe qui se trouve sur les monts Altaïques, et sur cela un pot en fer avec un peu de feu, cela

produira de la sueur et cette sueur vous guérira ; seulement vous n'a-
vez pas de nom pour cette herbe.

D. Comment la reconnaît-on ? est-elle grande ou petite ?

R. Moyenne, et elle se trouve au milieu d'autres plus grandes.

D. Je vous en prie, pour le bonheur de l'humanité, indiquez-nous
sa fleur pour que nous puissions la reconnaître par un signe distinct ?

R. Pour le bonheur de l'humanité on est toujours prêt. C'est du
Télanos qu'il faut prendre.

D. Dites-vous bien du Télanos ?

R. Oui, en indigène.

Extrait de ma Correspondance particulière.

Je ne publie, dans cette livraison, qu'un simple extrait de
la dernière lettre que j'ai reçue, le 24 juin, de M. A. S. Morin,
avocat à Paris. Je n'en publie qu'un simple extrait, que parce
qu'il ne m'appartient pas de rendre public ce qui n'est que
confidentiel, et que, par réciprocité de bons procédés et éga-
ité de droit à mon estime, je dois à mon collègue M. Ch.
lLafontaine, de Genève, les mêmes égards et la même bienveillance qu'à mon honorable correspondant, M. A. S. Morin.

Je n'ai jamais eu l'habitude d'entretenir ni de fomenter la
discorde, mais bien de travailler à la réconciliation générale ;
en raison de ce, je ne me permettrai, dans aucun cas, la
moindre amertume dans mes critiques, et ne me lasserai jamais
de conseiller à mes collègues, professant en amateur ou autrement, de ne citer une seule de leurs expérimentations s'ils
ne peuvent en garantir l'authenticité d'une manière irréfutable, car les trop zélés magnétistes, comme les ennemis
acharnés du magnétisme, ne peuvent se contenter de la simple affirmation de l'expérimentateur.

Nimes, le 30 juin 1860.   MANLIUS SALLES.

Paris, le 20 juin 1860.

A Monsieur Manlius Salles, à Nimes.

. . . .

Je vous sais beaucoup de gré d'avoir parlé de moi et de
mon livre dans des termes bienveillants, pendant que quelques
magnétistes, emportés par la colère et ne pouvant souffrir aucune dissidence sur l'objet de leur culte, m'attaquaient d'une
manière injurieuse et passionnée.

Permettez-moi de vous soumettre quelques observations relativement à votre article (p. 167). Vous dites que bien des personnes qui ont été magnétisées et qui même ont éprouvé des
effets très-sensibles du magnétisme, nient plus tard tout ce
qu'elles ont ressenti, soit qu'elles ne se le rappellent plus, soit
qu'un motif quelconque les pousse à altérer la vérité. A cet
égard, je suis tout à fait de votre avis, et j'en ai vu de nom-

breux exemples. Mais veuillez remarquer qu'il n'y a rien de semblable dans les enquêtes qui ont été faites sur les faits affirmés par M. Lafontaine. Il ne s'agit pas seulement de savoir si telle personne a été magnétisée par lui, mais bien de savoir si une personne, qui était sourde-muette, a cessé de l'être par suite de la magnétisation, ou au moins si son état s'est sensiblement amélioré.

. . . .

Je vais faire paraître, sous quelques jours, une brochure à ce sujet : vous y verrez le rapport fait au nom d'une commission nommée par la société du mesmérisme, rapport approuvé, à l'unanimité, par cette société.

Vous voyez qu'il s'agit d'un document grave, dont les auteurs ne sont pas suspects d'hostilité au magnétisme ou d'incrédulité.

. . . .

Je vous serai obligé de mentionner cette brochure dans un de vos numéros.

Je désire l'union de tous les magnétistes sincères et la combinaison de leurs efforts pour mettre en évidence la partie certaine du magnétisme. Répudions la partie chimérique et repoussons toute solidarité avec les charlatans.

Agréez, etc.   A. S. MORIN.

Effets produits par l'influence de la foi.

Il y a seulement quelques jours, lundi 25 juin 1860, à neuf heures du soir, je me promenais sur le boulevart de la Madeleine, à Nimes, avec l'un de mes amis, M. Graz fils aîné, fabricant et marchand d'essence pour liqueurs ; comme il se plaignait d'une douleur chronique au-dessus du sein gauche, je l'engageai à boire une gorgée d'eau, en passant devant une petite borne fontaine, lui assurant qu'il serait ainsi débarrassé de sa douleur dès qu'il aurait avalé la deuxième gorgée d'eau. Malgré la répugnance que lui inspirait actuellement l'eau, il consentit à faire ce que je lui disais, et me déclara immédiatement après, que sa douleur avait cessé. Une heure plus tard, souffrant encore du même côté mais au-dessous de la région du cœur, il répéta la même expérience qui réussit à merveille. Son frère Emile m'en a parlé le lendemain matin avec beaucoup de satisfaction.   MANLIUS SALLES.

BIBLIOGRAPHIE.

La puissance de la foi étant sans limite, peut-on douter de celle qu'elle donne à tous ceux qu'elle dirige et qui se sont consacrés à la propagation d'une idée, d'un principe, d'une doctrine enfin, surtout de celle du magnétisme qui est l'unique agent intermédiaire entre le Créateur et ses créatures ?

Evidemment non! car douter, c'est nier! Dans certains cas cependant le doute est la première manifestation de la foi.

Aussi matérialiste que l'on soit, on ne peut nier l'influence de la foi sur tous les actes humains et sur tous les effets magnétiques qui se produisent chez les magnétisés; à ce propos j'engage mes lecteurs à lire le nouvel ouvrage de M. Alcide Morin : *de la Magie au* XIX *siècle*, ouvrage où, sans nul doute, ils retrouveront la finesse de style, la profondeur et la beauté des idées, l'esprit admirable qui caractérisait la charmante publication susnommée (*la Magie au* XIXᵉ *siècle*.)

Je rendrai fidèlement compte du nouvel ouvrage en question, dès que j'en aurai reçu un exemplaire, car il m'a été impossible de garder seulement une heure celui qui m'avait été prêté par un ami dévoué aux idées *Moriniennes* et au magnétisme en général.

M. LAFONTAINE ET LES SOURDS-MUETS
par M. A. Morin, avocat.

Au moment de mettre sous presse, je reçois la brochure susmentionnée; je ne pourrai donc, dans cette livraison, en donner un long aperçu ni m'étendre sur le sujet qu'elle traite.

Le raisonnement que tient M. Morin dans son entrée en matière paraît très-logique; pour répondre logiquement aussi à mon tour à certaines observations qu'il fait, quelques lignes plus loin, je n'aurai qu'à lui faire observer que bien souvent un effet magnétique, qui se produit pendant une expérience de magnétisation, ne se maintient pas après la cessation de l'expérimentation et, qui plus est, ne laisse aucun souvenir dans la mémoire du magnétisé qui dès-lors nie non-seulement l'effet qui s'était d'abord produit, mais souvent aussi d'avoir été magnétisé.

Cependant, malgré les observations que je me permets de faire au sujet de la controverse sincère, je crois que M. Morin oppose à M. Lafontaine; je ne prétends nullement mettre en doute la loyauté des membres de la *Société du Mesmerisme*, qui se sont enquis des faits en question dans l'unique but, sans nul doute, de rendre hommage à la vérité.

Je ne crains pas d'avancer, que je ne crois pas le moins du monde à la guérison complète ni même partielle des sourds-muets de naissance et par organisation naturelle, par un traitement magnétique pas plus que par tout autre système, les sourds-muets étant des êtres d'une nature spéciale.

Il ne faut pas que cet aveu fasse supposer, que je ne crois pas aussi à l'influence que le magnétisme peut exercer dans certains cas sur les sourds-muets, car telle n'est pas mon intention.

Admettre que M. Lafontaine ne possède pas assez de puissance magnétique pour produire les effets dont on lui conteste la production n'est pas nier la possibilité de les voir produire par tout autre magnétiseur que lui. La nature est si bizarre dans ses révélations et ses délégations, qu'on ne saura probablement jamais où peut s'arrêter la puissance de sa volonté toute divine.

Je ne puis, malheureusement peut-être, appuyer mon raisonnement que sur les faits que je connais. J'ai déjà dit dans une de mes précédentes livraisons que j'avais été témoin, et bien d'autres personnes aussi, d'une expérience de la catégorie de celles que l'on conteste à M. Lafontaine ; c'était en 1850 ou 1851. Un soir, de huit à dix heures, dans la grande salle de la mairie, à Nîmes, M. Lafontaine, à force de travail très-fatigant, parvint à faire entendre plus facilement M. Roule, sourd-muet de naissance, alors âgé d'environ cinquante ou cinquante-cinq ans, entrepreneur, actuellement rentier. Maintes personnes, j'en suis convaincu, attesteraient le fait, tandis que seul M. Roule le nierait peut-être. Faudrait-il pour cela ne pas le croire vrai ? non, sans doute! car tous les jours nous voyons des personnes, comme je l'ai déjà dit aussi, en nombre très-considérable, qui, par oubli ou par mauvaise foi, nient même d'avoir été magnétisées quand elles l'ont été plusieurs fois. M. Morin m'en fait l'aveu dans sa dernière lettre.

Nîmes, le 3 juillet 1860.   MANLIUS SALLES.

Séance improvisée d'hallucination magnétique

ayant eu lieu, à Nîmes, le jeudi 28 juin 1860, à neuf heures du soir, chez M. D.... R.... (1), à Nîmes, sur la personne de sa domestique, Mlle Marie, du Vigan (Gard).

Je me trouvai, hier au soir, pour des affaires concernant ma *Revue*, chez M. D.... R...., lorsque sa domestique entra, tenant dans ses bras la jeune enfant R..... Comme Mme R.... ne m'avait jamais vu expérimenter, elle me réitéra sa demande d'une telle façon que je ne pus refuser, surtout quand Mlle Marie, sa bonne, eut consenti à se laisser magnétiser. Selon mon habitude qui consiste à ne jamais refuser d'expérimenter quand on m'en présente l'occasion, j'acceptai celle qui m'était offerte par la circonstance, car, depuis longtemps je me suis promis de ne jamais manquer l'occasion de travailler au triomphe de notre cause (du magnétisme).

Voici comment j'expérimentai, hier, sur Mlle Marie : J'étais placé vis-à-vis d'elle à environ deux mètres ; une grande table ronde nous séparait ; elle était droite, j'étais assis ; Mme R.... à ma droite et M. R..... à ma gauche.

Je priai Mlle Marie de prendre un couvert et de le tenir à deux mains jusqu'à ce qu'elle sentirait ses bras, ses mains,

(1) Les convenances m'interdisant dans cet article de citer les noms propres, je me borne à déclarer que je suis prêt à fournir tous les renseignements sur ce sujet, qui me seront demandés par lettre affranchie.

ses pieds, ou ses jambes fourmiller et frissonner ; en un mot, jusqu'à ce qu'elle sentirait se produire en elle un effet dont elle ne pourrait se rendre compte. Cela eut lieu en deux minutes au plus; alors je lui fis déguster de l'eau, mais cette expérience ne fut pas très-heureuse, il fallut que je la répétasse plusieurs fois pour en obtenir un bon résultat.

Mlle Marie semblait toujours me défier. Elle prétendait ne pas pouvoir être magnétisée ; la force de son tempérament lui donnait cette conviction. J'ai d'autant plus eu de la peine à m'emparer de son être qu'elle avait la confiance de vaincre ma puissance.

Après avoir fait l'expérience de l'eau, j'allais cesser mon expérimentation, mais la persistance du sarcasme de M. et de Mme R.... et même de Mlle Marie A. m'obligèrent à m'obstiner à vouloir réussir complètement. Je priai donc Mlle Marie de s'asseoir dans un fauteuil qui se trouvait près d'elle, et lui demandai ensuite si elle ne sentait pas telle ou telle chose dans telle ou telle jambe ou tel ou tel bras; sur ses réponses affirmatives faites presque immédiatement après mes demandes, je reconnus qu'elle m'appartenait pour tout de bon.

M. R.... lui ayant adressé une question, je l'empêchai de répondre en lui enlevant aussitôt la parole, c'est-à-dire la voix. Les vains efforts qu'elle faisait pour parler, la suffoquaient au point de me faire craindre pour elle.

Ce que je ne puis m'expliquer, c'est ce qui me fait deviner ou du moins connaître ce que les personnes que je magnétise ont déjà éprouvé, soit en maladie, soit en plaisir ou en peine ; ainsi par exemple, je dis à Mlle Marie qu'elle avait eu une douleur à une jambe et autre chose à l'autre jambe, cela était.

Je lui faisais avoir froid ou chaud tantôt à un pied tantôt à l'autre, tantôt à un bras tantôt à l'autre. Selon ma volonté, elle vit, sur une carafe de table ordinaire, une étiquette portant les mots *curaçao*, quoiqu'il n'y eût rien sur la carafe; elle crut voir sortir des flammes de la même carafe et du bout de ses propres doigts. Je lui fis fermer les yeux, et les lui ayant ouvert immédiatement moi-même, on n'en apercevait point les prunelles car elles étaient remontées avec les paupières supérieures. Ayant les yeux fermés, elle fit une excursion somnambulique lointaine dont je ne dirai rien, car nous ne pûmes la vérifier.

Cette séance dura environ une heure. Quand j'eus rendu la liberté à Mlle Marie, elle déclara ne se souvenir de rien. Je l'ai vue, depuis lors, plusieurs fois, et jamais elle ne m'a rien dit à ce sujet ; elle n'en a pas plus parlé à ses patrons.

Peut-on dire qu'une personne dont on s'empare si facilement cède à une fatigue de nerfs ? Non, certainement non !

Nimes, le 1er juillet 1860.   MANLIUS SALLES.

Nimes, impr. D. ROGER. boulevart Saint-Antoine, 2.

1er Volume. Prix : 30 cent. la Livraison. **12e Livraison.**

FRANCE
52 LIVRAISONS
par la poste
12 fr.

ÉTRANGER
52 LIVRAISONS
par la poste
14 fr.

REVUE CONTEMPORAINE

DES

SCIENCES OCCULTES & NATURELLES

CONSACRÉE

à l'étude et à la propagation de la doctrine magnétiste appliquée à la thérapeutique,
à la démonstration de l'immortalité de l'âme et au développement de nos
facultés naturelles, à la réfutation de certaines croyances et de
certains préjugés populaires, à la consécration du principe de
la solidarité universelle, etc.

Psychologie et physiologie de la vie universelle

publiée avec l'approbation ou le concours

de plusieurs docteurs en médecine, avocats, théologiens, littérateurs, magnétiseurs,
médiums, et de simples magnétistes, etc.

PAR MANLIUS SALLES

*Membre correspondant de la Société du Mesmérisme de Paris et de la Société
Philanthropico-Magnétique de la même ville.*

Cartomancie. — Nécromancie. — Chiromancie — et autres sciences mystérieuses
dévoilées par la pratique du magnétisme.

EXPÉRIMENTEZ, ET VOUS CROIREZ.

BUREAUX :
A Nimes, chez le Directeur, librairie Manlius Salles, boulev. de la Madeleine
A Paris, au comptoir de la librairie de Province, rue Jacob, 50, et chez
J.-B. Baillière, rue Hautefeuille, et E. Dentu, Palais-Royal.
A Valence (Drôme), cours du Cagnard, 1, maison Monnier.

Sommaire. — Causerie intime. — Clinique : dérangement des fonctions d'estomac, par M. Charpignon. — Faits divers. — Correspondance particulière : Lettres de M. A. Bauche. — Lettre de M. Quinemant.

CAUSERIE INTIME.

—

Ayant lu dans le numéro du 22 juillet dernier *de l'Ami des Sciences, de Paris,* une lettre de notre éternel contradicteur M. G. Mabru, juge d'autant moins infaillible, en matière de magnétisme, qu'il se laisse toujours guider par son habituelle mauvaise foi, en cette matière, et qu'il appuie son jugement sur de fausses données et non sur le résultat de sincères expérimentations, j'ai cru devoir répondre à ce savant chimiste, par une lettre que j'ai adressée à M. Piton-Bressan, rédacteur en chef du susdit journal, le suppliant de vouloir bien la publier .ce qu'il n'a pas encore fait et ne fera peut-être pas, car j'ai cru reconnaître dans les commentaires dont l faisait suivre la lettre de M. Mabru, qu'il se déclarait lui-même presque aussi incrédule que son correspondant.

Sommes-nous la cause, nous, les magnétiseurs et les magnétistes, que *les Mabru* (les incrédules) ne sont pas organisés tant matériellement que spirituellement pour faire des magnétiseurs? sommes-nous la cause de leur impuissance? non! certainement non! alors pourquoi répandent-ils leur fiel à profusion sur ceux-là même de qui ils peuvent tirer les plus grands enseignements? (Je n'entends nullement parler de moi ici): nous ne leur en voulons pas le moins du monde: nous savons pardonner à nos détracteurs! à ceux qui nous maudissent, nous répondons par de la pitié, parce que nous connaissons leur faiblesse!!! et nous ne cesserons jamais de les appeler à nous; car nous sommes dans l'unique vrai chemin de la vérité!!!

Je serais heureux de voir M. Piton-Bressan donner l'hospitalité dans son excellente feuille, à la lettre que j'ai eu l'honneur de lui écrire : 1° en qualité de magnétiste ; 2° en qualité d'ancien et fidèle abonné à son journal. Malgré toutes ses imperfections, ma lettre renferme la plus catégorique des réponses qu'il soit possible de faire à la lettre de M. G. Mabru; la loyauté et l'impartialité de M. Piton-Bressan me font espérer qu'elle recevra la publicité à laquelle sa qualité de réfutation lui donne le droit.

— Il y a quelques jours, en me promenant sur la place de la Comédie et de la Maison-Carrée, à Nimes, j'y rencontrai M. Ducamp fils ainé, propriétaire, ex-directeur départemental de la compagnie d'assurances, le Phénix, à Nimes ; notre conversation ayant roulé sur la question du magnétisme, nous nous renouvelâmes nos anciennes et communes expériences, expériences dont l'incontestable succès a converti à notre cause plus d'un incrédule.

Nous causâmes plus particulièrement des expériences que j'avais eu l'honneur de faire chez lui, dans son cabinet même, à

Nimes, en 1851, et dont je vais succintement rapporter quelques détails. M. David Montet, mon sujet, et moi, nous avions été prié par M. Ducamp, d'aller chez lui, pour une expérience qu'il désirait faire et qui réussit à merveille. Voici en quoi elle consista.

Quand M. Montet fut endormi, M. Ducamp le pria de se transporter à sa maison de campagne, de Gaubiac, près de Quissac (canton), vis-à-vis le château de Florian, et d'y faire quelques recherches. Les détails que M. Montet donna sur les lieux furent tellement exacts, que M. Ducamp, résolut de nous amener un jour sur les lieux-mêmes pour y répéter l'expérience que nous avions faites chez lui, à Nimes.

Quinze ou vingt jours après (c'était un dimanche), nous partîmes, Montet et moi, par le convoi du matin, pour Nozière (ligne d'Alais); de là nous nous rendîmes au château de Cassagnole où M. Ducamp, qui en est le propriétaire, et plusieurs autres personnes de ses amis, nous attendaient depuis le matin.

Après le déjeûner, pendant qu'on préparait les voitures et les cheveaux qui devaient nous conduire au château de Gaubiac, nous fîmes quelques expériences insignifiantes de lucidité somnambulique, dont M. Ducamp m'a renouvelé les curieux détails, le jour de notre dernier entretien.

« Vous souvenez-vous, me dit-il, de la manière précise avec laquelle Montet répondit aux questions de Baridon? (M. Baridon a été, pendant quelques temps, contrôleur des contributions directes, à Nimes; il est aujourd'hui dans les mêmes conditions, je crois, à St-Etienne) comme il vit bien les insectes collectionnés et les différents objets que Baridon avait dans ses appartements, à Anduze; et dire qu'aujourd'hui Baridon n'ose plus croire au magnétisme, tellement il trouve ces effets surprenants et merveilleux »......

Je reviens à notre voyage de Nimes à Gaubiac par Cassagnole... (chemin des écoliers). Pendant le trajet de Cassagnole à Gaubiac, nous endormîmes plusieurs fois M. Montet pour nous orienter ou pour savoir ce qu'étaient devenus certains d'entre nous, car alors nous étions nombreux ; toutes ces

expériences ne furent pas très-heureuses, quelques-unes seulement réussirent.

Arrivé à Gaubiac, nous nous empressâmes d'entrer dans
un salon pour y expérimenter pendant que les fermiers nous
préparaient le dîner. A peine endormi, Montet se leva de son
fauteuil, et malgré qu'il ne connut pas le moins du monde
les lieux et qu'il fut déjà nuit, il traversa plusieurs pièces,
la cour, descendit dans les écuries, situées au-dessous de la
cuisine, au niveau des caves, et alla mettre le doigt à l'endroit
même qu'il avait, quinze jours au paravant, à Nimes, désigné
à M. Ducamp, comme devant être dans tel ou tel état:
la chose se trouva de la plus grande exactitude.

Dans la soirée je fus obligé, pour leur plaire, de magnétiser
quelques-uns de nos convives, ces quelques expériences
réussirent à merveille. M. Ducamp, les a rappelées à mon
souvenir. Ce dernier entretien a motivé la causerie intime
que j'ai l'honneur d'adresser aujourd'hui à mes lecteurs.

MANLIUS SALLES.

1er septembre 1860.

Je crois être agréable à mes lecteurs en reproduisant
dans ma *Revue* un article de M. le docteur Charpignon, mon
correspondant d'Orléans, c'est à l'excellente et impartiale
publication, *l'Union magnétique* de Paris, que je fais cet
emprunt.

M. S.

Sous ce titre **Clinique : Dérangement des
fonctions de l'estomac, Dispepsie**, on lit dans
l'Union magnétique de Paris, du 15 août 1860, un compte-
rendu d'une cure magnétique opérée par le docteur Charpignon, d'Orléans. Tant que le magnétisme comptera au
nombre de ses propagateurs des hommes tels que lui,
nous pourrons espérer voir triompher cette doctrine qui est
celle que nous professons.

Suit le compte-rendu en question signé de M. Charpignon
lui-même.

« Mlle L. *** a vingt ans ; elle est privée de l'usage de ses membres par suite d'une ancienne affection rhumatismale qui a ankilosé toutes les articulations. A part cette infirmité incurable, Mlle L. jouit d'une assez bonne santé. Cependant l'arrivée de l'été lui cause toujours quelque malaise. L'année dernière, étant à la campagne vers cette époque, elle fut prise de toux, de perte d'appétit, de douleurs d'estomac et de troubles généraux assez intenses pour nécessiter les soins d'un médecin. Deux mois entiers, pendant lesquels bien des remèdes furent employés, n'apportèrent aucun soulagement ; le retour à Orléans et celui de la saison moins chaude, ramenèrent seuls la santé.

» Cette année, avec le mois de mai, le malaise commença; puis vinrent la toux et la perte d'appétit. Un mois après, malgré l'emploi d'une médication appropriée, la toux sèche, les douleurs d'estomac et la répugnance absolue pour toute espèce d'aliment avaient augmenté ; il survenait, une ou deux fois par jour, des syncopes qui avaient quelques caractères de la catalepsie.

» Consulté dans ces circonstances, je conseillai l'emploi du magnétisme, à l'exclusion de tous autres moyens reconnus inutiles par les tentatives qui avaient précédé. Ayant magnétisé Mlle L., elle tomba dans un demi-sommeil sans éprouver de grands effets ; mais le soir même, les douleurs d'estomac avaient disparu, et un repas complet avait été fait sans causer le moindre inconvénient. Neuf magnétisations eurent lieu, et dès la troisième, il n'y avait plus ni toux, ni syncope, et l'appétit s'était régularisée.

» Docteur CHARPIGNON.

» Orléans, juillet 1860. »

FAITS DIVERS.

La *Revue Spiritualiste de Paris* publie, dans sa dernière livraison, une correspondance particulière signée du nom de notre honorable correspondant, M. Salgues, d'Anger. Nous nous permettons d'en reproduire les quelques passages qui sont

de nature à fortement ébranler la plus robuste incrédulité.
M. Salgues fait les citations suivantes à l'appui de sa conviction magnétiste spiritualiste. Suétone, *in Vesp.* 7, dit-il, raconte ce qui suit :

« Vespasien, prince nouveau et en quelque sorte impro-
visé, manquait encore de ce prestige, de cette majesté qui appartient à la souveraine puissance : elle ne se fit pas longtemps attendre. Devant son tribunal, se présentèrent un
homme du peuple privé de la vue, et un autre qui souffrait
de la jambe ; ils le supplièrent de les secourir ; car Sérapis
leur avait indiqué, pendant leur sommeil, les moyens de soulager leurs maux. Les yeux de l'un verraient, si Vespasien
voulait y cracher ; la jambe de l'autre se guérirait s'il voulait
la toucher de son pied. Croyant à peine qu'il en pût être
ainsi, Vespasien n'osait pas même le tenter ; enfin, ses amis
le pressèrent d'accéder à leurs vœux, de le faire : il essaya
de l'un et de l'autre remède devant une assemblée, et l'évène-
ment ne le trompa point. »

M. Salgues cite encore les faits suivants accomplis dans
l'antiquité et rapportés par des auteurs de l'époque. « Dans
Dion Cassius *in Adrian XXIV* ; on voit que Adrien fut guéri
de son hydropisie par charmes et enchantements.

« Hérodote, en parlant de la bataille de Thymbrée où Cy-
rus, vainquit le roi Crésus, dit qu'au plus fort de l'action, ce
roi eût été tué d'un coup de hache par un soldat Perse, sans
un fils, enfant sourd-muet, qui l'accompagnait. Cet enfant,
voyant son père en danger, lui sauva la vie en criant avec
force au milieu de la mêlée : Arrête, soldat, ne porte pas la
main sur le roi Crésus. » On le voit par ces faits, le magnétisme, la puissance de la foi, l'intervention directe de la
puissance divine, se sont toujours révélés aux hommes, mais
les hommes aveuglés par l'orgueil, par la soi-disant raison,
par l'ignorance ou par l'intrigue, n'ont jamais voulu voir dans
ces faits que l'œuvre du charlatanisme, de la fripponnerie et
de l'imposture.

La vérité toujours chemine ; jamais elle ne s'arrête ; son but est de faire franchir à l'humanité la trop longue phase de l'obs-curantisme social ; elle doit nous mettre un jour en possession des secrets de la nature, elle doit, en élevant notre âme au degré d'intelligence qu'elle doit atteindre, lui révéler le mystère de son existence terrestre tant matérielle que spirituelle.

Ce ne sera que par la connaissance de la vérité absolue que nous pourrons nous identifier entièrement avec Dieu.

MANLIUS SALLES.

CORRESPONDANCE PARTICULIÈRE.

—

J'ai reçu successivement de M. Boche, secrétaire de la société du Mesmérisme de Paris, les deux lettres qui suivent. Je serai toujours heureux de pouvoir prêter la publicité de ma modeste feuille à ce zélé disciple de Mesmer. Je ne commente point les susdites lettres, parce qu'elles traitent des questions que je crois avoir suffisamment traitées, et qui me paraissent trop personnelles pour y revenir encore.

— Je publie aussi dans cette livraison une lettre très intéressante de M. Quinemant de Sétif (Algérie).

—

A Monsieur MANLIUS SALLES, *Directeur de la* Revue Contemporaine, *etc.*

Monsieur et cher Collègue,

Plusieurs fois déjà, vous avez eu la gracieuseté de m'envoyer votre journal, et j'ai eu la négligence de ne pas vous en remercier. Je veux réparer aujourd'hui cette faute, et je vous prie d'agréer mes excuses en même temps que mes remerciements.

Votre onzième livraison contient l'extrait d'une lettre de M. A. S. Morin, ancien vice-président de la société du Mesmérisme, ayant pour objet principal, une question qui a failli soulever une tempête au sein de la société, ce qui serait arrivé si notre président n'avait prononcé le fameux *quos ego...*

Une autre feuille imprimée à l'étranger a jeté le cri d'alarme lorsqu'a paru la brochure de l'auteur : du *Magnétisme et des Sciences occultes*, répondant à des insinuations, peu bienveillantes à son égard, par un simple exposé des faits qui, à défaut d'autre mérite, avait le mérite incontestable d'etre vrai. Je lui rends cette justice, et ne veux pas ici examiner si l'auteur a eu tort ou raison dans tout ce qu'il lui a plu d'écrire en dehors des faits. Je maintiens leur exactitude et en agissant ainsi, je remplis un devoir de conscience.

Si j'interviens ici, sans y être sollicité, ce n'est pas à titre de secrétaire de la société du Mesmérisme, mais à titre de lecteur de votre journal et surtout parce que je sais pertinemment comment les choses se sont passées. Eh bien! je le déclare encore une fois, la brochure de M. Morin est irréprochable dans le fond, parce qu'elle ne renferme pas un mot qui soit contraire à la vérité. J'ai dit que je ne voulais pas en discuter la forme et j'y persiste.

Je vais à présent, si vous me le permettez, vous dire mon opinion personnelle sur M. Lafontaine, seulement en ce qui se rattache, bien entendu, au différend qui le sépare de M. Morin.

Il s'est abusé sur les effets de sa puissance magnétique, et il a eu cela de commun avec tous les magnétistes passés, présents et probablement futurs. N'ayant pas l'honneur de le connaître personnellement, je ne puis le juger que par ses ouvrages, et jusqu'à preuve du contraire, je croirai qu'il s'est trop avancé dans un certain nombre de cas de guérison ou de phénomènes cités par lui.

Les plus simples effets magnétiques sont déjà bien assez merveilleux, assez incroyables pour ceux qui ne les ont pas vus ou produits eux-mêmes, sans qu'il soit besoin d'annoncer des faits auprès desquels les miracles de Notre Seigneur Jésus-Christ et de ses apôtres pâliraient presque. Et puis, voyez le grave inconvénient de citer dans un livre, M. C***, à Limoges, ou Mme X**, à Marseille, comme ayant été radicalement guéris de maux réputés incurables! Quel contrôle peut-on exercer sur des indications pareilles? — Que si parmi tous ces innommés, on rencontre un nom à-peu-près désigné complète-ment, on aille à l'information et on recueille des déclarations absolument négatives , que pensera-t-on de toute la litanie hyérogliphique ?

Voilà pourtant ce qui est arrivé à M. Lafontaine avec M. Morin, assisté de personnes parfaitement désintéressées dans le débat , et ce n'est pas en se fâchant qu'on prouve qu'on a raison : parler fort et parler juste ne sont pas une seule et même chose. En magnétisme tout particulièrement, ce qu'il faut non pas annoncer, mais produire, ce sont des faits, des faits pro-bants , irrécusables , ayant le moins d'apparence de parenté possible avec les tours charmants des Philippe et des Robert-Houdin.

L'éxagération fait autant et plus peut-être de mal à une cause que la négation pure et simple. Tachons d'abord de ne pas nous faire illusion à nous-même , c'est déjà assez-difficile , l'enthousiasme nous emporte, et nous attribuons souvent les effets à des causes tout autres que les véritables. Nous nous trompons de bonne foi , et nous abusons les autres sans que notre conscience en puisse être chargée le moins du monde. Oui , cela se passe presque toujours ainsi ; puis sur la route se rencontre parfois un ami moins commode ou plus clairvoyant, qui peut bien ne pas apercevoir la poutre qui est dans son œil , mais à qui n'échappe pas le fétu qui est dans l'œil d'un autre; il le lui signale, le signale à d'autres, et on ne lui sait pas le moindre gré de sa clairvoyance ; loin de là, c'est un ennemi, il n'y a pas à traiter avec un être semblable, anathême sur lui !

Mais je m'aperçois que je m'écarte un peu de mon point de départ, en apparence du moins.

J'ai dit que M. Lafontaine avait avancé des faits qu , à ma connaissance personnelle, ont été niés formellement par ceux qui n'avaient aucun intérêt à les nier ou qui selon moi , n'en devaient avoir aucun. Que je serais heureux de reconnaître que ces personnes n'ont fait en cela qu'obéir à ce mauvais senti-ment que vous signalez dans votre second article , lequel porte un nombre considérable de gens, à nier, soit par oubli ou mauvaise foi, non-seulement qu'ils ont éprouvé des effets du magnétisme, mais même qu'ils aient été magnétisés quand ils l'ont été plusieurs fois ! Avec quel intérêt bienveillant, j'assisterais à une de ces expériences que M. Lafontaine s'est engagé à faire par l'organe d'un de ses amis, qui déclare en avoir été l'heureux témoin, expériences indiquées à la page 23 de la brochure de M. Morin ! Si j'avais la bonne fortune de les voir réussir, oh ! alors, je m'en voudrais d'avoir douté de la puissance du magnétisme au delà d'une certaine limite, et j'en demanderais humblement pardon sans qu'il en coûte à mon amour-propre.

Recevez, mon cher Monsieur, l'assurance de ma parfaite considération.

A. BAUCHE.

P. S. Veuillez faire de cette lettre tel usage qu'il vous plaira.

Paris, 6 août 1860.

—

A Monsieur Manlius Salles, Directeur de la Revue Contemporaine, etc.

Monsieur et cher Collègue,

Je prends la liberté de vous transmettre le résumé des observations que m'a suggérées la lecture de l'ouvrage de M. Morin : Du Magnétisme et des Sciences occultes.

Une analyse complète de cet ouvrage serait une tâche au dessus de mes forces et je me garderai bien de l'entreprendre. J'ai lu attentivement le livre ; j'y ai trouvé d'excellentes choses, de très-sages critiques, des observations pleines de justesse, mais aussi des appréciations qui ne m'ont point convaincu et qu'il sera, je crois, facile de réfuter. Bonnes ou mauvaises justes ou fausses, les assertions de l'auteur sont toujours habilement exposées et assaisonnées de ce sel attique qui lui est familier et qui pourra, sans doute, contribuer au succès de son livre dans l'esprit d'un grand nombre de lecteurs.

En ma qualité de fluidiste, j'ai dû lire avec l'attention la plus soutenue, les articles qui traitent des diverses théories du magnétisme, et j'ai vu de suite que M. Morin, que je savais opposé à la *doctrine du fluide*, était loin de paraître disposé à s'y rattacher. Je n'avais pas désespéré du contraire, n'ignorant pas que notre honorable collègue n'appartient pas, comme chacun sait, à cette classe d'être dont le poète a dit : « L'homme absurde est celui qui ne change jamais. » Je l'espérais, dis-je, parce que j'aurais été heureux de voir un champion de plus pour défendre cette hypothèse que j'ai soutenue de mon mieux; mais enfin il n'y faut plus penser.... quant à présent.

M. Morin rejette donc absolument la doctrine d'un fluide ou agent physique transmissible et communicable; il fait plus, il cherche à prouver l'inutilité de cette hypothèse pour expliquer les effets magnétiques. Tous, depuis les plus simples jusqu'aux plus transcendants, ne sont autre chose que le résultat d'un travail de *l'imagination*, et la science ou l'art magnétique se borne à la *fascination*. Suivant lui, tout est là, inutile de chercher ailleurs.

M. Morin a longuement développé cette proposition, et son argumentation ne laisse pas que d'être spacieuse, mais je sais des magnétistes capables de la réfuter, s'ils voulaient en prendre la peine.

Loin de moi la pensée de nier ou de chercher à amoindrir la puissance de l'imagination; c'est la folle du logis, c'est une maîtresse à laquelle petits et grands sont soumis; elle transforme, elle embellit, elle transfigure tout, je le reconnais; mais n'est-ce pas lui faire une part trop large que de lui attribuer *exclusivement* tout le mérite des prodigieuses modifications que le magnétisme produit chez les êtres qui se soumettent à son action ?

Encore une fois, les idées de M. Morin sont très-spirituellement énoncées : qui n'aura pas expérimenté et observé par lui-même pourra, après avoir lu son livre, se croire suffisamment édifié sur la cause qui détermine les effets surprenants du magnétisme. Je regrette que l'auteur ait négligé un point important, ou plutôt qu'il ait glissé trop-légèrement sur un phénomène qu'il ne conteste pas et qui méritait d'être traité plus *in extenso*; je veux parler de *l'isolement et du rapport magné-tiques*, ces deux contraires.

Je suppose un instant avec lui que les effets magnétiques sont uniquement dus à l'imagination, quant à leur cause détermi-nante; mais, l'effet produit, que devient la cause? Ainsi, par exemple, dans le coma que M. Morin décrit dans les termes les plus justes. « Suspension complète des fonctions de relation; immobilité parfaite; si l'on soulève un membre, il retombe comme un corps inerte; le sujet ne voit ni n'entend et est tout à fait insensible: les bruits les plus violents ne font aucune impression sur lui et ne peuvent le réveiller; on a beau le pin-cer, le piquer, le frapper, rien ne réveille sa sensibilité. »

Je ne sais si, dans un tel état qui peut être maintenu long-temps, l'imagination du sujet est apte à percevoir des impres-ssions: j'ai lieu de la croire terriblement assoupie; j'y vois un état physique tout particulier, déterminé, selon moi, par un agent modificateur tout physique, et je ne sais si on peut lui trouver une explication bien-satisfaisante et surtout convain-cante, en lui attribuant une cause purement psychique; je me permets d'en douter.

Que si l'on m'oppose l'hypnotisme où aucun fluide magné-tique n'intervient et qui produit un effet analogue, je répondrai: qu'en savez-vous? Et en tous cas, qu'y gagnerait la doctrine imaginationiste?

Quoiqu'il en soit, dans le coma, précurseur du som-nambulisme, *l'isolement* existe, M. Morin le reconnaît; il admet également l'existence du somnambulisme lucide ou non. Je le prends dans son état le plus vulgaire, c'est-à-dire sans accompagnement de la lucidité. Dans cet état, M. Morin ne le conteste pas, le sujet n'entend et ne communique avec personne autre que son magnétiseur, et cela tant que le *rapport magnétique* n'a pas été établi avec une autre personne par le contact ou au moyen d'un conducteur quelconque. Cette dernière manière de créer le rapport n'est pas indiquée dans le livre, mais l'auteur ne l'ignore certainement pas, et tous les magnétistes ont pu l'employer et la constater.

Je le demande à M. Morin, quel est ici le rôle de l'imagination ? Pourquoi et comment l'isolement dans lequel l'imagination ne devait entrer pour rien, ce me semble, cesse-t-il par un contact médiat ou immédiat ?

Il y a autre chose, j'en suis convaincu, il y a un agent, une cause physique produisant un effet physique. Le contraire ne m'est nullement démontré, et quoiqu'il ne suffise pas d'une preuve contraire pour convaincre de la fausseté d'une proposition, je maintiens ma croyance à un agent physique qui me semble rationnel de préférence à celle de mon habile adversaire.

En résumé, mon opinion est que le livre de M. Morin est plutôt l'œuvre d'un savant théoricien qui veut, avec une bonne foi à laquelle je rends hommage, passer au creuset de la raison les phénomènes que notre raison est impuissante à analyser, que l'œuvre d'un praticien qui cherche seulement à se garder prudemment, lui et ses lecteurs, des dangers d'un enthousiasme exagéré.

La lecture de cet ouvrage aura, chez ceux qui commencent à étudier le magnétisme, le grave inconvénient de détruire en eux la foi, cette force qui remue les montagnes et sans laquelle il est difficile de faire rien de grand pour y substituer le doute qui tue ou ne produit rien.

Ceux qui le liront, y trouveront un certain charme, et c'est là le danger, parce que l'ironie fine a presque toujours du succès, et que l'auteur l'a semée à chaque page de son livre; mais c'est avec non moins de charme aussi qu'on lira ou plutôt qu'on relira, après l'ouvrage de M. Morin, les pages écrites par le vénérable Deleuze, une des gloires du Mesmérisme. Je me promets ce baume consolateur et le conseille à mes camarades en magnétisme.

Recevez, Monsieur et cher Collègue, l'assurance de ma considération distinguée.

A. BAUCHE.

Paris, le 12 août 1860.

A Monsieur Manlius Salles, *Directenr de la* Revue
Contemporaine, *etc.*

Mon cher Monsieur,

Pour vous tenir parole et apporter ma pierre à l'édifice,
je viens vous faire part de deux résultats magnétiques obtenus
par moi ces jours derniers.

La femme Louiset, abandonnée de son mari avec cinq enfants,
était atteinte, depuis près de deux ans, d'une opthalmie qui
était devenue chronique après avoir été traitée par plusieurs
médecins. Ces temps derniers, elle était entrée à l'hôpital militaire, où tout ce que peut faire la médecine a été largement
employé : vescicatoires, sangsues, nitrate d'argent, etc., lui a
été appliqué, et malgré tout cela elle allait de mal en pire.

Enfin, ayant besoin de sortir pour ses enfants en bas-âge,
elle demanda à sortir de l'hôpital, ce qui lui fut accordé.

Mais quelque temps après elle demanda à y rentrer de nouveau ; mais le sous-intendant militaire s'y étant opposé et ne
sachant plus à quel saint se vouer, elle vint me prier de la
magnétiser ; et je ne vous le cache pas, cher Monsieur, à la
vue de ses yeux, je ne voulus pas entreprendre ce traitement,
croyant ses yeux trop malades.

Je les trouvai comme deux boules de sang, la pupile ayant
l'aspect de porcelaine opaque, était couverte chacune de taches
énormes ; elle marchait en tatonnant comme une aveugle.

Je fus sollicité de nouveau, de magnétiser cette femme, par
un de mes amis, et me décidai enfin à essayer l'effet du magnétisme, tout en prévenant cette femme que je pensais la soulager seulement.

Je la magnétisai donc tous les jours pendant 15 jours, par de
grandes passes, je lui magnétisai aussi un mouchoir qui lui
servait de bandeau et de l'eau magnétisée pour imbiber des
compresses quelle s'appliquait sur les yeux tous les soirs en se
couchant, et avec laquelle elle se baignait fréquemment les
yeux pendant la journée.

Au bout de trois jours, cette femme était déjà mieux, marchait librement, et aujourd'hui elle a les yeux tout à fait débarrassés d'inflammation, ne rendent plus, et les taches disparaissent de plus en plus tous les jours, et j'ai tout lieu de croire que d'ici à dix jours, elles seront complètement disparues.

Ce que j'ai en outre constaté, c'est qu'elle était excessivement échauffée; que depuis le commencement de sa maladie, elle n'allait à la selle qu'à l'aide de lavements presque toujours infructueux et de purgatifs, et que dès la première magnétisation, elle est allée à la selle très-librement, et que cet état s'est maintenu.

Ensuite que la transpiration de ses pieds s'était aussi arrêtée depuis longtemps; quelle y éprouvait toujours du froid, même à cette saison, et que depuis que je l'avais magnétisée, non-seulement j'avais ramené la chaleur aux pieds, mais même la transpiration.

Ces deux observations m'ont amené à me demander si tous les maux d'yeux avaient leur cause dans la tête. Comme je n'ai aucune notion de médecine, je vous laisse d'apprécier mes observations et de les faire apprécier par vos lecteurs, laissant à de plus capables que moi, de résoudre cette question.

Avant hier, 10 courant, je fus supplié par le Sieur Gaguerdot, tailleur à Sétif, rue de Constantine, d'aller magnétiser son enfant, malade depuis un mois.

J'y allai et trouvai un enfant de cinq mois sur sa mère éplorée, qui me dit que depuis un mois cet enfant dépérissait tous les jours; qu'elle voyait bien qu'elle le perdrait; qu'ayant entendu parler de moi, elle me priait de le magnétiser, que je le sauverais, etc.

La tendresse de cette pauvre mère me toucha jusqu'au cœur, je me mis à magnétiser après lui avoir demandé ce qu'il avait.

Elle me déclara qu'il avait été soigné depuis un mois, par un médecin qui lui avait fait administrer des lavements et de la tisane d'orge perlée; que sa maladie était dans l'intérieur, sans qu'elle put dire ou en était le siége; qu'il ne pouvait aller à la selle sans lavements jusqu'à 4 et 5 par jour, qu'il vomissait le lait qu'il tétait.

Je le magnétisai donc le 10 courant à 5 heures du soir, malgré ses cris et ses mouvements continuels, et crus m'apercevoir, après dix minutes de magnétisation, qu'il était déjà beaucoup plus calme; je lui magnétisai de la tisane d'orge perlée, et prescrivis à la mère de lui en faire boire pendant la nuit.

Le lendemain matin, la mère me dit que l'enfant avait été très-calme, qu'elle l'avait placé dans son berceau où il était resté très-sage, ce qui ne lui était pas arrivé depuis qu'il était malade, et qu'il avait donné une selle naturelle et abondante; je le magnétisai de nouveau pour la deuxième fois, et lui entourai le corps d'un morceau de ouate magnétisée et lui magnétisai de nouveau de la tisane pour la journée, qu'il passa si bonne que je ne crus pas devoir le magnétiser ce jour-là.

J'y suis retourné ce matin, et sa mère, qui pleurait de joie, me dit que son fils était sauvé, qu'il allait librement du corps, qu'il dormait bien et ne criait plus.

Je le magnétisai de nouveau pour la troisième fois, et je pense qu'il est complètement guéri.

Recevez, cher Monsieur, les sincères salutations de votre tout dévoué.

E. QUINEMANT.

Sétif, le 12 août 1860.

— Au moment de mettre sous presse je reçois, mais trop tard pour l'insérer dans ce numéro, une lettre de M. Courtois, de Sétif, dont M. Quinemant parle dans chacune de ses lettres. Ma prochaine livraison renfermera la lettre en question, je ne saurais trop encourager M. Courtois et ses coexpérimentateurs à poursuivre le cours de leurs études, mais plus encore à se défier de leur propre zèle; car il leur arrivera mainte fois de se trouver en face d'illusions,

M. S.

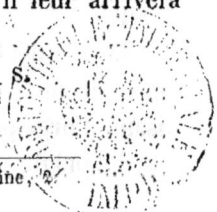

Nîmes, Imp. D. ROGER, boul. Saint-Antoine, 2.

1er Volume. PRIX : 50 CENT. LA LIVRAISON. 13e Livraison.

| FRANCE 52 LIVRAISONS par la poste 12 fr. | REVUE CONTEMPORAINE | ÉTRANGER 52 LIVRAISONS par la poste 14 fr. |

DES

SCIENCES OCCULTES & NATURELLES

CONSACRÉE

à l'étude et à la propagation de la doctrine magnétiste appliquée à la thérapeutique
à la démonstration de l'immortalité de l'âme et au développement de nos
facultés naturelles, à la réfutation de certaines croyances et de
certains préjugés populaires, à la consécration du principe de
la solidarité universelle, etc.

Psychologie et physiologie de la vie universelle

publiée avec l'approbation ou le concours

de plusieurs docteurs en médecine, avocats, théologiens, littérateurs, magnétiseurs,
médiums, et de simples magnétistes, etc.

PAR MANLIUS SALLES

*Membre correspondant de la Société du Mesmérisme de Paris et de la Société
Philanthropico-Magnétique de la même ville.*

Cartomancie. — Nécromancie. — Chiromancie — et autres sciences mystérieuses
dévoilées par la pratique du magnétisme.

EXPÉRIMENTEZ, ET VOUS CROIREZ.

BUREAUX : A NIMES, chez le Directeur, librairie Manlius Salles, boulev. de la Madeleine
A PARIS, au comptoir de la librairie de Province, rue Jacob, 50, et chez
J.-B. Baillière, rue Hautefeuille, et E. Dentu, Palais-Royal.
A VALENCE (Drôme), cours du Cagnard, 1, maison Monnier.

Sommaire. — Petite Causerie intime. — Lettre de M. Bernard, de
Paris. — Mémoire sur la Catalepsie, la Paralysie et la Léthargie, par
M. Jobard. — Correspondance africaine : Lettre et expérience de
MM. Courtois père et fils, de Sétif. — Avis aux Médiums, par M. Jobard,
de Bruxelles.

PETITE CAUSERIE INTIME.

Mes chers lecteurs,

Il y a longtemps, mes chers lecteurs, que je n'ai eu le plaisir de m'entretenir avec vous ; ce n'est certainement pas oubli
ni indifférence de ma part, ni même intention de cesser mes
relations amicales, comme mon très-honorable correspondant
de Paris, M. Bernard de *l'Union magnétique*, semble le faire
pressentir dans la lettre qu'il a daigné m'écrire le 7 ou le 8 du
courant, et que je reproduis ci-après. — Dans ma prochaine
livraison je publierai l'article qui accompagnait la lettre en
question.

Non, jamais la négligence ni l'oubli ne seront dans mes habitudes. Quel est celui qui, livré à lui-même, obligé de vaincre de nombreux obstacles s'opposant à l'exécution de ses idées, quel est celui, dis-je, qui, dans cette situation, pourra marcher plus hardiment que ce que je le fais?

Je vis dans un milieu, ignorant ou feignant d'ignorer les grandes, sublimes et éternelles vérités qui surgissent de la pratique du magnétisme, ou tout au moins, qui sont dévoilées par elle.

Mon entourage, que dis-je! la société dans le sein de laquelle je vis, est d'autant plus moqueuse, sarcastique et quelquefois même despotique, qu'elle est ignorante et endurcie par le matérialisme qui domine en ce moment dans la société tout entière.

Il y a quelques jours, j'eus le plaisir et l'honneur de serrer la main à l'un de nos frères d'Algérie, M. C. Dumas, de Sétif, de qui j'ai recueilli d'excellents et précis renseignements sur le progrès que fait la doctrine magnétique dans notre colonie africaine. Dans ma prochaine livraison, je citerai certaines expériences que cet ami m'a dit avoir faites avec beaucnup de succès.

Dans cette livraison, je cède toutes mes colonnes à mes correspondants. Je leur fais cette courtoisie avec beaucoup de plaisir, quoiqu'elle me prive de m'entretenir longuement avec mes lecteurs, comme j'avais l'habitude de faire.

Je termine donc ma causerie en vous disant au revoir et à bientôt.

MANLIUS SALLES.

Nimes, le 15 octobre 1860.

LETTRE DE M. BERNARD.

Mon cher et honoré collègue.

Je ne comprends rien à votre *Revue des Sciences occultes*. M. Millet la reçoit quelquefois, de six semaines en six semaines un numéro, dans un temps plus reculé, vous m'avez fait l'honneur de m'envoyer quelques numéros, je suppose que vous n'avez pas fait toucher l'abonnement parceque vous avez supprimé la publication ou à peu près. J'aimerais pourtant à être abonné, à la condition expresse de recevoir le journal régulièrement (1)

(1) Je m'engage toujours envers mes souscripteurs à leur fournir les 52 livraisons que je leur promets par l'entête de ma revue. Mon intention étant de continuer ma publication et de me livrer de plus en plus à l'étude et à la pratique du magnétisme.

note de MANLIUS SALLES.

il me paraît très intéressant, au reste vous connaissez depuis longtemps ma façon de penser à ce sujet.

Je vous envoie ce petit article (1) il n'a été publié dans aucun journal, s'il peut vous servir, ou s'il vous est agréable de le publier dans vos journaux, veuillez je vous prie m'en adresser un numéro, ou me prévenir à l'avance j'y ferai une suite.

Il m'est avis que l'on doit consciencieusement s'occuper du magnétisme; cette science dérisoire pour tant de personnes, sera bientôt employée ouvertement pour soulager la plus grande partie de ceux qui souffrent.

Tant qu'au spiritualisme, je ne sais qu'en dire. Je viens de voir des expériences faites chez moi, par des personnes si haut placées, que leur rang dans la société, leur probité, leur savoir, me font mettre de côté toutes les suppositions que j'aurais pu faire s'il en avait été autrement. J'ai vu dis-je des phénomènes si extraordinaires que je ne veux plus dire, ni oui, ni non, je n'ose même pas penser à ce que j'en dirai s'il me fallait nettement me prononcer. J'attends votre estimable journal, l'organe de vos travaux continuels m'éclairera peut-être à ce sujet.

Recevez etc.   BERNARD.

P. S. A la suite d'un traitement magnétique dont vous verrez bientôt la clinique dans l'union magnétique, j'ai rencontré dans la personne qui en a été l'objet, une lucidité que je développe dans ce moment d'une manière extraordinaire ; cette personne pourra être d'un grand secours à notre cours, ce sera pour moi le proverbe — (tout vient à point à qui sait attendre) — qui se sera réalisé, car je n'aime le somnambulisme que parfait, et il y a longtemps que je cherchais ce que je viens de rencontrer.

———————————

Nous donnons ci-après le mémoire que notre ami et correspondant M. Jobard de Bruxelles adressa, il y a deux ou trois mois, à l'académie impériale de Paris et dont nous avions promis la communication à nos lecteurs dans notre onzième livraison.

MANLIUS-SALLES.

Catalepsie, Paralysie, Léthargie.

La catalepsie est, comme l'état sphéroïdal des corps, un état physiologique particulier, connu de tout le monde, mais qui n'a pas été suffisamment étudié. Nous croyons devoir ouvrir la voie à ceux qui voudront pénétrer dans cette ré-

(1) Je publierai l'article en question dans mon journal le *Glaneur du Gard* dans le courant du mois, et ensuite comme je l'ai déjà dit dans ma *Revue*.   M. S.

gion inexplorée, mais remplie de merveilles qu'on est loin
de soupçonner aujourd'hui. Il s'agit de démontrer , à l'aide
de faits connus , l'importance de ceux qui restent à connaître.

On sait que la catalepsie est un état comateux, une sorte de
paralysie générale, que l'on a souvent prise pour la mort réelle,
quand elle se prolonge un temps suffisant pour obtenir le
permis légal d'inhumation : de là, plus d'une personne enterrée
vive et forcée d'assister mentalement et sciemment à ses fu-
nérailles , sans pouvoir faire le moindre mouvement , ni
donner le moindre signe extérieur, par suite de la paralysie
des nerfs de la volonté. Aussi a-t-on bien fait de déclarer
que la décomposition était le seul symptôme de mort qu'il
soit prudent de regarder comme infaillible ; mais tant que ce
prodrôme n'apparaît point d'une manière évidente, il devrait
être interdit de procéder à l'inhumation, et, de plus , on ne
devrait pas cesser de donner des soins au prétendu cadavre,
tant que la rigidité n'est point complète, et le fût-elle , ce
n'est point une raison de l'abandonner ; car la catalepsie
naturelle ou artificielle présente parfois ce double phénomène
de la mollesse ou de la rigidité cadavérique.

Il faut surtout redoubler de soins, après que le temps moral, où la putréfaction commence ordinairement, est écoulé,
car c'est une preuve certaine que l'on a à faire à une léthargie ; et dans le cas où l'on soupçonnerait avoir enterré un
cataleptique, même après un temps assez long, tout espoir
ne serait pas perdu, si le cercueil est assez bien clos pour
que la vermine n'ait pu s'y introduire et s'y développer. Le
prétendu mort pourrait être exhumé et revenir à la vie, au
contact de l'air, de la lumière et du passage magnétique.
Ce ne serait rien autre chose que ce qui se passe dans l'Inde,
sur des individus qui font métier de se faire enterrer vifs,
pendant des semaines et des mois , pour servir de motif aux
paris, quelquefois considérables, qui s'engagent entre les of-
ficiers anglais nouveau-venus , et les anciens, parias qui ont
toujours été gagnés par les résurrectionistes. Beaucoup de
voyageurs rapportent avoir vu de leurs yeux cette opération
qu'ils décrivent ainsi :

On fait venir un de ces hommes de la classe des parias ou
des chameliers habitués à ce métier, qui, pour une somme
minime, sont prêts à se laisser enfouir pour un temps voulu,
pourvu qu'on leur donne deux jours pour se préparer, et que
l'on s'engage à laisser faire à leurs camarades les préparatifs
de l'enterrement et de la résurrection, qui consistent à les
coudre très-exactement dans un linceuil (le plus imperméable
est le meilleur), et qu'on les place dans un double cercueil,
le dernier en plomb, bien soudé, si la durée de la catalepsie
doit être longue. On croit qu'ils jeûnent et se purgent, car

ils arrivent pâles et affaiblis, se font boucher toutes les ouvertures du corps avec de la cire molle, toujours dans le but de se préserver des miriapodes et autres insectes, et se livrent aux hommes habitués à ces pratiques. Le cercueil, correctement clos, est descendu dans la tombe et recouvert de terre, sur laquelle on sème ordinairement de l'avoine, et près duquel les parieurs incrédules placent des sentinelles pour plus de sûreté.

Le temps de l'exhumation arrivé, les curieux accourent en foule pour être témoins de la résurrection du Lazare; on le débarrasse de la cire, on lui desserre les dents, on lui introduit quelques gouttes de rhum dans la bouche, on lui souffle sur les yeux et dans les narines, comme dans le réveil hypnotique; il respire alors, se lève, reçoit son salaire et va se faire enterrer ailleurs.

Plusieurs témoins oculaires nous ont donné ces détails dont, d'ailleurs, les ouvrages anglais dans l'Inde sont remplis.

Une seule chose a droit de nous surprendre, c'est que la Société royale de Londres et les académies de médecine n'aient pas encore songé à faire venir quelques-uns de ces indiens pour leur faire répéter cette importante expérience en leur présence; nous disons importante, non pas comme simple curiosité physiologique, mais comme utilité publique.

Ce phénomène est aussi ancien que la création dans l'Inde et chez quelques tribus du centre Afrique où il est resté comme tradition, du réveil des germes humains tirés du limon. Nous n'en dirons pas plus sur ce fait anti-historique que l'esprit du siècle n'en pourrait porter à présent. Nous nous bornerons à ce qu'il peut avoir d'immédiatement utile à l'humanité, dans le cas d'asphyxie par submersion et par congélation, deux états qui peuvent être jusqu'à certain point comparés à la catalepsie, quand rien n'est brisé dans l'organisme, et que, sauf la respiration et la circulation, les organes sont restés intacts; ce que l'on peut comparer, sous le rapport mécanique, à une montre arrêtée par le froid ou l'épaississement des huiles, qu'il suffit de liquéfier pour la faire marcher.

Nous avons déjà un certain nombre de cas où des noyés ont été rappelés à la vie, après une et deux heures d'immersion; le premier s'est passé à Malines sur l'enfant de M. *Godonne*, et le second chez le docteur Servais de Bruxelles; mais il est certain pour nous et pour ceux qui comprendront le phénomène de la catalepsie, comme il doit l'être, qu'il est peu de noyés qu'on ne puisse ramener à la vie même après deux jours d'immersion, en s'y prenant comme il nous a été enseigné de le faire; car la première suffocation passée, sans bris d'organes, le temps ne fait plus rien à l'affaire, tant que les causes extérieures de destruction sont évitées, comme dans la catalepsie volontaire des Indiens.

On voit d'abord que le noyé ne peut passer plus de deux fois vingt-quatre heures sous l'eau, surtout quand il remonte à la surface, tandis que l'individu cataleptisé par une congellation non interrompue, peut y rester jusqu'au dégel, c'est-à-dire jusqu'à ce que l'air et la chaleur, ces deux agents de la fermentation putride, aient exercé leur action désagrégeante sur les chairs.

On se rappelle l'éléphant trouvé dans les glaces de la Léna, dont les chairs étaient assez fraîches pour que l'académie de Saint-Pétersbourg se soit donné le divertissement de faire un repas de ce gibier anté-diluvien, qui n'était pas mauvais, nous a dit le comte Plater qui faisait partie des convives.

Passons aux preuves que nous possédons déjà, et aux épreuves qui ne tarderont pas d'avoir lieu, pour étudier sur les animaux cette intéressante théorie, si longtemps repoussée, en ce qui concerne les crapauds incrustés dans des pierres, dont M. Séguin s'est chargé de démontrer la réalité, en communiquant à ses collègues des expériences de 8 à 9 ans, sur une douzaine de crapauds emplâtrés, dont un seul fut trouvé mort, précisément parce qu'il avait éprouvé le contact de l'air. Ajoutons que le savant Duméril, si incrédule au sujet des pluies de batraciens, a cité un exemple personnel de dix années, à l'appui des expériences de M. Séguin qui vient de renouveler ses assertions et ses preuves, dans la dernière séance de l'institut.

Voilà donc un fait acquis pour les académiciens ; mais il y a longtemps qu'il l'est pour les carriers qui ne s'étonnent plus de trouver des lézards, des larves et des vers vivants, au centre des blocs qu'ils débitent ou font éclater. L'ingénieur Chèvremont a remonté, du fond d'une houillière du Hainaut, une géode dans laquelle se trouvait une sorte de lézard encore en vie.

On se tromperait en opérant sur des poissons ou autres animaux à sang froid; nous dirons un jour pourquoi; on ne nous comprendrait pas aujourd'hui. On se tromperait également en opérant sur des chiens, des chats et autres animaux domestiques, sur lesquels on a coutume d'expérimenter *in animâ vili*, précisément parce que ces animaux sont les plus avancés dans l'échelle intellectuelle, par leur contact avec l'homme.

On doit au contraire opérer sur les plus arriérés, les tortues, les lézards, les rats, les loirs, les serpents, les marmottes, les oiseaux de proie, les chats-huants, les vautours, etc.; quant aux mouches, on connaît les expériences de Franklin sur leur résurrection après 12 ans d'immersion dans une

bouteille de vieux madère ; quant aux insectes et aux infusoires microscopiques, les expériences de MM. *Pouchet* et
Doyère ont fait assez de bruit pour qu'il soit avéré qu'ils ont
raison tous les deux ; car il y a la même différence entre les
infusoires qu'entre les animaux susceptibles de recevoir la cataleptisation ; un serin, un chardonneret, un pinçon, un
oiseau-mouche succomberont, quand le hibou, l'hirondelle, le
martinet, résisteront.

L'asphyxie, par les gaz sulfureux surtout, est trop instantanée pour permettre la réviviscence ; inutile donc de l'essayer.

Mais les crocodiles, les caïmans, les boas et presque tous
les carnassiers de bas étage peuvent être parfaitement emplâtrés
et amenés à peu de frais dans nos jardins zoologiques. L'a-
nestésie préalable par le chloroforme, n'est qu'une précaution
humanitaire, qu'on peut employer, mais dont on peut aussi
se passer.

Il ne suffirait pas cependant d'enfermer hermétiquement un
animal et de le laisser périr lentement dans l'air confiné, par
l'épuisement de l'oxigène, car il en resterait assez pour entretenir la vie des parasites et des ascarides qui ne tarderaient
pas à porter la destruction dans le corps de l'animal étouffé
et non cataleptisé ; mais il suffirait de faire le vide autour de
lui et de placer la boîte dans un lieu frais, pour être sûr du
succès. La chimie et la physique possèdent d'ailleurs assez de
moyens pour préserver les corps des atteintes de l'air, de la
lumière et de la chaleur.

On nous demandera peut-être où nous voulons en venir par
cette étude poussée jusque dans ses derniers termes, jusqu'à l'homme enfin. Nous répondrons qu'il ne s'agit de rien
moins que de l'*abolition de la peine de mort*, qui serait rem-
placée dans nos codes par celle de la cataleptisation, ce qui
permettrait toujours de réparer des erreurs de la justice, de
l'espèce de celle des Calas, des Lesurque et de tant d'autres,
dont l'innocence a été reconnue plus tard. On ne se refuserait
plus à la révision de certains procès, sous le prétexte que le
mal est sans remède et que la justice doit être sensée infaillible comme l'Eglise. Ces fictions ne sont plus admissibles
par le temps qui court, sous peine des plus fâcheux désil-
lusionnements.

A l'appui de notre thèse nous citerons les nombreux procès-
verbaux dressés dans les Cévennes, au moyen-âge, contre les
prétendus vampires que l'on a souvent et officiellement ex-
humés après plusieurs années, pour les tuer, en les clouant
au sol à l'aide d'un pieux enfoncé dans la poitrine. Il a été
constaté que ces malheureux cataleptisés ne présentaient aucune trace de putréfaction, et portaient parfois tous les signes

d'une santé florissante qu'on les accusait d'entretenir aux dépens de quelques hallucinés en proie à une *émaciation* qui cessait, dit-on, du jour où leur vampire ne pouvait plus sortir du tombeau pour leur sucer le sang.

Il ne sera pas difficile de retrouver des traces officielles de pareils faits, en Suisse, dans les Cevennes et dans les pays où les tombeaux, creusés dans un sol sec et élevé, sont à l'abri de l'eau et des germes de destruction qu'elle charrie ou qui s'y développent. Cependant ces cas sont plus rares chez la race blanche que chez la race noire et en général chez les individus à intelligence peu développée, ce que nous expliquerons plus tard dans de plus grands détails, d'après l'accueil qui sera fait à la présente communication pour l'examen de laquelle nous demandons une commission de membres qui croient aux merveilles de l'hypnobatose ou catalepsie artificielle.

JOBARD.

Correspondance Africaine

(particulière)

Sétif, le 26 août 1860.

A *Monsieur* MANLIUS SALLES, *directeur de la* Revue contemporaine des sciences occultes et naturelles, *à Nimes.*

Monsieur,

Je viens vous demander la permission de vous communiquer les résultats de nos séances hebdomadaires. Vous savez déjà par M. Quinémant que mon fils s'endort sans le secours du magnétisme, qu'il lui suffit de sa volonté pour tomber dans un état de somnambulisme complet; qu'en cet état, il écrit en plusieurs langues, soit en latin, en allemand, en anglais, en arabe et en vieux teuton, ou enfin en quelque langue qu'il plaise à un homme sérieux de le questionner. Je dis un homme sérieux parce qu'il ne répond pas volontiers aux hommes légers et seulement curieux.

Je dois vous dire, Monsieur, que les faits nombreux, retenus en écrit par nous m'ont amené à être essentiellement spirite, mais je suis loin de repousser l'existence du magnétisme, puisque les esprits nous enseignent qu'il existe réellement, toutefois j'ai besoin de vous expliquer comment je considère le magnétisme quant aux effets qu'il produit :

Je suppose que le mal est un corps résistant, le fluide magnétique un levier, et la volonté la puissance coercitive qui imprime le mouvement au levier et par conséquent le choc qui repousse le corps résistant.

Je ne sais pas si je me fais bien comprendre et je vous avoue que si j'avais eu confiance en mon intelligence je vous aurais écrit depuis longtemps ; doutant de moi, je me suis abstenu jusqu'à aujourd'hui ; cependant, poursuivi par cette idée que le Christ, notre ami divin, n'a pas appelé auprès de lui les hommes les plus éclairés de son temps pour propager son Evangile, je me suis dit qu'une parole simple et naïve porterait la foi dans les âmes peut-être mieux que la parole la plus brillante et la plus savante.

D'un autre côté, je suis exhorté dans toutes les séances par saint Augustin et saint Denis de vous transmettre les communications qu'ils ont la bonté de nous accorder tous les vendredis.

Après cela dois-je m'abstenir? L'accueil que vous ferez à mes lettres, décidera de ma conduite à cet égard.

La lecture du journal de M. du Potet, numéro du 10 août courant, me démontre que nous aurons à vous transmettre des choses aussi sérieuses que celles qu'on lit dans cet estimable journal.

Je veux vous le prouver par le rapprochement d'un passage qui me tombe sous les yeux avec une communication obtenue par moi au moyen de mon fils médium.

PASSAGE DU JOURNAL DE M. DU POTET.

« L'homme vivant peut être comparé à une machine en
» mouvement; une locomotive, par exemple, est le corps
» inerte, le mouvement moléculaire qui transforme l'eau en
» vapeur par l'action du feu est la vie, et le conducteur qui la
» dirige en est l'âme, etc. »

Il y a cinq mois environ, M. Quinemant posait cette question à mon fils endormi :

« Que devient l'âme après la mort? »

Réponse : « L'âme est une partie de mécanique, un moteur
» principal qui conduit son train jusqu'au bout, et quand c'est
» fini, il va au réservoir commun et attend là comme esprit sa
» prochaine destination. »

Je pense que M. Warlomont qui écrit les lignes extraites du journal du Potet, sera satisfait en voyant la similitude de ses idées avec celles d'un jeune homme de 16 ans à l'état de somnambulisme.

Monsieur, depuis vingt ans, j'avais moi-même entrevu le réservoir commun dont nous parlent les esprits, mais cette idée apportait un grand trouble dans mon cœur.

S'il y a un réservoir commun, me disais-je, mon individualité disparaîtra; que deviendra le souvenir de mes illusions, de mes saintes amours, aimerai-je encore ma femme, mes enfants, mon père et ma mère, l'espérance de la vie future n'a plus de charmes pour moi, le néant ou le réservoir commun pour moi sont identiques.

Enfant, me dit l'esprit de saint Augustin, espère, ton Dieu n'est pas bon à demi, il t'aime plus que tu ne peux le croire, malgré le réservoir commun ton individualité demeurera éternellement; crois-tu que la molécule d'eau qui retourne à la mer, son centre commun, perd son individualité? Non, détrompe-toi, elle participe à la masse commune, mais elle subsiste toujours comme individu.

Voici un autre exemple qui tombera mieux sous l'appréciation de ta pauvre intelligence : tu invites dix mille personnes à un bal, elles se trouvent réunies dans un centre commun, ont-elles pour cela perdu leur individualité? Non, eh bien tu ne la perdras pas davantage.

Monsieur, cette explication a suffi pour rendre la paix à mon âme désolée, aujourd'hui je ne crains plus la mort, j'ai la certitude de conserver le souvenir de tous ceux que j'ai aimé sur cette terre et de les aimer davantage encore, comment voulez-vous qu'étant magnétiste, je ne sois point davantage spirite?

Je me fais un plaisir bien vrai de vous adresser l'original du préambule de la séance du 3 août 1860, écrit en entier de la main du médium en dormant, seulement il a écrit la même chose des deux côtés de la page parce qu'au commencement la plume n'avait pas marqué. Pour que vous puissiez en comprendre le sens il est indispensable que je vous donne le texte du préambule de la séance du 20 juillet :

Toujours pour nos amis,
Qui sont les hommes,
Pour eux Dieu nous a mis
Au rang où nous sommes.
Aujourd'hui l'incrédulité règne.
Mais croyez toujours
Que tôt ou tard la vérité que j'enseigne
Se fera jour.
Quoique l'opinion se divise
En plusieurs parts.
A bientôt la devise :
Nec pluribus impar.

Ni le médium ni moi ne connaissons le latin, nous avons dû nous adresser à plusieurs personnes pour savoir ce que veut dire *Nec pluribus impar*. Les uns nous ont dit : il est sans pareil ; les autres : il est égal en force à d'autres, il peut combattre contre tout autre.

Mais dans la séance du 3 août, le médium nous a donné lui-même la traduction, et quoique je vous envoie l'original, comme je crains que vous ne puissiez le lire, je vous le fais copier ici; vous pourrez comparer et vérifier l'exactitude :

> Qu'est-ce que la vérité ?
> Hommes c'est un beau soleil
> Dans la pluralité, *(pluribus)*
> Tout lui est imparéil.
> Elle est à l'horizon qui point,
> Aveugle qui ne la voit point.

Explication de la devise *Nec pluribus impar* prise dans le sens de la séance du 20 juillet,

AUGUSTINUS et SAINT DENIS.

Ainsi, Monsieur, quand il vous plaira, je vous adresserai les originaux de nos communications et toujours ce sera le médium lui-même qui écrira nos lettres, de cette manière vous pourrez comparer son écriture à l'état de veille avec celle à l'état de sommeil.

Veuillez, Monsieur, agréer mes respectueuses salutations.

COURTOIS.

A M. Louis Michel de La Figanière (Var) pour être transmis à M. MANLIUS SALLES *à Nimes, directeur de la* Revue Contemporaine *et propriétaire du* Glaneur du Gard.

AVIS AUX MÉDIUMS.

L'orthodoxie religieuse fait jouer un trop grand rôle à satan et à ses prétendus satellites, les esprits mauvais, qu'on devrait se borner à appeler malins, ignorants, menteurs et qui sont presque tous entachés du péché d'orgueil qui les a perdus. En cela ils ne diffèrent en rien des hommes dont ils ont fait partie pendant une période fort courte, eu égard à l'éternité de leur existence.

L'erreur est de croire que, parcequ'ils sont esprits, ils doivent être parfaits; c'est comme si un brigand ne pouvait être qu'un honnête homme, après s'être échappé de sa prison; c'est comme si un fou pouvait être réputé sage, après avoir franchi les murs de Charenton; comme si un aveugle échappé des *Quinze Vingts* pouvait se faire passer pour un clairvoyant.

Figurez vous bien, MM. les *Médiums*, que vous avez à faire à tout ce monde là, et qu'il y a autant de différence entre les esprits qu'entre les hommes. Or, vous n'ignorez pas qu'autant d'hommes, autant de sentiments; vous devez vous en apercevoir à leurs contradictions et à leurs erreurs volontaires ou non. Si quelquefois ils sont d'accord, sur certains points, contre eux et avec vous, c'est qu'ils se copient, car ils savent mieux que vous ce qui a été dit, même ce qui a été écrit nouvellement, sur telle ou telle doctrine qu'ils vous répètent, souvent comme des perroquets, mais, quelquefois avec conviction, quand ce sont des esprits élevés, studieux et consciencieux, comme certains philosophes ou savants qui vous feraient l'honneur de venir converser et discuter avec vous. Mais soyez bien persuadés qu'ils ne vous répondent que s'ils sentent que vous êtes en état de les comprendre; sans cela ils ne vous disent rien que des vulgarités, rien qui dépasse la portée de votre intelligence et de vos connaissances acquises. Ils savent aussi bien que nous qu'il ne faut pas jeter des perles aux pourceaux; ils citent l'Evangile, et au besoin le Coran, et se mettent immédiatement à l'unisson de votre esprit, de vos croyances religieuses et de votre vocabulaire.

Si vous aimez à rire ou à dire des calembredaines qui ne leur plaisent pas, ils vous envoient des esprits farceurs. Si vous avez le cerveau faible ils vous abandonnent aux mystificateurs qui vous mèneront plus loin que vous ne voudriez. En général, les esprits aiment à s'entretenir avec les hommes; c'est une distraction, et quelquefois une étude pour eux. Ils vous le disent tous, ne craignez pas de les fatiguer, vous le serez toujours avant eux; mais ils ne vous apprendront rien qui dépasse ce que pourrait concevoir votre esprit, rien que ce qu'ils auraient pu vous dire de leur vivant; voilà pourquoi tant de gens vous répètent : à quoi bon les consulter?

C'est une erreur d'en attendre des révélations extraordinaires, des inventions inespérées, des panacées, des pierres philosophales, des transmutations de métaux, des moteurs perpétuels, car ils n'en savent pas plus que vous sur les résultats non encore obtenus par la science humaine, et s'ils vous engagent à faire des expériences, c'est qu'ils seraient curieux eux-mêmes, d'en voir les effets.

S'il s'agit d'un trésor, ils vous diront creusez, d'un alliage,

ils vous diront soufflez. Il se peut que vous trouviez en
cherchant, et ils seront aussi étonnés que vous. Les bons
esprits ne vous affirment pas que vous trouverez, comme les
mauvais qui ne se font pas scrupule de vous ruiner; c'est en
cela que vous ne devez jamais faire abstraction de votre jugement, de votre libre arbitre, de votre raison. Que dites-
vous quand un homme vous engage dans une méchante
affaire, que c'est un esprit infernal; eh bien! l'esprit qui
vous conseille mal n'est pas plus infernal, c'est un ignorant,
un mystificateur tout au plus; mais il n'a ni mission spéciale,
ni intérêt à vous tromper; il use également du libre arbitre
que Dieu lui a donné comme à vous, il peut comme vous,
en faire un bon ou mauvais usage, voilà tout. C'est une sottise
de croire qu'ils s'attachent à vous pendant des années et des
années, pour tâcher de recruter votre pauvre âme, pour
augmenter l'armée de satan. Que lui fait une recrue de plus
ou de moins, quand il lui en arrive spontanément par millions et par milliards, sans qu'il ait la peine de les appeler. Les élus sont rares, mais les réprouvés sont innombrables.

Si Dieu et le Diable ont chacun leur armée, Dieu seul a
besoin de recruteurs; le Diable peut s'éviter le soin de remplir
ses cadres, et comme la victoire est toujours du côté des gros
bataillons; jugez de la grandeur de sa puissance!

Mais tout cela n'a pas le sens commun; et puisque l'on sait
aujourd'hui causer facilement avec les gens de l'autre monde,
il faut les prendre comme ils sont et pour ce qu'ils sont. Il
y a des poètes qui peuvent vous dicter de bons vers, des
philosophes et des moralistes qui peuvent vous dicter de
bonnes maximes, des historiens qui peuvent vous donner de
bons éclaircissements sur leur époque, des naturalistes qui
peuvent vous enseigner ce qu'ils savent, ou rectifier les erreurs
qu'ils ont commises, des astronomes qui peuvent vous révéler
certains phénomènes que vous ignorez, des musiciens des
auteurs capables de vous dicter leurs œuvres posthumes,
et qui ont même la vanité de demander qu'on les publie en
leur nom. L'un d'eux qui croyait avoir fait une invention,
s'indignait d'apprendre que le brevet ne saurait lui être dé-
livré personnellement. D'autres qui ne font pas plus de cas
des choses de la terre, que certains sages, de leur vivant.
Il y en a aussi qui assistent avec un plaisir enfantin à l'inauguration de leur statue, et d'autres qui ne prennent pas la
peine d'y aller voir; et qui méprisent profondément les imbéciles qui leur font cet honneur, après les avoir méconnus et
persécutés pendant leur vie; de Humboldt ne nous a répondu,
au sujet de sa statue, qu'un seul mot: *Dérision!*

Chacun, en fin de compte, emporte avec lui son caractère

et ses acquêts moraux et scientifiques. Les sots d'ici bas sont encore les sots de là-haut. Il y n'a que les filoux et les douaniers qui n'ont plus de poches à fouiller, les gourmands plus rien à faire, les banquiers plus rien à escompter, qui souffrent de ces privations. C'est pour cela que l'Esprit Saint nous a dit de mépriser les biens terrestres que nous ne pouvons emporter, ni nous assimiler, pour ne songer qu'aux biens spirituels et moraux qui nous suivent et qui serviront pour l'éternité, non-seulement de distractions, mais d'échelons pour nous élever sans cesse un peu plus haut, sur la grande échelle de Jacob, dans l'incommensurable hiérarchie des esprits.

Aussi voyez combien peu de cas les bons esprits font des biens et des plaisirs grossiers qu'ils ont perdus en mourant, c'est-à-dire en rentrant dans leur pays, comme ils disent. Semblables à un savant prisonnier arraché subitement de son cachot, ce ne sont pas ses hardes, ses meubles, son argent qu'il regrette, mais ses livres et ses manuscrits. Le papillon qui secoue la poussière de ses ailes, avant de prendre son vol, se soucie fort peu des débris de la chenille qui lui a servi d'habitacle. De même un esprit supérieur, comme celui de Buffon, ne regrette pas plus son château de Montbard, que Lamartine ne regrettera son Saint Point qu'il regrette tant de son vivant. C'est pour cela que la mort du sage est si calme, et celle de l'homme-animal si affreuse ; car il sent qu'en perdant les biens de la terre, il perd tout ; il s'y cramponne donc avec rage, comme l'avare à son coffre-fort. Son esprit ne peut même s'en éloigner, il tient à la matière et continue de hanter les lieux qui lui ont été si chers, et au lieu de faire des efforts incessants pour briser les liens qui les attachent à la terre, ils s'y accrochent en désespérés, et souffrent comme des damnés de ne pouvoir plus en jouir. Voilà l'enfer ; voilà le feu qu'ils s'appliquent à rendre éternel ; voilà les mauvais esprits qui repoussent les conseils des bons, et qui ont besoin des secours de la raison et de la sagesse humaine elle-même pour lâcher prise.

Les bons *médiums* doivent prendre la peine de les raisonner, de les sermonner et de prier pour eux ; ils avouent que la prière les soulage, et en témoignent leur reconnaissance, en termes souvent très touchants. Cela prouve l'existence d'une solidarité commune, entre tous les esprits libres ou incarnés ; car évidemment, l'incarnation n'est qu'une punition, la terre qu'un lieu d'expiation où nous ne sommes pas mis, comme dit le psalmiste, pour notre amusement, mais pour nous perfectionner et adorer Dieu en admirant ses œuvres ; d'où il suit que le plus malheureux est le plus ignorant, le plus sauvage, qui devient le plus vicieux, le plus criminel et le plus misérable des êtres, auxquels Dieu a remis une étincelle de son âme divine et des *talents* pour les faire valoir, et non pour les enfouir jusqu'à l'arrivée du maître, ou plutôt jusqu'à la comparution devant Dieu, du coupable de paresse, de négligence ou d'inintelligence.

Voilà ce qu'il en est, vraissemblablement pour les uns et réellement pour les autres, du monde spirite, qui fait si peur aux uns, qui charme si fort les autres, et qui n'a certainement mérité ni cet excès d'honneur, ni cette indignité.

Quand à force d'expérience et d'étude, on se sera familiarisé avec ce phénomène, aussi naturel que pas un, on reconnaîtra la vérité des explications que nous venons d'en donner. La puissance du mal qu'on accorde aux esprits, a pour antithèse la puissance du bien qu'on peut en espérer; ces deux forces sont *adequat*, comme toutes celles de la nature, sans quoi l'équilibre serait rompu, et le libre arbitre remplacé par la fatalité, l'aveugle *fatum*, le fait brut, inintelligent, la mort de tout, la mort de Dieu et la catalepsie de l'univers.

Défendre d'interroger les esprits, c'est reconnaître qu'ils existent; les signaler comme des suppôts du diable, c'est faire penser qu'il doit en exister qui sont les agents, les missionnaires de Dieu.

Que les mauvais soient les plus nombreux, nous vous l'accordons, mais il en est de tout ainsi sur la terre. De ce qu'il y a plus de grains de sable que de paillettes d'or, doit-on condamner les orpailleurs?

Quand les esprits vous disent qu'il leur est interdit de répondre à certaines questions d'une importance personnelle, égoïstique, c'est une façon commode de couvrir leur ignorance des choses de l'avenir. Tout ce qui dépend de nos efforts personnels, de nos recherches intellectuelles, ne peut nous être révélé sans enfreindre la loi divine qui condamne l'homme au travail. Il serait par trop commode pour le premier *médium* venu, en possession d'un esprit familier, complaisant de se procurer sans peine, tous les trésors et toute la puissance imaginable, en se débarrassant de tous les obstacles que les autres ont tant de peine à surmonter.

Non, les esprits n'ont point une pareille puissance, et font bien de dire que tout ce que vous leur demandez d'illicite leur est interdit. Cependant ils exercent une grande influence sur nous, en bien ou en mal; heureux sont ceux que les bons esprits conseillent et protègent, tout leur réussit, s'ils obéissent aux bonnes inspirations qu'ils ne reçoivent d'ailleurs qu'après les avoir méritées et pris la peine nécessaire au succès qui leur est donné par surcroit.

Quiconque attend la fortune dans son lit, n'a pas grande

chance de l'attrapper. Tout ici bas dépend du travail intelligent
et honnête, qui nous donne un grand contentement intérieur
et nous délivre du mal physique, en nous communiquant
le don de soulager le mal des autres. Car il n'est pas un
médium bien intentionné, qui ne soit magnétiseur et guéris-
seur de sa nature; mais ils ne savent pas qu'ils possèdent un
tel trésor, n'essayant pas d'en faire usage. C'est en cela qu'ils
seraient le mieux conseillés et le plus puissamment aidés par
leurs bons esprits. On en a vu faire des miracles analogues
à celui qui vient de s'opérer sur le duc de *Celenza prince
Vasto*, au café *Nocera* à Naples, le 13 juin dernier, lequel
vient de publier qu'il a été guéri instantanément d'une maladie *incurable* dont il souffrait depuis dix ans, par la seule
parole d'un vieux chevalier français auquel il racontait ses
souffrances.

Il en est d'autres qui font de ces choses en différents pays
en Hollande, en Angleterre, en France, en Suisse; mais ils
se multiplieront avec le temps; les germes sont semés.

Les *médiums* dûment avertis sur la nature, les mœurs et
coutumes des esprits terrestres, n'ont qu'à se conduire en
conséquence.

Quant aux esprits célestes, ou d'un ordre transcendant,
il est si rare de les voir se communiquer aux individus,
que le temps n'est pas venu d'en parler; ils président aux
destinées des nations, aux grandes catastrophes révolutionnaires, aux grandes évolutions des globes et des humanités, et
sont à l'œuvre en ce moment, attendons avec recueillement
les grandes choses qui vont arriver.

Renovabunt faciem terræ.

JOBARD.

————

Pour ne pas couper les articles que contient ce numéro, et pour
dédommager un peu nos lecteurs de l'irrégularité que nous faisons
subir à notre publication, cette livraison renferme la matière de
deux livraisons ou peu s'en faut.

M. S.

Nîmes, imp. D. ROGER, boulev. saint-Antoine, 2

1er Volume. Prix : 50 cent. la Livraison. **14e Livraison.**

FRANCE
52 LIVRAISONS
par la poste
12 fr.

ÉTRANGER
52 LIVRAISONS
par la poste
14 fr.

REVUE CONTEMPORAINE

DES

SCIENCES OCCULTES & NATURELLES

CONSACRÉE

À l'étude et à la propagation de la doctrine magnétiste appliquée à la thérapeutique
à la démonstration de l'immortalité de l'âme et au développement de nos
facultés naturelles, à la réfutation de certaines croyances et de
certains préjugés populaires, à la consécration du principe de
la solidarité universelle, etc.

Psychologie et physiologie de la vie universelle

publiée avec l'approbation ou le concours

de plusieurs docteurs en médecine, avocats, théologiens, littérateurs, magnétiseurs,
médiums, et de simples magnétistes, etc.

PAR MANLIUS SALLES

Membre correspondant de la Société du Mesmérisme de Paris et de la Société
Philanthropico-Magnétique de la même ville.

— Nécromancie. — Chiromancie. — et autres sciences mystérieuses
dévoilées par la pratique du magnétisme.

EXPÉRIMENTEZ, ET VOUS CROIREZ.

BUREAUX : { A NIMES, chez le Directeur, librairie Manlius Salles, boulev. de la Madeleine
A PARIS, au comptoir de la librairie de Province, rue Jacob, 50, et chez
J.-B. Baillière, rue Hautefeuille ; E. Dentu, Palais-Royal, et chez
M. P. Boyer, libr. édit. commissionn. rue des Grands-Augustins, 28.

CAUSERIE INTIME.

Dans toutes les carrières qu'un homme peut parcourir, les déboires, les défections, les contrariétés de toute nature peuvent lui barrer le passage, mais pour un instant seulement s'il est convaincu de la nécessité et de la bonté de sa mission.

Depuis l'âge de 18 ans je m'occupe avec plus ou moins de persévérance, de l'étude du magnétisme. Je me suis toujours vu seul avec ma conscience pour unique maître et juge ; à cette époque (en 1842 ou 43) je fus initié en une minute à cette obscure science par M. Dargout, et plus encore par son somnambule, M. Glaudius Bozin, actuellement encore à Lyon, successeur de son père, liquoriste, près les Célestins. Une minute me suffit, dis-je, pour mesurer toute l'étendue de la puissance magnétique ; dès ce moment je crus à la véracité de toutes les révélations religieuses de n'importe quel culte ; mais aussi dès ce jour ma croyance à l'immortalité de l'âme fut ébranlée et de ce jour à aujourd'hui rien n'est encore venu la raffermir ; en cela cependant je me crois sur la voie des écritures saintes qui nous parlent de jugement dernier, de la conservation des uns et de la destruction des autres.

Donc pour moi, l'immortalité de notre âme, c'est-à-dire, de notre être spirituel ne va pas ou peut ne pas aller au-delà de la fin du monde, c'est-à-dire de notre univers terrestre, ou, pour mieux m'expliquer, elle ne va pas au-delà de la mort matérielle, de notre terre, de sa disparition de l'immense tourbillon dont elle fait partie. Aussi brièvement que je voulusse m'expliquer, il me faudrait vous entretenir trop long-temps aujourd'hui pour vous initier à mes idées, je vais donc aborder immédiatement le récit d'une série de faits qui doivent, vis-à-vis de la plupart des gens, parler plus haut en faveur de mes principes, que le meilleur des raisonnements.

Comment expliquerais-je raisonnablement et surtout justement, les faits que je vais, en petit nombre, citer ci-après pour ne pas trop empiéter sur la place que je dois donner encore dans ce numéro à certains de mes honorables correspondants et frères en magnétique ; comment expliquer, dis-je, ce qui suit, si on ne l'attribue à l'effet que produit sur chacun de nous la puissance de la foi, c'est-à-dire, la puissance plus ou moins entraînante des interventions spirituelles dans le conseil spirituel de notre organisation complexe.

Je vous entretiendrai aussi mes chers lecteurs, au sujet de notre frère en magnétisme, Charles Lafontaine, que je n'approuverai pas en tout et partout, mais que je défendrai contre les attaques plus ou moins justifiées de certains magnétistes surtout contre celles de mon honorable correspondant M. A. S. Morin de Paris.

Peut-on supposer que, si M. Charles Lafontaine n'avait jamais eu fait et cru sincèrement pouvoir refaire les expériences qu'il n'a pu réussir dernièrement à Paris, il se serait ainsi soumis à l'examen d'une commission quelconque de laquelle maintenant dépend sa réputation ? Non : et moi je vais plus loin, je crois que le manque de confiance en lui l'a seul empêché de réussir ses expériences. Je n'ose dire qu'elles sont possibles, mais je le crois sincèrement, parce que le principe qui donne la puissance magnétique à un magnétiseur est réellement illimitable.

De quoi s'agissait-il dans ces expériences ? de magnétiser, de tuer même un crapaud par la puissance du regard. — Je dirai, moi, par la puissance de la volonté, cela vaut mieux; il s'agissait aussi de rendre plus ou moins léger un corps magnétisé. — L'observation qu'a faite l'honorable docteur Charpignon, d'Orléans, à propos de cette dernière expérience, paraît pleine de justesse mais n'en saurait être le jugement définitif.

Je crois, moi, que ce que M. Lafontaine n'a pu faire ce jour là, aurait pu l'être par bien d'autres, et peut-être par lui-même dans d'autres circonstances.

Voici ce qui se passa un jour, en 1850 ou 1851, à Nîmes, dans la salle Pol, facteur de Pianos, entre M. Lafontaine et moi, en présence de plusieurs personnes parmi lesquelles étaient M. Pol et certains témoins habituels de nos expériences magnétiques journalières.

M. Lafontaine ne pouvait réussir telle ou telle expérience qu'après un certain nombre de passes et de beaucoup d'efforts de sa part; je suppose l'expérience que voici : il s'agissait, un sujet étant couché horizontalement, la tête posée sur le bord d'un fauteuil et les talons sur le bord d'un autre fauteuil, son corps restant parfaitement raide entre les deux fauteuils, il s'agissait de lui faire soulever une jambe puis l'autre, et enfin toute les deux sans que le corps faiblît et se doublât, de façon à tomber à terre. M. Lafontaine suait à grosses gouttes pour produire ce résultat, parce qu'il lui fallait quelques minutes de magné-

tisation; s'il avait eu la foi assez vive il aurait produit le même
effet sans la moindre fatigue, c'est-à-dire, par l'ordre seul
qu'il aurait donné à son sujet d'avoir à obéir instantanément
à sa volonté ; du reste comme je le faisais moi-même sur les
sujets que j'avais alors et que j'ai eu depuis lors, soit MM. Mon-
tets David, Espaze, Mme Paran, Hippolyte Arnal, Louis
Bonnet, Pons, etc. Il faut conclure de mon raisonnement
qu'aussi extraordinaire que paraisse une chose on ne doit jamais
la croire ni la dire impossible.

Du reste, à quoi peuvent être utiles des expériences de la
sorte? A rien autre qu'à la satisfaction de la curiosité de quelques
personnes seulement ; pourquoi donc leur donner assez d'importance pour faire dépendre d'elle la réputation d'un homme
à qui la cause du magnétisme doit la majeure partie de ses
adeptes, mais non pas moi, cependant, car j'avais déjà vu
ou fait, avant qu'il vint à Nimes, des expériences bien plus
extraordinaires que toutes celles qu'il a peut-être jamais
faites.

M. Glaudius Bozin, en 1843 à Lyon, sortait presque tous
les jours avec moi, pendant qu'il était en somnambulisme,
c'est ainsi que nous allions quelquefois visiter le père Cazalet,
qui peut encore aujourd'hui certifier si on va le lui demander
à la maison Galine, près le magasin au sel et aux grains de
Lyon, et bien d'autres personnes aussi auxquelles nous lisions
des lettres soigneusement cachetées par elles et enfermées
dans leurs armoires.

Je reviens au but de mon entretien : comment peut-on expliquer les faits dont je veux parler. -- Depuis longtemps je sais
que la foi peut opérer des miracles, parce que maintes fois j'en ai
vu l'expérience. Plusieurs fois, pendant mon séjour à Barcelone
et pendant les nombreux voyages que j'ai faits pour mes affaires dans le midi de la France, j'ai eu l'occasion d'expérimenter et d'obtenir des résultats satisfaisants sur certaines
personnes atteintes de diverses maladies, personnes auxquelles
je n'avais jamais parlé et auxquelles je ne faisais que dire :
Allez ma bonne, ou, mon ami, votre maladie va cesser, et

dès ce moment un mieux se prononçait, si la guérison n'était
instantanée.

Aujourd'hui j'ai de meilleures preuves de la puissance de la foi:
dernièrement j'envoyai, sur sa demande, à mon honorable cor-
respondant M. C. |Dumas, de Sétif (Algérie), un talisman ma-
gnétique, c'est-à-dire une feuille de papier à lettre sur laquelle
j'avais écrit, qu'il fallait s'en servir pour envelopper un objet
quelconque (propre pourtant) qui serait ainsi magnétisé et dont on
pourrait se servir pour traiter avec succès toutes les maladies
sans exception, mais guérissables par tout autre système, car
nous, les magnétiseurs, pas plus que les meilleurs docteurs, nous
ne pouvons prétendre faire des miracles.

On verra ci-après dans l'extrait de mes correspondances les
résultats déjà obtenus à Sétif sur divers sujets, par le talisman
en question. -- A ce propos, je crois utile de citer en passant
des faits de la même nature et tout récents aussi. M. Puech
Clauzel, entrepreneur de diligences et de messagerie entre
Nimes et Calvisson, vint, il y a un mois environ, me prier de
faire quelque chose pour le mari de sa sœur qui, depuis plus
d'un mois, était retenu au lit par de cruelles douleurs rhumatismales ; ne pouvant aller moi-même sur les lieux, je remis à
M. Puech un papier magnétisé, mentalement, pour qu'on s'en
servit à magnétiser une bague d'or, avec laquelle on devait
magnétiser les boissons du malade en l'y trempant (la bague)
quelques secondes. Il paraît que cette expérience réussit à produire une amélioration sensible dans l'état du malade, puisque
M. Puech est retourné chez moi samedi dernier, 25 du courant, (novembre 1860) pour me prier de donner un autre
talisman magnétique pour l'usage de plusieurs autres malades
qui, étonnés des bons effets produits par le premier talisman,
sur leur compatriote, désiraient se soumettre eux-mêmes à
ce même traitement.

M. Perrot, père, autrefois concierge de la maison Carrée,
souffrant beaucoup d'une douleur au bras, ou plutôt ayant un
bras très-faible, me pria de lui donner un moyen pour lui
rendre la force. Je me contentai de lui dire : quand vous

aurez besoin de vous servir de votre bras faible mettez votre montre dans la main de l'autre bras et immédiatement le bras faible deviendra fort comme l'autre. Je parle de 1850 à 1852, et depuis lors M. Perrot lui-même l'a répété des milliers de fois peut-être. Afin de mieux expérimenter en concentrant davantage sur moi la pensée des personnes sur qui j'opérerai à distance, je viens de faire faire ma carte de visite en photographie, dont moyennant l'envoi de un franc en timbres poste, qui devra m'être fait franco, afin de me couvrir de ce que me coûtent chacune de ces épreuves photographiques, j'en enverrai une à tout magnétiste ou à tout autre personne qui me demandera un talisman magnétique, pour opérer en mon nom sur soi-même ou sur toute autre personne.

MANLIUS SALLES.

Correspondance Africaine

(particulière)

Je donne de la publicité à cette lettre pour prouver, par un témoignage authentique, que le magnétisme progresse par outes les interventions ; qu'à n'importe la distance, l'influence d'une personne peut se faire sentir et produire même des effets très-puissants et très-salutaires. Je pourrais citer à l'appui de ce que m'écrit M. Dumas, de Sétif, certains faits qui ont été produits par le simple attouchement d'objets que j'avais seulement désignés, comme devant me servir d'agent intermédiaire, pour magnétiser en mon absence, certaines personnes. — Dans ma causerie, je parle de M. Perrot, de Nimes, ici je puis citer ce qui se passait sur une de mes connaissances qui est maintenant dans l'affliction et que pour cela même je ne puis nommer. — Lorsquelle allait à la selle sans souffrance, c'est qu'elle tenait de telle ou telle façon sa montre en main, selon que je lui avais dit de faire.

Que l'on consulte mon ami Ducros Alexandre, poète improvisateur, demeurant maintenant à Paris, rue des Bourguignons ou rue de Bourgogne, je ne sais au juste, et il dira comment une fois je l'ai instantanément débarassé des hémoroïdes dont il souffrait depuis quelque temps. -- On peut aussi trouver, très-souvent, le soir M. Ducros, chez M. Théophile Gauthier, à Paris, chez qui il va exercer sa muse vagabonde et légère.

MANLIUS SALLES.

Sétif, le 6 novembre 1860.

A M. Manlius Salles, directeur de la *Revue contemporaine*,

J'ai reçu votre lettre amicale du 28 octobre, en réponse à la mienne, dans laquelle je vous priais de tenir votre promesse.

J'ai reçu le mardi 6 du courant, à midi, votre aimable, m'apportant le talisman que je vous avais demandé. Je dois vous avouer que cela ma fait un grand plaisir; je l'ai fait aussitôt voir à MM. Quinemant et Courtois, père, qui tous deux comme moi, ne pouvaient croire à la vertu de ce papier magnétique.

Enfin, le même soir j'ai mis dans ledit papier une clef ordinaire d'armoire, à peu près neuve dont je ne faisais pas usage, j'ai enveloppé la clef avec ce petit papier et l'ai placée dans mon armoire pensant que c'était préférable de la déposer ainsi que de la porter sur moi où elle pourrait acquérir un fluide de ma personne, je l'ai laissée dans ladite armoire jusqu'au jeudi à 4 heures 3|4 du soir.

Je dois d'abord vous dire que j'ai cru comprendre que ce talisman devait guérir toute personne et qu'il n'était point destiné à un malade seulement, je me rappelle, il est vrai, vous avoir parlé d'un Monsieur de Constantine, mais comme je suis très-éloigné de cette ville, et qu'ici il ne manque pas de malades, j'ai dû faire l'épreuve sur une personne de ma connaissance que je traitais depuis plus de 15 jours, pour une ankylose au genou de la jambe gauche.

Je vais d'abord vous donner quelques détails sur cette maladie et sur sa provenance.

Il y a un an, en se chargeant lui-même un sac de pomme-de-terre sur les épaules, le nommé Dupont, ouvrier, d'environ 40 ans, se sentit mal dans le mollet de la jambe gauche, il n'y fit pas attention et continua de travailler, au bout de quelques jours la jambe enfla, et enfin il fut obligé de garder le lit, cela, empira à tel point qu'il fut obligé d'entrer à l'hôpital de Sétif, là il a été charcuté comme il n'est pas possible de le faire, il a eu 24 coups de bistouri dans le mollet au-dessous et au-dessus et même au-dessus du genou, il est resté 2 mois étendu sur son lit sans pouvoir se plier, il était porté sur un lit voisin pour faire le sien, à tel point que le genou s'est ankylosé, la cuisse commençait déjà à se souder, ce pauvre malheureux est resté à peu près un an à l'hôpital et il en est sorti estropié, à tel point que l'inspecteur des hôpitaux, venu de France le mois dernier, lui a dit qu'il n'y avait rien à y faire.

Il marche avec deux béquilles, avec une corde passant au-dessous de la plante du pied, et par-dessus le cou; dans cet état, il faisait quelques légers mouvements, mais avec bien des souffrances, car on ne pouvait lui toucher le dessus du genou sans lui faire éprouver une vive douleur. Le pied était très enflé, et l'articulation n'avait aucun mouvement, quand, il y a 15 jours environ, on me pria de le voir pour lui magnétiser la jambe, ce que je fis, mais, à vous dire vrai, ce n'était guère agréable, car il y a des trous encore très-profonds, cependant à peu près cicatrisés. La première séance lui produisit un bien extraordinaire, les nerfs qu'il sentait raides, comme des baguettes, devinrent souples, le genou qui ne pouvait supporter le moindre attouchement fut soulagé aussitôt, enfin, lorsque je le quittai il ne souffrait qu'à moitié, j'ai donc continué à le magnétiser une fois par jour, la jambe est devenue solide à tel point qu'après 8 à 10 jours il a pu, par moment, aller chez le voisin sans ses béquilles; il va actuellement au marché aux légumes, mais, malgré tous ce mieux, le genou ne peut plier, et sa jambe reste raide le genou étant soudé à l'articulation, ou en terme de médecine, ankylosé.

Le magnétisme produit toujours de bons effets, mais le genou ne se dessoude pas; une fois, il s'est endormi lorsque je l'ai eu quitté, ne sachant pas qu'il dormait, et a dit quelques paroles : mais je n'y étais plus pour le questionner, je n'ai pu obtenir une deuxième fois le sommeil.

Maintenant que je vous ai fait le portrait de mon malade, je vais vous dire l'effet produit par la clef qui avait été pliée dans votre papier magnétique.

Le jeudi 8 novembre 1860 à 4 heures 53 minutes du soir, je me rendis chez lui et lui mis dans la main droite la clef nue sans le papier, il était étendu sur son lit, je le priai de bien remarquer les effets que cette clef devait produire sur sa personne, et aussitôt je me retirai sur la porte d'entrée, afin de n'avoir aucune influence sur lui par ma présence auprès du lit, au bout de cinq minutes, je m'approchai de lui et lui demandai ce qu'il éprouvait, voyant dans sa figure un changement il me répondit : je sens que mes deux bras s'engourdissent très-fortement, ils deviennent très-lourds tous les deux ; je me retirai de nouveau et quatre minutes après cela avait gagné l'estomac, il éprouvait comme des étouffements, il y avait oppression dans la poitrine, puis par moment c'était à la gorge ; il faisait de forts baillements, puis, au bout de treize minutes il a senti cela dans les mollets, et notamment dans celui de la jambe malade, enfin, il était comme en convulsion dans toutes les parties du corps, je lui demandai s'il souffrait, non, me répondit-il, cela me fait plutôt du bien, mais je ne peux vous expliquer ce que j'éprouve, il a ressenti comme une douleur dans le genou, il y avait à peu près dix-sept minutes qu'il tenait la clef quand je la lui ai retirée, deux motifs me l'on fait faire ; le premier, que le temps me manquait, j'avais un baptême à faire ; le deuxième, je craignas de lui faire du mal, pas pour moi, mais pour les femmes présentes qui ne savaient qu'en penser.

Je l'ai donc laissé dans cet état et dans son lit, le lendemain matin j'allai le voir afin de connaître les résultats. Les personnes de la maison m'ont assuré qu'il était resté une bonne demi-heure abasourdi, hébété, mais qu'enfin, il avait passé une bonne nuit.

Deuxième expérience, faite ce soir à cinq heures précises : M. Quinemant étant absent et voulant avoir comme témoin une personne digne de foi, je suis allé chez mon malade accompagné de M. Courtois, agent d'affaires, homme bon et digne et bon appréciateur de tout,

J'avais de nouveau mis la clef dans le papier et mise dans mon armoire, je lui ai mis de nouveau dans la main droite, cinq minutes se sont passées sans autre chose que de l'assoupissement et du calme; au bout de huit à dix minutes, tout à coup cela l'a pris comme des convulsions dans tous les membres, se roulant sur son lit, mais sans souffrances, et éprouvant dans la jambe malade un besoin irrésistible de l'agiter sans le pouvoir, à tel point que nous sommes restés M. Courtois et moi et deux dames présentes auprès du lit, craignant qu'il tombât par suite des grands mouvements qu'il faisait; enfin il a élevé la jambe le soir, comme il n'avait pu le faire depuis un an et plus, bien entendu qu'elle est restée toujours raide, mais il lui a semblé qu'il y avait eu un mouvement, ce dont je ne puis répondre.

Ce bon M. Courtois était affecté de ses mouvements convulsifs, qui cependant, d'après ce qu'il nous a dit, ne le faisaient nullement souffrir.

Il me tarde de le voir demain pour connaître les suites, une fois la clef retirée de ses mains, il est devenu calme mais il disait être un peu fatigué.

Ainsi, mon cher Monsieur, vous pouvez dire *à tous les incrédules*, dont le nombre est très-grand, que vous avez produit des effets à plus de deux cents lieues de distance, je ne puis encore prévoir les suites des effets produits, je vais continuer encore quelques fois, surtout que cela ne me fatigue pas comme de le magnétiser moi-même ; demain nous ferons une séance avec M. Quinemant qui sera fort surpris des effets produits, et encore plus de ceux qu'il verra lui-même.

Maintenant je viens vous demander quelques explications qui me sont indispensables.

D. Puis-je avec le même papier guérir plusieurs personnes, comme aussi plusieurs maladies ?

D. Dans le cas du positif, si je puis guérir plusieurs personnes comme plusieurs maladies, faut-il changer le morceau de fer ou d'acier pour chaque personne différente ou pour chaque sorte de maladie à traiter ?

D. Faut il, entre chaque séance, que le morceau de fer soit plié dans votre papier ?

D. Ne serait il pas préférable d'appliquer l'objet (le fer) sur la partie souffrante, je suppose à ce Monsieur sur son genou, en le fixant avec une bande de toile ?

D. Puis-je, je suppose, traiter un malade le matin, je suppose la personne, puis l'après-midi un deuxième malade atteint d'une autre maladie, tel que : mal d'yeux, mal de poitrine, mal d'oreille, etc. ?

Il y a une personne qui souffre de l'estomac qui m'a prié de faire l'essai sur elle, il me semble que je ne dois pas me servir du même morceau de fer.

Il y a une dame (Gaillonne), qui est sourde, elle m'a prié de vous demander si vous ne pourriez pas la guérir de sa surdité, elle entend, mais il faut parler très-haut.

Il y a une autre dame qui a un mal d'yeux depuis près d'un an, le magnétisme la soulage mais, on n'a pu la guérir.

D. Ne croyez vous pas qu'il serait utile d'avoir plusieurs petits papiers magnétiques préparés par vous, afin d'avoir toujours un morceau de fer prêt à opérer ?

D. Un papier préparé tout exprès pour une personne, connaissant vous-même la maladie, ne produirait-il pas plus d'effet que n'ayant aucune destination ?

Enfin, je vous serais bien obligé de me répondre, aussi détaillé que possible, aux questions que je vous ai posées plus haut afin que je sois bien fixé sur les moyens d'employer ce talisman.

Je promets de vous écrire à chaque courrier les effets que j'aurai produits.

Ne feriez vous pas bien de m'en envoyer un sur parchemin afin qu'il ne s'use pas si vite?

Vous ferez bien d'en envoyer un à M. Quinemant, lui qui a bien plus de temps que moi de s'en occuper.

Si comme je l'espère je réussis, vous pouvez dire que vous vous ferez un nom, car cela commence à faire du bruit en ville.

Je vous serais infiniment obligé de bien me renseigner sur tout ce que j'ai à faire, car votre lettre quoique très nette, laisse encore un peu à désirer

Je suis encore à me demander si cela produira les mêmes effets sur une autre personne, en ayant déjà servi pour une.

Il me tardera beaucoup de recevoir votre réponse pour avoir tous les éclaircissements que je vous demande, M. Courtois me charge de vous dire mille choses aimables, et vous remercie de l'article qui le concernait dans votre dernière livraison.

Son fils vient de partir pour Marseille où il a dû débarquer hier, il va chez un notaire pour y travailler.

Adieu mon cher et bon M. Manlius, il me tarde de voir Quinemant, pour lui raconter nos deux expériences, et le faire assister au moins à une.

Je vous serre la main de bonne amitié, votre dévoué,

C. DUMAS.

Je termine la présente à onze heures du soir.

Nîmes, le 20 novembre 1860.

A Monsieur C. Dumas, marchand de nouveautés à Séïf (Algérie).

Vous pourrez toujours, vous et les vôtres qui sont les miens, vous servir avec succès du talisman (1) que je vous ai envoyé, et de cette lettre aussi, sur tous les sujets, sans exception aucune, d'âge, de personne, ou de maladie.

Il ne perdra jamais (ce talisman) de sa vertu magnétique,

(1) Ce talisman consiste en une simple feuille de papier sur laquelle sont écrites certaines instructions magnétiques, utiles aux magnétiseurs qui feront usage de mon talisman.

au contraire, il en acquerra de plus en plus, tant que vous opérerez avec zèle, désintéressement, et surtout avec foi, cette foi qui fait transporter les montagnes.

La vraie foi, Dieu seul peut vous la donner, vive et puissante. Ne me considérez jamais que comme un simple agent de la puissance naturelle (de Dieu) ne s'appartenant nullement, autre que dans les fonctions particulières à son être composé.

Pour faire cesser immédiatement un effet se prolongeant au point de vous faire craindre pour le sujet sur lequel vous expérimenterez, redoublez de zèle, confiez-vous entièrement à ma parole et invoquez mon assistance spirituelle qui ne vous fera point défaut, car ma pensée est, et sera toujours au milieu de mes amis et frères, expérimentant, pour ainsi dire, sous mon égide. Croyez fermement en vous et en la puissance sans limite du magnétisme et vous réussirez toujours vos expériences.

Je ferai servir sans crainte aucune, un talisman magnétique, pour toute espèce de maladies, mais cependant, quand on peut en avoir plusieurs, cela ne vaut que mieux.

Servez-vous aussi de la présente comme d'un talisman magnétique ma pensée la suivra partout et lui donnera la puissance d'agir efficacement selon le degré de votre foi.

Mes amitiés à nos amis de Sétif.

Tout à vous,
MANLIUS SALLES.

Réflexions à propos de talisman.

Si j'ai fait faire des épreuves photographiques de mon portrait, c'est afin de pouvoir fournir sans difficultés, autant de talismans qu'on pourra m'en demander (franco), et afin que ces talismans soient plus puissants qu'un simple objet qui n'offre en tenant en main aucun caractère particulier, le portrait de la personne à laquelle on doit penser pendant une expérience de magnétique, on est plus sûr de s'identifier mutuellement avec elle.

En tenant en main le portrait de la personne de laquelle vous invoquez l'intervention magnétique, il vous est bien plus facile, ce me semble, de concentrer sur elle toute votre pensée, qu'en n'ayant d'elle qu'un objet qui ne lui est, pour ainsi dire, pas propre.

Pour tout le monde, en France, 1 fr. 25 c. l'épreuve de mon portrait en carte de visite, rendu franco, par la poste au domicile de ceux qui m'en feront demander, 1 fr. 50 c., avec une série de ma *Revue*. L'envoi en sera fait *gratis* à tous mes abonnés.

M. S.

Sétif, le 18 novembre 1860.

Mon cher Monsieur Manlius Salles, à Nîmes.

Je vous confirme ma lettre du 11 courant, qui vous donnait les premiers résultats obtenus par votre papier magnétique.

Je n'ai pas le temps, la dernière levée va se faire et j'ai prêté à M. Quinemant le relevé de mes séances, que je vous enverrai, par le prochain courrier ne le pouvant aujourd'hui.

La séance du dimanche et du lundi a été assez extraordinaire, il a pu élever la jambe et faire toucher la tête de son lit avec la pointe des pieds : jugez le mouvement qu'il lui a fallu faire.

Enfin, il y a depuis quelques jours un commencement de décollement, c'est-à-dire, que l'on voit un léger mouvement dans l'articulation du genou, tout semble annoncer que peu à peu l'ankylose du genou se décolera.

Le talisman ayant été remis à une personne qui a une douleur dans l'épaule depuis six ans, elle a produit son effet.

Je vous remets ci inclus, la déclaration de la personne.

Elle désirerait avoir un talisman pour elle seule, elle se nomme Mérat, l'effet produit a disparu deux heures après l'opération.

Je vous serai obligé de m'en envoyer un, pour un nommé Matrey, menuisier, qui a une espèce de maladie de vessie, il urine parfois jusqu'à vingt fois par jour, et joint à cela c'est un pauvre malheureux père de famille, sans autre ressource que ses bras.

Adieu, l'heure me poursuit, je vous écrirai très longuement le courrier prochain.

Je vous serre la main de bonne amitié, votre dévoué,

C. DUMAS.

(P.S) Un papier pour un malade ne serait-il pas préférable? mon malade d'une ankylose, le nommé Dupont, son mal est dans la jambe gauche, le genou est soudé.

DÉCLARATION DE M. MÉRAT.

Après avoir placé dans ma main gauche, la clef magnétisée, j'ai éprouvé de petits mouvements nerveux dans le bras et beaucoup d'oppression à la poitrine. Au bout de dix minutes environ la tête était lourde et une sueur abondante coulait de l'extrémité des doigts; la main était entièrement mouillée.

J'ai fait alors passer la clef dans la main droite et ai essayé e me servir de mon bras gauche, qui, depuis deux ans environ, ne peut me servir; le coude avait repris beaucoup de souplesse et l'épaule aussi, ce qui m'a permis de porter ma main à la tête, ce qu'avant l'épreuve il m'était impossible de faire.

Environ deux ou trois heures après, le bras avait repris sa raideur.

M. Mérat contrôleur des marchés de Sétif.

MÉRAT.

Sétif, le 25 novembre 1860

Mon cher Monsieur Manlius Salles, Nîmes.

Je viens encore à la hâte vous donner la suite des séances : il n'y a plus rien eu de marquant depuis ma dernière, le malade se promène en ville sans béquilles, mais avec une courroie passant sous la plante du pied, puis au cou.

L'ankylose semblerait se dessouder; il y a toujours un petit mouvement dans l'articulation du genou, mais qui ne lui permet cependant aucun mouvement pour faire plier la jambe.

Encore hier soir j'y suis allé, il était fatigué d'être resté sur sa jambe debout à peu près toute la journée, le talisman une fois dans sa main a diminué la fatigue qu'il éprouvait, puis lui a procuré un bien-être dans le genou, mais il n'éprouve plus rien dans les autres parties du corps, comme il éprouvait dans les premières séances.

J'attends impatiemment l'arrivée du courrier de mardi 27, je pense que vous m'aurez envoyé un talisman tout spécial pour cet homme, il y compte aussi.

Je vous dirai que moi-même je ne suis pas bien portant, voilà 15 jours que j'ai une fièvre qui me prend presque chaque soir, j'éprouve un malaise général dans tout le corps, si vous voyez le moyen de me guérir vous me rendriez service.

Rien autre à vous apprendre, nous attendons Quinemant et moi votre réponse avec impatience.

Je vous serre la main de bonne amitié, votre dévoué,

C. D.

<hr />

UN DERNIER MOT.

J'ai reçu ces jours-ci une lettre de M. A. S. Morin, de Paris, dans laquelle il est question d'une lettre de M. le docteur Charpignon, d'Orléans, et de certaines assertions verbales de M. le docteur du Planty, de Paris, relatives à l'article de M. J. Lovy, de Paris, inséré dans le journal de M. Ch. Lafontaine, (le *Magnétiseur de Genève*) du 15 novembre dernier.

Malgré les expressions un peu vives que contiennent les lettres de M. A. S. Morin, à l'adresse de M. J. Lovy et de M. Ch. Lafontaine, je dois à mes lecteurs et à la dignité de notre cause, de leur prêter la publicité de ma modeste *Revue*, seulement mes 15 et 16me livraisons qui sont sous presse, contiendront en même temps que ces lettres, l'article de M. J. Lovy.

Je ne cesserai cependant de dire à tous mes frères en magnétisme, qu'une simple question de foi sépare, que pour le triomphe de notre cause commune, toute personnalité devrait être écartée du terrain de la discussion.

Dans ma causerie je crois avoir dit ce que je pensais au sujet des expériences que l'on dit ne pas avoir été réussies, et que l'autre prétend avoir parfaitement exécutées.

Allons frères! remettez-vous sincèrement à l'ouvrage, dans l'unique but de faire avancer sur la terre, le règne de l'unique puissance divine et de la vérité, mais de grâce ! pas de querelles ; — ce que l'un ne pourra faire, sera fait par l'autre et tous, nous profiterons de l'enseignement

MANLIUS SALLES

<hr />

Nimes, imp. D. Roger, boulevart St-Antoine. 2.

1er Volume. PRIX : 50 CENT. LA LIVRAISON. 15e Livraison.

FRANCE
52 LIVRAISONS
par la poste
12 fr.

REVUE CONTEMPORAINE

DES

ÉTRANGER
52 LIVRAISONS
par la poste
14 fr.

SCIENCES OCCULTES & NATURELLES

CONSACRÉE

à l'étude et à la propagation de la doctrine magnétiste appliquée à la thérapeutique,
à la démonstration de l'immortalité de l'âme et au développement de nos
facultés naturelles, à la réfutation de certaines croyances et de
certains préjugés populaires, à la consécration du principe de
la solidarité universelle, etc.

Psychologie et physiologie de la vie universelle

publiée avec l'approbation ou le concours

de plusieurs docteurs en médecine, avocats, théologiens, littérateurs, magnétiseurs,
médiums, et de simples magnétistes, etc.

PAR MANLIUS SALLES

Membre correspondant de la Société du Mesmérisme de Paris et de la Société
Philanthropico-Magnétique de la même ville.

Cartomancie. — Nécromancie. — Chiromancie — et autres sciences mystérieuses
dévoilées par la pratique du magnétisme.

EXPÉRIMENTEZ, ET VOUS CROIREZ.

BUREAUX : { A NIMES, chez le Directeur, librairie Maulius Salles, boulev. de la Madeleine
A PARIS, au comptoir de la librairie de Province, rue Jacob, 50, et chez
J.-B. Baillière, rue Hautefeuille, E. Dentu, Palais-Royal, et chez
M. P. Boyer, libr. édit. commissionn. rue des Grands-Augustins, 28.

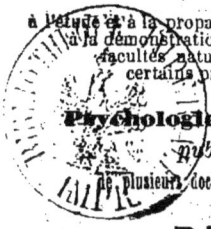

CAUSERIE INTIME.

Dans ma dernière livraison j'ai publié quelques lettres de
mon correspondant M. C. Dumas, de Sétif (Algérie), ayant
rapport à la magnétisation, à distance, par l'intermédiaire
d'un objet magnétisé. Dans la même livraison j'annonçais
que celle-ci renfermerait un article de M. Bernard, de l'Union
magnétique de Paris, et quelques lettres de M. A. S. Morin,
avocat, relatives aux dernières expériences que M. Ch. Lafontaine, de Genève, a faites ces derniers temps à Paris. Elle
contiendra aussi une lettre que M. le docteur Charpignon,
d'Orléans, a écrite sur le même sujet, à M. A. S. Morin,
de Paris, qui m'en a envoyé une copie.

Comme M. le docteur Charpignon, je regrette beaucoup
qu'il se soit élevé entre nos deux frères M. Morin et Lafontaine
un débat qui ne tend à rien moins qu'à détruire le prestige
de l'un sans augmenter celui de l'autre et à coup sûr, mettant

1

en doute la puissance même du principe magnétique, aux yeux de la plupart des gens.

Je comprends la susceptibilité de M. Morin et les exigences de sa conviction, et je suis loin de les blâmer. Mais je comprends aussi que M. Lafontaine soutienne parfois une thèse des plus ardues et des moins admissibles, la puissance magnétique qu'il possède lui ayant souvent permis de réussir des expériences extraordinaires, expériences qu'il ne pourra peut-être plus répéter.

Cependant je dois dire, en réponse à toutes les lettres que j'ai eu l'honneur de recevoir de M. Morin, que si non plus, du moins autant que tout autre, je ne patronnerai pas le moins du monde le charlatanisme et le mensonge, dussent-ils faire immensément progresser la cause du magnétisme dans l'opinion publique.

Je ne veux pas devoir ma conviction au mensonge : toute vérité qui s'élève sur un piédestal mensonger s'abîme tôt ou tard sous lui.

Dans un temps, une modestie mal comprise me faisait garder le silence au milieu du grand concert de voix qui chantaient sur tous les tons, les innombrables merveilles du magnétisme, je laissai dire et redire autour de moi une foule de choses plus ou moins erronées ; définir, de façon à la ridiculiser, la théorie du magnétisme, j'en souffrais, mais, n'ayant pas encore brisé les entraves qui me réduisaient au silence, je souffrais sans me plaindre, et j'aspirais sans cesse vers le jour où, renversant les obstacles qui s'opposaient à mes désirs, à ma pensée intime, j'osai, quoique bien souvent contraire aux idées généralement admises, produire mes théories, publier mes expériences et braver à mon tour, les ridicules critiques auxquelles sont sujettes toutes les vérités. Ne nie-t-on pas encore aujourd'hui les phénomènes les plus ordinaires que produit le somnambulisme naturel, pourquoi ne nierait-on pas ceux produits par le magnétisme ? L'incrédulité est la fille de l'impuissance.

La prochaine livraison, qui est sous-presse, renfermera une lettre de mon honorable correspondant M. Salgues, d'Angers, relative au talisman magnétique que j'ai annoncé dans ma dernière livraison.

MANLIUS SALLES

HYPNOTISME.

Il y avait autrefois un grand savant, célèbre parmi les plus savants. Ce savant habitait la ville la plus grande, la plus riche, la plus belle, la plus admirable des villes du monde entier. Les autres villes n'étaient que des bourgades, comme au prix du savant, ses collègues n'étaient que des ignorants.

Lui seul possédait la vraie science, et les quelques miettes de savoir qu'il donnait à ses admirateurs, les doctes paroles qui sortaient de temps en temps de sa bouche d'or, faisaient les délices de ses amis.

Un cénacle fut créé, dirigé, gouverné par ce grand savant C'était un redoutable tribunal, je vous jure, dont les arrêts brisaient et réduisaient à néant les doctrines toujours mal sonnantes que des inconnus, *des intrus*, avaient l'audace d'opposer aux doctrines toujours savantes de cet aréopage.

Etaient reconnus et réputés jongleurs, charlatans, imposteurs, ignares tous ceux qui ne faisaient pas partie de la docte assemblée, osaient discuter science, physique, chimie, physiologie, philosophie, et le reste. Or, il advint que des amis de la nature, mais des vrais amis, sans préjugés, sans idées préconçues, et seulement par amour de la science étudièrent l'œuvre de Dieu, œuvre sublime, et que les savants disaient connaître sur le pouce. Mais les autres n'en croyant rien, cherchèrent à comprendre certains phénomènes de la nature, à dévoiler ses secrets, ses mystères.

Ceci se passait au temps où les bêtes parlaient, c'est-à-dire au temps où la vapeur se contentait de faire sauter le couvercle d'une marmite, où l'électricité amusait de ses étincelles les physiciens étonnés, où les grands bras disloqués de nos télégraphes grimaçaient lentement du haut des tours une phrase officielle, quand le brouillard le permettait, au temps enfin où le gaz brillait par son absence dans nos rues noires, tortueuses, boueuses; c'était le bon temps.

Les membres du cénacle trouvaient que tout allait pour le

1.

mieux, que la science avait dit son dernier mot, que la nature
était un livre facile à lire à tout savant, que l'on était arrivé
à l'âge de la perfection. Les amis de la nature étaient fort
d'avis contraire. Là dessus longues discussions, mauvaise foi,
calomnie d'une part, vains efforts, peine perdue de l'autre.

A force d'études, à force de persévérance, pourtant les
amis de la nature, peu aimés des savants, arrivaient à leur
but. Ils contraignirent la vapeur a forger le fer, scier le bois,
tisser des laines, transporter de nombreuses voitures à d'é-
normes distances avec la rapidité de la foudre, par sa puissance les vaisseaux purent vaincre la mer et ses tempêtes.
L'électricité obéissant à leurs ordres, transmit la pensée d'un
bout du monde à l'autre avec une vitesse inimaginable. Le
gaz fut tiré du charbon, éblouit nos regards, éclaira nos
rues, nos palais nos demeures.

Qui fut étonné? Le savant, croyez-vous? Point. Il déclara
fort gravement un jour qu'un de ses simples disciples avait
découvert la vapeur, l'électricité, le gaz etc., qu'on pourrait
à l'avenir regarder comme choses acquises à la science l'é-
lectricité, la vapeur etc. Les jongleurs, les charlatans, les
imposteurs bonnes gens du reste, éclatèrent de rire au nez
de leurs ennemis, mais les savants battirent des mains,
admirant la sagesse et l'habile prudence de leur confrère.

Cette légende que je viens de copier pour nos lecteurs dans
un livre peu connu, rappelle à s'y méprendre l'histoire de
la découverte de l'Hypnotisme, que M. Velpeau vient, il y
a peu de temps d'annoncer au monde ébahi. M. Broca a
découvert, assure-t-il, l'hypnotisme, le sommeil nerveux; il
a découvert le moyen de cataleptiser, d'anesthésier; la science
officielle repoussant désormais le chloroforme dangereux,
utilisera ce moyen si simple, si merveilleux de faire, sans
douleur pour le malade, les opérations chirurgicales les plus
douloureuses.

Applaudissez tous, le savant docteur a trouvé par son
génie, par ses recherches, le remède ou plutôt le soulagement
à bien des souffrances, applaudissez, amis de la science,

M. Broca a découvert un puissant secours pour l'étude de la physiologie ; magnétiseurs, charlatans, prosternez-vous et applaudissez, M. Broca a découvert l'hypnotisme.

Applaudissez, mais sachez pourtant que M. Broca a découvert ce que les magnétiseurs pratiquent depuis de longues années, le disque magnétique ; que M. Broca a découvert, grâce aux indications de M. Azam, ce que M. Braid, médecin à Manchester avait découvert bien avant lui. Dans le dictionnaire de médecine de Nysten, revu par MM. Lithé et Charles Robin, publié en 1855, se trouve longuement développée la découverte de M. Braid, qui publia en 1843 à Londres ses observations sur cet état physiologique. Son ouvrage avait pour titre : *Neurypnology, or the Rationale of nervous Heep* ; considered in relation with animal Magnetism *(Études du sommeil nerveux, hypnotisme, dans ses rapports avec le magnétisme)*.

Voilà ce que la science médicale vient de découvrir ; ainsi s'écrit l'histoire scientifique ; il est fâcheux que M. Velpeau tienne la plume.

Non seulement la science officielle découvre de vieilles découvertes, mais elle va plus loin. M. le docteur Châtillon devient prophète. Après avoir traité de jongleurs les partisans du magnétisme, il leur annonce que leur règne est fini. Écoutez-le et pesez ses *mots au poids du sanctuaire.* « Si pourtant il y a un danger dans le contact de la science et de la jonglerie, il n'est pas pour la science ; et il n'est pas croyable que l'étude de l'hypnotisme fasse les affaires des magnétiseurs. Les expériences nouvelles prouvent, il est vrai, la possibilité de plonger par certaines manœuvres un individu dans le sommeil, et de le rendre insensible ou cataleptique. Mais les causes de ces phénomènes quittent le domaine du merveilleux pour rentrer dans celui de la physiologie. Ce n'est pas une force occulte ou fascinatrice qui produit le sommeil ou la catalepsie : le fluide magnétique est inutile ; il est supprimé : et s'il n'y a pas de fluide magnétique, les magnétiseurs sont bien malades. Ce qui n'empêchera pas quelques-uns d'entre eux de considérer comme un triomphe pour ce qu'ils appellent leur doctrine, l'étude que les médecins font de l'hypnotisme. Qu'ils se résignent cependant s'ils veulent éviter toute déception, à ne triompher que le jour où des expériences positives auront démontré la possibilité de lire à travers une muraille ou d'apercevoir nettement de Paris un Chinois qui se promène à Pékin.»

Eh bien ! Qu'en dites-vous ! Est-ce dit, et proprement ? Quelle sûreté de coup, quelle netteté ! Et ce Chinois derrière la muraille de Pékin ! Qu'en pensez-vous ? C'est là de l'esprit, certes, ou je ne m'y connais guère. Que voulez-vous ? ainsi découvre et prophétise la science officielle.

Dans un prochain article nous étudierons le *nouveau* procédé anesthésique, nous le comparerons au disque magnétique, au magnétisme direct, et nous montrerons l'impuissance et les dangers de l'hypnotisme dans certaines opérations.

BERNARD.

⎯⎯∘⬦∘⎯⎯

CORRESPONDANCE.

Paris, 16 novembre (1).

A Monsieur Manlius Salles, rédacteur de la *Revue Contemporaine des sciences occultes et naturelles.*

Cher Monsieur,

Je vous adresse un article pour votre estimable et utile journal. Je vous serai bien reconnaissant si vous voulez l'insérer.

Si vous recevez le journal de Lafontaine, vous avez dû voir à quelle ignoble polémique il est tombé, ainsi que M. Lovy:

---

(1) Je regrette infiniment, mes chers lecteurs, que la polémique existante entre nos honorables frères en magnétisme M. Ch. Lafontaine et M. A. S. Morin. ait pris de si facheuses proportions, cependant je dois avouer que notre cause ne peut que gagner par suite de ces vives discussions.

Je reproduis textuellement, les expressions blessantes exceptées, les lettres et l'article que M. Morin a daigné m'écrire il y a quelques jours. Et pour ne pas laisser mes lecteurs ignorer ce que dit sur le même sujet, M. Lovy apôtre dévoué et sincère, je crois, de M. Lafontaine

des injures, des provocations, des rodomontades. Et il refuse
d'insérer les réponses. Il est bon que le public apprenne à le
juger et qu'on sache la valeur des affirmations de celui qui
se fait appeler *notre maître à tous.*

La cause du magnétisme bien entendue ne peut que gagner
à se débarrasser des fourbes, des charlatans, des hâbleurs
qui la compromettent, n'admettons que des faits bien avérés;
renonçons sans sourciller aux miracles apocryphes, à ces
prodiges superbes dans les livres, mais qui manquent toujours
quand le thaumaturge est sommé de les reproduire.

Nous ne voulons tous deux que le triomphe de la vérité et
le bien de l'humanité. Je pense donc que nous ne pourrons
manquer de nous entendre.

Agréez, cher Monsieur, mes civilités affectueuses,

MORIN.

Rue St-Louis en l'île, 54.

A M. Manlius Salles, directeur de la *Revue contemporaine
des sciences occultes et naturelles.*

Monsieur et cher collègue,

Vos lecteurs ont été instruits, notamment par une lettre
de M. Bauche (p. 175) du débat soulevé entre M. Lafontaine
et moi, concernant certaines expériences magnétiques re-
latées par cet auteur, et sur lesquelles j'avais cru devoir
élever des doutes dans mon ouvrage *Du Magnétisme et des
sciences occultes.* Il est clair que le seul moyen de faire avan-

dans le journal de ce dernier (du 15 novembre expiré) je reproduis
aussi son article.

Si l'on compare la lettre de M. Morin avec l'article de M. Lovy on ne
peut douter qu'il n'y ait erreur et exagération dans l'un ou dans l'autre
de ces deux comptes-rendus, je ne me pose pas en juge, car ce que
l'un affirme avoir vu faire et l'autre n'avoir pas été fait, pourrait fort
bien, je crois, se faire. Arrière donc toutes ces aigreurs! et vive la
force de conviction qui aide à supporter avec calme et bonhomie toutes
les oppositions honnêtes, et qui n'en inspire pas d'autres.

Note de MANLIUS SALLES.

cer la question, est d'imiter ce philosophe de l'antiquité, devant lequel on niait le mouvement, et qui, pour toute réponse, se mit à marcher.

Au mois de mai dernier, M. Lovy, correspondant de M. Lafontaine, me proposa une conférence sur les faits à élucider. On se réunit au bureau de l'*Union Magnétique*; il y avait, outre M. Lovy et moi, MM. Millet, gérant du journal, Dureau, rédacteur en chef, Petit d'Ormoy et Alix. M. Lovy annonça que l'intention de M. Lafontaine était de se laver de toutes les accusations dont il avait été l'objet, qu'il voulait en sortir blanc comme neige, et qu'il répéterait devant tels commissaires que l'on voudrait choisir, toutes les expériences décrites dans son livre. Cette proposition fut accueillie avec satisfaction; on pria M. Lovy de faire un choix parmi ces expériences, et voici celles qu'il détermina :

1° M. Lafontaine tuera un crapaud par le regard.

2° Il fera dévier, dans le sens qu'on lui indiquera, une petite baguette de bois librement suspendue par un fil et placée sous un globe de verre, et cela sans contact.

3° On lui présentera deux carafes semblables remplies d'eau puisée dans le même bassin et bien bouchées. Il magnétisera l'une de ces carafes. On les exposera à une température au-dessous de zéro. L'eau non magnétisée se congélera, et l'eau magnétisée restera liquide.

4° On placera sur le plateau d'une bascule-balance une personne de son choix, et sur l'autre plateau des poids qui lui feront équilibre. Quand l'équilibre sera bien établi et les plateaux maintenus dans la position horizontale, M. Lafontaine agissant sans contact et sans l'emploi d'aucun appareil, attirera de bas en haut la personne qui se trouvera sur le plateau.

Ce programme fut accepté. Une souscription fut même ouverte pour payer les frais de voyage de M. Lafontaine. Tout était convenu et arrêté. Mais, dans le numéro du 15 mai du *Magnétiseur*, journal publié par Lafontaine, M. Lovy métamorphosa la proposition par lui faite en une invitation adressée à M. Lafontaine, et tourna en dérision les épreuves concertées; il trouvait au-dessous de la dignité de celui qu'il appelle *notre maître à tous*, de se déranger pour venir opérer *devant un petit jury parisien.*

Plus tard, M. Lafontaine mieux inspiré comprit que la polémique la plus virulente ne pouvait rien prouver et que les plus beaux articles de journal n'auraient jamais la valeur d'un fait bien constaté. Il annonça dans son numéro du 15 octobre, qu'il viendrait à Paris faire des expériences sur les aiguilles, sur des somnambules placés sur des bascules, et sur des sourds-muets; expériences qui prouveraient d'une manière irréfragable, non-seulement l'existence du fluide magnétique, mais aussi son analogie avec le fluide magnétique minéral. » Il abandonne, nous ne savons pourquoi, deux des quatre expériences promises en son nom : celle du *crapaud* eût été surtout fort intéressante.

C'est le 10 novembre que la séance d'expérimentation a eu lieu à Paris, rue Richer, chez le somnambule Charavet. Il n'y avait pas de commission instituée pour surveiller les expériences, ce qui devait leur ôter beaucoup de valeur en cas de succès. On remarquait, parmi les personnes présentes : M. le docteur Du Planty, président de la société Philantropico-magnétique, M. Bauche, secrétaire de la société du Mesmérisme, MM. Louyet et Ogier, membres des deux sociétés, M. Jobard (de Bruxelles), M. le docteur Charpignon (d'Orléans), M. Louis Figuier, auteur de l'*Histoire du Merveilleux.* N'ayant pas eu l'avantage d'y assister, j'en rends compte d'après les témoignages conformes de trois des assistants susnommés.

M. Lafontaine plaça sur un des plateaux de la bascule, une somnambule qu'il déclara en état de catalepsie totale : on mit des poids sur l'autre plateau. Quand l'équilibre fut bien établi et la bascule immobile, l'opérateur montant sur une table, se mit à gesticuler avec force pour attirer le sujet. Après une assez longue attente, une légère oscillation eut lieu, et puis les deux plateaux reprirent leur position horizontale. Quelques personnes paraissaient disposées à se contenter de ce résultat, lorsque M. Charpignon intervenant déclara que cette expérience n'était pas concluante. Tout le monde sait que le savant et consciencieux docteur est un des plus zélés et des plus éclairés partisans du magnétisme, et que son observation n'était dictée que par l'amour de la vérité sans s'inquiéter des murmures, il offrit de prouver ce qu'il avançait. Il prit sur le plateau la place de la somnambule; on posa des poids sur l'autre plateau : quand l'équilibre fut bien établi, M. Charpignon se mit à respirer fortement : aussitôt il se produisit une oscillation toute pareille à celle qui avait eu lieu dans la première expérience. Il était donc démontré qu'une telle oscillation pouvant être due à l'action du sujet, ne pouvait être présentée comme preuve de l'action attractive du magnétiseur. M. Lafontaine déclara qu'il allait recommencer l'expérience. Il fit replacer la somnambule dans les mêmes conditions qu'auparavant : il se remit à gesticuler avec véhémence ; mais il n'obtint aucun résultat, tout demeura immobile.

On passa à la seconde expérience. Une aiguille de cuivre était suspendue par un fil de soie, le tout renfermé dans un bocal de verre : au dessous de l'aiguille, était un cercle gradué pour mesurer la déviation. L'appareil était placé sur une table. M. Lafontaine fit d'énormes efforts pour produire une déviation : l'aiguille ne bougea pas. L'opérateur déclara qu'il était fatigué et renonça à continuer.

Bien que ces tentatives aient été infructueuses, nous pensons qu'il importe de leur donner de la publicité. Les amis sincères du magnétisme ne recherchent que la vérité. Sans doute, l'insuccès d'une expérience n'en prouve pas l'impossibilité : mais quand on voit échouer celui dont les affirmations tranchantes et réitérées avaient fait le plus de bruit, celui qui dernièrement encore prétendait donner des leçons à une des sociétés magnétiques de Paris, il est permis de concevoir des doutes sur la réalité des succès qu'il s'attribue, on doit être très-réservé sur l'admission des faits insolites et transcendants, on doit comprendre que (sauf les phénomènes vulgaires et quotidiens du magnétisme) la majeure partie des faits consignés dans les traités, devrait être soumise à une sévère révision. On ne devrait célébrer des résultats qu'après les avoir souvent reproduits et contrôlés. C'est ainsi que le magnétisme pourra devenir scientifique. Une chute peut donc fournir un enseignement utile.

Agréez, Monsieur et cher collègue, l'assurance de mes sentiments sympathiques. A. S. MORIN.

Extrait de la correspondance particulière du journal le Magnétiseur.

M. Ch. Lafontaine à Paris. Ses expériences dans les salons de MM. Robert et Charavet.

Paris, 22 novembre 1860.

Avant de poursuivre le dénombrement à vol d'oiseau du personnel mesmérien de Paris, j'ai hâte de parler d'un événement qui a bien son importance. Appelé à Paris dans les premiers jours de novembre pour des affaires personnelles, notre praticien de Genève, M. Ch. Lafontaine, le directeur de ce journal, a profité de son séjour parmi nous pour faire quelques expériences devant un petit nombre d'hommes compétents.

Une certaine réaction contre le fluide étant depuis quelque temps à l'ordre du jour, on ne saurait trop multiplier les démonstrations de physiologie magnétique; car il s'agit tout à la fois de confondre les négateurs systématiques, de maintenir le bénéfice des faits acquis et de prouver la réalité d'un agent en dehors de l'imagination et de la volonté. Or, qui, mieux que M. Lafontaine, pouvait nous présenter quelques spécimens de mesmérisme physiologique, dont il est, depuis vingt-cinq ans, le représentant le plus notable?

Toutefois, disons-le bien vite, il n'était question ni de commission, ni de séance d'apparat, ni d'examen de capacité passé devant un jury parisien: ses expériences s'adressaient à un cercle très-restreint de savants, de docteurs, de magnétistes, de représentants de la presse et de gens du monde, réunis

dans les salons de MM. Robert et Charavet. Cette petite soirée
eut lieu le 10 novembre ; dès huit heures, tout le groupe
d'invités était à son poste, et les dames ne manquèrent pas
à l'appel.

Parmi les assistants, on remarquait M. Louis Figuier, l'é-
minent historiographe du monde occulte ; le docteur Castle, le
célèbre phrénologue ; notre magnétologue d'Orléans , le docteur Charpignon; M. Jobard, le directeur du musée de Bruxelles;
le docteur du Planty, président de la *Société philantropico-
magnétique* ; M. Delamare, directeur de la *Patrie* ; le comte
Szapary, l'auteur de *Magnétisme* et *Magnétothérapie*; M. Henri
Berthoud, qui , sous le pseudonyme de *Sam*, nous donne ,
dans le journal de M. Delamare, de si piquantes esquisses de
physiologie végétale : M. Théodore Cogniard, auteur dramatique; M. H. Disdier, l'auteur de la *Conciliation rationnelle
du droit et du devoir*; le docteur Louyet; M. Allix, et plusieurs
auteurs délégués de la phalange mesmérienne, notamment
MM. Winnen, Fortier, Bauche, Ogier, Canelle, Angerville.

Après une très-courte allocution à son auditoire , M. Lafontaine débuta par des effets de catalepsie et d'insensibilité ,
obtenus sur un sujet du sexe féminin. Ici , le praticien de
Genève est passé maître; on sait avec quelle vigueur il envahit le système nerveux : sous sa puissante influence, l'a-
gent anesthétique joue son jeu franchement, et la main du
sujet, transpercée par une aiguille, démontra aux incrédules, —
tout en les faisant frissonner, — la réalité d'un agent physique.

Pour prouver ensuite l'analogie du fluide magnétique vital
avec le fluide minéral , M. Lafontaine se livra à quelques-unes
de ces expériences qu'il avait faites avec tant de succès à Paris
il y a une quinzaine d'années, et que, depuis, il renouvela
maintes fois à Genève.

Afin de mettre mes lecteurs à même de bien apprécier la
nature de ces expériences, je crois utile de les renvoyer à
l'ouvrage de M. Ch. Lafontaine , l'*Art de magnétiser* (3ᵐᵉ
édition, chapitre IV) :

« J'avais observé, dit-il, qu'en mettant un morceau de fer dans le plateau d'une balance, et en chargeant l'autre plateau d'un poids égal, de manière qu'il y eût parfait équilibre, si je présentais un aimant au-dessus du fer, le plateau sur lequel étaient les poids descendait, et le plateau sur lequel était le fer s'élevait, comme si le fer fût devenu plus léger. Il ne pouvait cependant pas y avoir diminution de poids, puisque je n'y touchais pas et que le fer restait dans la même position, mais le plateau montait par la force attractive de l'aimant sur le fer.

« J'essayai cette expérience sur une jeune fille, et, après l'avoir mise en catalepsie, comme dans l'expérience précédente, je la posai debout sur le plateau d'une balance, je chargea l'autre plateau de manière à obtenir un équilibre parfait; puis, montant sur une table afin de dominer et de pouvoir agir sur la tête, j'attirai à moi fortement, et bientôt le plateau sur lequel était le sujet s'éleva, comme avait fait celui du fer, à l'attraction de l'aimant.

« J'ai fait encore une autre expérience : Après avoir, comme dans la précédente, produit un état cadavérique, j'ai placé le haut de la tête d'une jeune fille sur le bord d'une chaise, de sorte qu'il y eût à peine la moitié de la tête qui touchât, puis l'extrémité des talons sur une autre chaise. Quoiqu'il n'y eût que ces deux points d'appui, j'ai agi fortement sur les pieds, et tout à coup *ils se sont élevés ensemble*, le corps n'ayant d'autre appui que le haut de la tête. »

Ce sont ces deux expériences (la *bascule* et l'*élévation des pieds*) que M. Lafontaine nous offrit successivement dans le salon de MM. Robert et Charavet, aux applaudissements de tous les assistants.

Puis il provoqua sur son sujet le phénomène de l'extase sous l'influence musicale, état mixte très-connu de nos magnétiseurs parisiens, mais dont beaucoup d'entre eux ne savent pas suffisamment régler et limiter les expansions.

M. Lafontaine avait réservé pour le bouquet les effets d'attraction sur une aiguille, suspendue par un fil de cocon dans

un bocal hermétiquement fermé ; mais la fatigue du magnétiseur était si grande par les efforts faits pour réussir les premières expériences, que l'aiguille sembla, cette fois, trahir les
efforts de l'opérateur. Heureusement, pour la démonstration, M. Charavet, tentant l'expérience, produisit un mouvement perceptible ; ajoutons qu'un autre magnétiste, M. Canelle, avait, avant que la séance fût commencée, également
déjà obtenu la déviation de l'aiguille, en présence de quelques membres de la *Société du mesmérisme*. M. Lafontaine
n'en demandait pas davantage ; tout en revendiquant la prio-
rité de ces expériences (1), il n'en réclame pas le monopole,
mais il tenait principalement à cœur d'en constater la possibilité.

Or, ces faits sont désormais acquis au magnétisme, et leur
obtention devient la condamnation flagrante de certains individus, qui, n'ayant jamais su les produire, crient à l'imposture.

Tout le monde regrettera que ces intéressantes démonstrations se soient bornées à une seule séance ; mais les malades
de Genève rappelaient impérieusement notre praticien, qui
n'eut que le temps de terminer ses affaires personnelles et
de serrer la main à ses anciens amis.

Autre correspondance particulière.

Paris, 8 décembre 1860.

Monsieur,

J'ai eu l'honneur de vous adresser la relation exacte de ce
qui s'est passé à la séance de Lafontaine. Depuis que je vous
ai écrit, j'ai reçu du docteur Charpignon une lettre qui confirme
de point en point tout ce qui m'avait été rapporté par trois témoins oculaires et parfaitement honorables. Je vous aurais
adressé copie de cette lettre si sa longueur ne m'eût effrayé ;
cependant, si vous le désirez, je vous la ferai passer. D'autres
témoins, notamment M. le docteur Du Planty, m'ont encore
confirmé tous ces détails.

(1). Voir l'*Art de magnétiser*, 3ᵐᵉ édition, chapitre IV, pages 47 et suivantes ; expériences faites en 1844, conjointement avec M. Thilorier.

Néanmoins, Lafontaine et son paillasse Lovy, dans leur n° du 15 novembre, ont eu l'impudence de publier un récit mensonger, où leurs échecs sont transformés en victoires. L'intérêt de la vérité et l'honneur du magnétisme font un devoir de confondre un charlatanisme aussi éhonté. Il y a une question qui domine tout, c'est celle de la probité.

Confiant dans votre concours loyal je vous prie d'agréer, cher Monsieur, l'assurance de mes sentiments d'estime et de sympathie.

MORIN.

Rue St-Louis en l'Ile, 54.

FAITS DIVERS.

Nous lisons, dans un journal qui paraît à Moscou, le fait suivant :

» Le médecin du district de Pokroff, M. Sokovnine, nous a communiqué le récit d'un événement extraordinaire qui vient de se passer dans son district. Une fille de paysan du village de Stchetinova, nommée Marthe Kirilova, partit le 29 février pour aller dans un village voisin. Elle fut atteinte en route par un chasse-neige effrayant, qui, en peu de temps, amoncela autour d'elle une énorme quantité de neige; elle ne put alors poursuivre son chemin et s'assit près d'un bois. Dans cette position, elle s'endormit et fut entièrement ensevelie sous la neige.

» Un mois se passe, et Marthe ne revenant pas au village, ses parents la crurent morte ou perdue. Mais le 31 mars, un paysan passant par le même endroit avec deux chiens, ceux-ci coururent au bois, s'arrêtèrent à la place où Marthe avait été ensevelie et commencèrent à aboyer. Pensant que les chiens avaient découvert quelque gibier, le paysan s'approcha d'eux et vit, sous un morceau de neige à demi fondue, deux pieds avec des chaussons d'écorce, ainsi que les débris d'une pelisse et d'un sarafane. Le paysan ne savait que faire; en se baissant pour mieux se rendre compte de ce qu'il pouvait y avoir sous ce monceau de neige, il entendit avec effroi une voix qui disait : « Levez-moi ! » Effrayé, le paysan se mit à courir; arrivé dans le premier village, il raconta à l'ancien ce qu'il avait vu et entendu, et celui-ci convoqua immédiatement tous les paysans.

» Le lendemain, 1er avril, on se rendit à l'endroit indiqué, on déblaya la neige et on en retira Marthe, encore vivante, mais très-épuisée. Ses vêtements étaient pourris et tombaient en lambeaux dès qu'on y touchait ; mais elle avait encore assez de connaissance pour prier les paysans de couvrir son corps et d'appeler des femmes, car elle avait honte de se trouver ainsi devant des hommes. Son désir fut aussitôt satisfait ; on apporta du village des vêtements, les femmes l'habillèrent et on la transporta dans une habitation, où on lui donna un peu de nourriture pour ranimer ses forces. Elle avait sur le corps quelques plaies, mais le médecin lui administra les secours né-cessaires, et elle est maintenant presque entièrement remise.

» Elle a dit aux paysans et à l'officier de police qui l'ont in-terrogée, qu'elle avait dormi la plus grande partie du temps, et que quelquefois seulement, pendant son sommeil, elle avait senti de la douleur dans différentes parties du corps. Réveillée par l'aboiement des chiens, elle avait pensé qu'il y avait du monde autour d'elle, et qu'elle avait crié pour qu'on la sou-levât ; mais, dit-elle, lorsque les chiens se turent, elle s'en-dormit de nouveau et se réveilla seulement quand on eut dé-blayé la neige. Le médecin, après avoir pris toutes les infor-mations, a fait sur cet événement extraordinaire un rapport officiel au Comptoir sanitaire de Vladimir. »

Nous n'osons croire vrai ce récit, mais nous sommes loin de le dire faux, la catalepsie produisant des effets surprenants.   M. S.

UN DERNIER MOT.

Depuis quelques jours on me demande beaucoup d'exemplaires du talis-man magnétique dont j'ai parlé dans ma dernière livraison. Mais le pho-tographe, contrarié par le temps, ne peut me livrer que très-peu d'épreuves. Je prie les personnes qui m'en ont demandé de patienter encore quelques jours.

Nimes. imp. D. Roger, boulevart St-Antoine. 2.

1er **Volume**. Prix : 50 cent. la Livraison. 16e Livraison.

93
61

FRANCE
52 LIVRAISONS
par la poste
12 fr.

ÉTRANGER
52 LIVRAISONS
par la poste
14 fr.

REVUE CONTEMPORAINE

DES

SCIENCES OCCULTES & NATURELLES

CONSACRÉE

à l'étude et à la propagation de la doctrine magnétiste appliquée à la thérapeutique,
à la démonstration de l'immortalité de l'âme et au développement de nos
facultés naturelles, à la réfutation de certaines croyances et de
certains préjugés populaires, à la consécration du principe de
la solidarité universelle, etc.

Psychologie et physiologie de la vie universelle

publiée avec l'approbation ou le concours

de plusieurs docteurs en médecine, avocats, théologiens, littérateurs, magnétiseurs,
médiums, et de simples magnétistes, etc.

PAR MANLIUS SALLES

*Membre correspondant de la Société du Mesmérisme de Paris et de la Société
Philanthropico-Magnétique de la même ville.*

Cartomancie. — Nécromancie. — Chiromancie — et autres sciences mystérieuses
dévoilées par la pratique du magnétisme.

EXPÉRIMENTEZ, ET VOUS CROIREZ.

BUREAUX :
{ A Nimes, chez le Directeur, librairie Manlius Salles, boulev. de la Madeleine
A Paris, au comptoir de la librairie de Province, rue Jacob, 50, et chez
J.-B. Baillière, rue Hautefeuille, E. Dentu, Palais-Royal, et chez
M. P. Boyer, libr. édit. commissionn. rue des Grands-Augutlis, 28.

SOMMAIRE.

CAUSERIE INTIME.

Certainement je pourrais considérer comme remplaçant ma causerie, les différentes notes dont j'ai accompagné la plupart des articles que renferme cette livraison ; mais, le plaisir que j'éprouve à m'entretenir avec mes lecteurs me force à écrire encore ces quelques lignes ; et puis, peut-on laisser passer sous silence les différents faits qui s'accomplissent de nos jours et au milieu de la partie la plus incrédule de la société ! Non, il est du devoir de tout magnétiste de protester contre le zèle outré de quelques-uns et contre l'entêtement ridicule que les autres mettent à repousser la vérité.

Hier (14 janvier 1864) il m'a été dit que l'un des journaux de Lyon annonçait l'arrestation de deux ouvrières accusées d'avoir produit les faits qui avaient eu lieu dans la rue de la Vieille-Monnaie, faits, dont je reproduis ci-après les détails d'après le *Salut Public* de Lyon.

Il n'est pas probable que les deux ouvrières en question aient pu produire ce dont on les accuse, car, à supposer même que des moyens physiques les eussent mises en position de le faire, en avaient-elles le moyen ou devaient-elles en retirer quelques bénéfices? cela ne saurait être : donc je ne crois pas à leur culpabilité, et je ne doute pas une minute de l'ignorance, en cette matière, du journal qui annonce leur arrestation.

J'ai reproduit aussi un article de l'*Opinion Nationale* du 8 janvier courant, dans lequel il est question de la puissance extraordinaire de M. Squire, médecin américain. Avec les plus zélés spiritualistes, je crois à la sincérité de M. Squire comme j'ai cru à celle de M. Home, mais n'ai-je pas raison de regretter que les phénomènes dont il est le provocateur ne puissent se produire que dans la plus grande obscurité? Cela paraît louche et est de nature à faire supposer par les incrédules, et même par beaucoup de croyants, que M. Squire et ses coopérateurs ne sont que des compères ou des dupes (termes de M. Mabru).

Pourquoi les esprits qui se produisent ainsi de nuit ou du moins dans l'obscurité ne se produiraient-ils pas au milieu de la plus grande lumière? Craindraient-ils de se manifester au grand jour, eux qui ont pour mission de nous instruire et de nous tracer la ligne de conduite que nous devons suivre ici-bas? Non, s'ils ne se manifestent pas au grand jour, c'est que ceux qui les appellent ne sont pas en possession d'un degré suffisant de foi. Il en est pour cela comme pour les effets de magnétisme que certains magnétiseurs prétendent ne pouvoir être produits qu'à l'aide de tel ou tel moyen, tandis que je puis certifier qu'il n'y a pas de méthode meilleure l'une que l'autre pour un magnétiste croyant sincèrement à l'origine et à la nature divine de la puissance magnétique.

Au moment de mettre sous presse je reçois une lettre de mon correspondant M. Quinemant, de Sétif, par laquelle il me demande deux de mes talismans magnétiques et me promet la prochaine relation des séances particulières et intimes de magnétisme qu'il va avoir chez lui, ou celle des cures qu'il obtiendra par l'effet des talismans en question. A ce propos j'engage tous ceux de mes lecteurs auxquels j'ai envoyé des talismans de vouloir bien me renseigner sur les résultats de leurs expériences qnels qu'ils soient.

Le temps me presse et me force à cesser un entretien que je voudrais voir se prolonger indéfiniment, mais, le restant de cette livraison étant sous presse je ne puis ni ne dois faire attendre plus longtemps cette causerie.

Adieu donc mes chers lecteurs et au revoir.

MANLIUS SALLES.

CORRESPONDANCE.

A Monsieur Manlius Salles, directeur de la *Revue contemporaine des sciences occultes et naturelles.*

Paris, 21 décembre 1860.

Mon cher Monsieur,

Je suis surpris de n'avoir reçu aucune réponse aux deux lettres que j'ai eu l'honneur de vous adresser. Par la première, je vous rendais compte d'une importante séance de Lafontaine. Par l'autre, je vous informais que M. le docteur Charpignon avait joint son témoignage écrit aux trois témoignages oraux, tous parfaitement concordants sur cette séance.

Je viens aujourd'hui vous offrir la copie de la lettre de M. Charpignon, et vous en demander l'insertion dans votre feuille. Tout considéré, je pense que cette pièce ferait un meilleur effet qu'une relation signée de moi (1).

Je vous serai obligé de me faire connaître la décision que vous aurez prise sur cet objet.

Comme dit notre confrère Charpignon : la vérité doit passer

(1) Cette relation a été publiée dans ma dernière livraison.

avant tout, et c'est un devoir d'empêcher que le public ne soit trompé. . . . .

Je compte sur votre obligeance et vous prie d'agréer, cher Monsieur, l'assurance de mes sentiments dévoués et sympathiques. . .

MORIN.

⸺◦◦◇◦◦⸺

Orléans, 20 novembre 1860.

Monsieur,

Vous m'exprimez le désir d'avoir la relation des expérien-ces que M. Lafontaine a données à Paris, le 10 novembre. Je comprends l'intérêt que vous attachez au récit d'expériences dont vous avez été l'instigateur par divers écrits de nature à piquer au vif celui dont vous attaquiez la sincérité. M. Lafontaine a répondu à ce défi, en venant répéter devant un public de choix, plusieurs des expériences que vous lui contestiez.

Ayant reçu une invitation d'assister à la réunion, je me suis empressé de m'y rendre, tant j'étais désireux de voir ce qui avait rapport à l'attraction d'un sujet magnétisé et à celle d'une aiguille suspendue en vase clos. J'ai été surpris de ne pas vous rencontrer en cette circonstance, mais il paraît que des motifs particuliers, très-regrettables, vous ont empêché de vous entendre avec M. Lafontaine. Quoi qu'il en soit à cet égard, puisque vous avez assez de confiance en moi pour me demander le résultat de cette séance, et quoique vous eussiez pu trouver auprès des membres distingués des sociétés du magnétisme, qui étaient présents, les renseignements que vous désirez, je vous satisferai très-volontiers.

Le sujet de M. Lafontaine était une jeune personne qu'il avait amenée de Genève. Mise dans l'état magnétique, elle a présenté l'insensibilité la plus complète aux piqûres des longues aiguilles qui lui *traversaient* la main et les chairs des bras, insensibilité qui était bien due à l'action magnétique et qui ne peut être confondue avec l'insensibilité superficielle de l'hystérie. Le magnétiseur produisait cette insensibilité, soit pendant l'état magnétique, soit seulement localement, le sujet étant réveillé.

La seconde expérience était l'attraction de la magnétisée, opérée de telle sorte qu'il parût évident que le sujet n'y étai pour rien, non pas volontairement, car en théorie magné- tique on n'en est plus à ces soupçons, et le phénomène est facile à produire, mais il fallait que le sujet ne cédât pas à l'attraction par une contraction musculaire opérée sous l'in- fluence magnétique. En d'autres termes, le sujet devait obéir à l'attraction aussi passivement que le fer à celle de l'aimant. Or, c'est ce phénomène que je tenais à voir, parce qu'à une certaine époque j'avais été invité à me rendre à Rheims pour constater l'enlèvement si complet d'une somnambule, qu'entre ses pieds et le sol on passait et repassait la main. Je fus empêché d'aller voir cet étrange phénomène ; dont certaine- ment je n'eusse tenu aucun compte si plusieurs autres affir- mations et certaines analogies consignées dans les annales religieuses, ne m'eussent fait un devoir de suspendre mon jugement. J'ai parlé de cela dans les éditions de 1844 et 1848 de ma Physiologie du magnétisme.

M. Lafontaine, pour établir l'analogie des attractions ma- gnétiques, animale et minérale, posa d'abord sur une ba- lance-bascule une clé, et après équilibration, il fit varier la balance en présentant à la clé un aimant qui agissait assez pour rompre l'équilibre, sans pourtant soulever la clé du plateau. Ayant remplacé la clé par la jeune fille, rendue par la catalepsie magnétique aussi immobile qu'une statue, et appuyée par les genoux contre le montant de la bascule ; M. Lafontaine monta sur une table placée derrière, et élevant les mains à distance de la tête, on vit la bascule perdre l'é- quilibre par des oscillations très-sensibles. Le sujet avait donc été attiré du plateau, non pas assez pour qu'entre ses pieds et la planche il y eut un intervalle, mais assez pour que le plateau supportât un poids moindre.

Observateur attentif, j'avais vu les faibles objets dont il

était besoin pour achever l'équilibre des poids; c'étaient quelques morceaux de papier qu'il avait fallu ajouter successivement, un gramme, un demi, un quart de gramme suffisaient! Et encore la variation d'équilibre avait été peu profonde et sans fixité. L'idée me vint qu'une si minime variation dans les oscillations ne pouvait suffire pour prouver l'attraction comme cause réelle du mouvement, ou que les lois de la pesanteur pouvaient reproduire le phénomène. Appuyée contre le montant de la bascule, la personne pouvait s'élever tant soit peu sur la pointe des pieds et déplaçant ainsi son centre de gravité, déterminer une oscillation de la bascule : mais il n'en fut certainement rien, car les pieds attentivement surveillés ne quittaient pas le plateau. Ce fut l'élévation du thorax et sa compression momentanée, modification déterminée par la contraction des muscles de cette partie et de tous ceux qui contribuent aux mouvements respiratoires. Cette contraction musculaire en opérant l'ampliation ou la déplétion prolongée de la poitrine augmentaient ou diminuaient la quantité d'air contenue dans les poumons, et par cela même, la pesanteur du sujet variait, car on sait que le litre d'air ne pèse que 1 gramme 26. — A cette cause s'ajoutait, par suite de l'élévation de la poitrine, la rupture de l'immobilité absolue, si nécessaire pour le maintien d'un équilibre obtenu à l'aide de poids si minimes. Pénétré de cette explication, je n'hésitai pas à dire à M. L., que l'expérience resterait douteuse si elle pouvait être reproduite par une personne non magnétisée. Etonné de mon observation, M. L. la prit cependant en très-bonne part, convaincu qu'elle m'était inspirée dans l'intérêt du magnétisme, et doutant de sa valeur, tant il était de bonne foi et certain qu'en dehors de son action magnétique on ne ferait pas varier l'équilibre de la bascule, il me fit prendre la place du sujet. Comme je l'avais prévu, je fis osciller la bascule. Le fait fut constaté, et il enleva à l'expérience de M. Laf. le caractère particulier d'un phénomène d'attraction magnétique. Les avis se partagèrent, mais l'expérience resta douteuse.

Pour moi, le fait reste magnétique, et voici comment. Je ne suppose aucune préméditation de la part de la jeune personne, elle était bien dans l'état de catalepsie magnétique, mais l'action du magnétiseur pour produire l'enlèvement déterminant la contraction musculaire, du sujet dans le sens de l'élévation de la poitrine, il en résultait des effets physiques qui changeaient les conditions de l'équilibre. J'attends donc encore l'attraction complète, en dehors des lois physiques connues.

Quant à l'expérience de l'aiguille, M. Laf., pour la démontrer, avait apporté un globe de verre dans lequel était une paille suspendue à un fil de cocon de soie, et un cadran à division marquait les variations de l'aiguille. Ce fut en vain que M. L. tenta, à travers le verre, de faire dévier la paille immobile. Malgré les succès qu'on dit avoir obtenus d'autres fois, je ne crois pas à cette action du magnétisme humain. Les déviations obtenues si passagèrement, sont, suivant moi, l'effet des courants d'air échauffé. Si la cause des mouvements de cette sorte de pendule était due à l'agent magnétique, ces mouvements se produiraient régulièrement et d'autant plus qu'on a affaire à un objet inanimé, grande différence d'avec les sujets qu'on veut magnétiser, individualités qui recèlent en eux une activité propre, capable d'annihiler l'influence du magnétiseur.

En somme, la séance dont je viens de parler, n'a pas contribué à élucider la question litigieuse du fluide magnétique, question du jour, bien controversée, et que vous avez carrément tranchée par la négative, oubliant à votre tour qu'il est imprudent de poser des lois aux mystères de la nature ; et, convenez en, quel mystère que le magnétisme ! Son étude date d'hier, et nous voulons fixer ses lois et ses limites ! Chacun des magnétiseurs, et moi comme les autres, a bien quelque chose à se reprocher à cet égard. Les faits sont réels, mais quelle est leur causalité ? Est-elle animique ou fluidique, tient-elle des deux natures ? Le fluide est-il l'éther, est-il individualisé ? Questions importantes que l'avenir résoudra certainement avec les travaux persévérants et conscieneieux de chacun de nous. Le propre de l'homme vraiment ami de la vérité et de la science est de toujours dire *vrai*, et de laisser ses opinions de théorie quand la force des faits et une intelligence supérieure ou plus heureuse a trouvé une autre théorie plus vraie. J'ai beaucoup fait, beaucoup vu, beaucoup cherché, beaucoup écrit; j'ai adopté la théorie mixte de l'animisme et du fluide. J'ai cru avoir bien observé les faits en faveur de l'admission d'un agent; mais je suis tout prêt, quoi qu'il en coûte, à renoncer à mes idées ou à les modifier. Si des études plus parfaites, d'autres expérimentations rendent mieux compte des faits, que tous fassent de même, et tout ira bien.

Je vous ai longuement écrit, Monsieur, j'ai voulu répondre à votre désir; mais, en retour, je demande que si vous aviez besoin de publier quelque chose de cette lettre, vous la citiez entière pour éviter des malentendus et des fausses interprétations; car pour moi, la science, en cette affaire, est tout.

Signé CHARPIGNON.

—◇◆◇—

Angers, le 26 décembre 1860.

Monsieur,

Je viens de recevoir la 14e livraison de votre *Revue des Sciences occultes*, où j'ai remarqué avec intérêt la puissance magnétique que vous pouvez donner à un morceau de papier et notamment pour les guérisons des douleurs et infirmités à votre portrait photographié, que vous offrez de transmettre à qui voudra en faire usage avec la foi. J'ai d'autant mieux cette foi que je sais que le célèbre magnétiste spiritualiste M. Cahagnet a endormi une fois un jeune homme, du nom de Rey, en Amérique, au moyen d'une lettre qu'il lui écrivait, et qu'il avait magnétisée avec le désir, la volonté qu'elle l'endormit. A cet effet, il lui recommanda d'appuyer cette lettre sur son front pendant quelques minutes, et le jeune homme dormit, je crois, douze ou quinze heures. Je connais d'ailleurs toute la puissance du magnétisme par moi-même; car, sans être magnétiste, il m'est arrivé quelques fois de guérir des malades au plus mal, seulement en une demi-heure. Un médecin sortait de chez un de mes voisins il y a 3 ans, à 8 heures du soir, et avait déclaré que, si sa névralgie persistait jusqu'au lendemain matin, il le regardait comme perdu. Quoiqu'à 74 ans alors, je voulus m'essayer, malgré l'état effrayant du malade : je le magnétisai une demi-heure, et il s'endormit, pour s'éveiller un quart d'heure après, me demandant si je faisais des miracles : il me dit ne plus sentir aucun mal, se rendormit et, quoique sujet à cette maladie au moins deux fois par mois, il a toujours été bien portant depuis ce temps.

Vers cette époque une dame fut prise aussi d'une névralgie des plus violentes, et voulait se jeter par la fenêtre. Ayant eu connaissance de son état, j'allai la magnétiser pendant 35 minutes, et aussitôt elle a été parfaitement guérie, et, depuis, elle n'a jamais rien ressenti de semblable. Un commis voyageur, fut amené du chemin de fer, atteint d'une céphalalgie insupportable, de suffocation et de prostration à ce point de ne pas pouvoir faire usage de ses jambes. J'en fus informé, j'allai le trouver, et, malgré son incrédulité sauvage, je lui proposai de le magnétiser sur la tête ; ce qu'il accepta. Sept minutes après il me dit qu'il lui semblait que je lui tirais des vers de la tête. Alors je le laissai ; un quart d'heure après, il n'avait plus mal à la tête, mais il s'inquiétait de l'état de ses jambes ; il essaya de se mettre debout, et je fus autant surpris que lui que sa force lui soit revenue.

Les esprits nous disent tous les jours que c'est à tort que les magnétistes croient que leurs succès sont dus à leur volonté ; mais qu'ils les doivent à ceux de ces esprits qui s'emparent d'eux et les aident dans toutes les opérations, encore plus certaines quand on en demande mentalement la réussite à Dieu ; ce que je fais toujours en pareille occurrence ; mais je ne m'occupe guère que de spiritualisme. D'après votre livraison précitée, j'ai l'honneur de vous transmettre des timbres-poste pour payer deux de vos portraits en photographie.

Je vous prie de bien magnétiser vos portraits en *pensant* à leur donner une propriété magnétique *perpétuelle* en appelant la protection divine, dont j'ai eu plus d'une fois la preuve établie de la manière la plus formelle, la plus remarquable dans des circonstances particulières.

Agréez, Monsieur, l'assurance de mon entier dévouement.

SALGUE.

A l'occasion de la lettre que j'ai reçue de l'honorable M. Salgue, je dois faire observer que pour magnétiser une boisson quelconque, par l'intermédiaire du talisman magnétique que j'envoie à toute personne qui m'en fait la demande, il faut choisir un objet d'or, d'argent, d'acier, du fer ou du bois au besoin, que l'on pliera soigneusement, au moins une journée avant de s'en servir, avec la photographie, quoique encadrée, qui compose le talisman en question, dans une boîte d'où l'on ne devra le sortir que pour le tremper quelques secondes seulement, dans la boisson que l'on veut magnétiser, il faut le replier ensuite dans la même boîte ou enveloppe pendant qu'on ne s'en sert pas.

Manlius Salles.

UN NOUVEAU MEDIUM AMÉRICAIN.

M. SQUIRE.

L'histoire du merveilleux vient de s'enrichir d'un nouveau chapitre. Un *medium* américain, M. Squire, émule de M. Home, occupe en ce moment Paris de ses curieuses expériences.

M. Squire est un de nos confrères. Il a fait ses premières armes dans la presse des États-Unis, et le *Banner of light*, de Boston, le compte au nombre de ses collaborateurs.

C'est un beau jeune homme de vingt-cinq ans, d'excellentes manières et d'une physionomie très-sympathique. Il a le teint coloré, les cheveux blonds et l'œil américain.

En Amérique, pays de croyants, il était en commerce assidu avec les esprits, dit la *Revue spiritualiste*, et il en obtenait d'étonnantes manifestations, ce que les initiés appellent des «raps médianimiques». A Paris, ville d'incrédules, M. Squire a voulu frapper les esprits par des expériences physiques : il fait sauter les tables.

J'ai assisté, ces jours derniers, à une réunion intime où le jeune *medium* a exercé sa singulière puissance. Une table ovale, en chêne massif, du poids de 70 livres, que j'ai tournée et retournée en tout sens, devait servir aux expériences. M. Squire s'est assis devant la table ; on lui a attaché fortement les jambes à la chaise, de manière à ce qu'il ne puisse bouger de place : il a donné la main droite à un des assistants, il a placé la main gauche sur le bord de la table ; (1) l'obscurité s'est faite, et, au bout de quelques secondes, on a entendu la table craquer, puis retomber lourdement sur un divan placé derrière l'expérimentateur.

Incrédule, comme saint Thomas, en ces matières, je refusais de croire à un phénomène accompli dans l'obscurité, et qui pouvait n'être qu'un tour habile, comme en accomplissent Bosco et Robert Houdin. J'ai obtenu de M. Squire la faveur de renouveler seul avec lui l'expérience, et voici ce qui s'est passé :

Il avait les jambes attachées par un lien solide, et le bras noué au mien. Debout, tous deux, devant la table, nous avons posé les mains à l'une des extrémités ovales, les pouces dessus, les doigts dessous. Dans cette position, il n'y a pas de force humaine qui puisse soulever une table de ce poids. A peine eut-on fait l'obscurité, que je sentis un frémissement dans la table, et sans le moindre effort de ma part, elle se trouva lancée en l'air et retomba sur notre tête, les quatre pieds tournés vers le plafond. Pendant une seconde à-peu-près que dura l'obscurité, le poids de la table me parut sensiblement diminué ; mais, dès que la lumière reparut, le fardeau redevint lourd et incommode, et l'on dût nous aider à nous en débarrasser au plus vite.

Tels sont les phénomènes dont j'ai été témoin, et que tout Paris voudra bientôt expérimenter. Je ne cherche ni à les expliquer ni à m'en rendre compte : mais j'ai pensé qu'en cette

---

(1) Ce que je ne puis croire et comprendre, c'est que l'obscurité soit nécessaire à la plupart des expériences spiritiques.

Il me semble que les esprits, que l'on ne peut voir de jour pas plus que de nuit, devraient et doivent même se manifester au milieu de la plus grande clarté aussi bien qu'au milieu de l'obscurité. Je conclus donc, de la manière dont opère M. Squire, que sa foi est encore loin d'avoir atteint le degré de force nécessaire à tout vrai magnétiste.

MANLIUS SALLES.

circonstance le témoignage d'un incrédule de bonne foi valait mieux que celui de dix croyants fanatiques.

CH. BRAINNE.

(Extrait de l'*Opinion nationale* du 8 janvier 1861.

SPIRITISME (1)

Il se passe en ce moment à Lyon un fait étrange, à ce que raconte le *Salut Public* (du 9 et du 15 novembre 1860).

« Rue Vieille-Monnaie, au fond d'une impasse, au premier étage, se trouve un atelier de dévidage appartenant au sieur C.... où se passent depuis un mois des choses singulières. Certain soir, à la grande stupéfaction des habitants, les roquets, les guindres, bagues de plomb qui servent à charger les roquets, se sont mis à danser sur les mécaniques. On peut juger de l'effroi des ouvrières sous lequel avait lieu cette danse surnaturelle. Toutes les recherches furent inutiles, et pendant l'espace d'une quinzaine de jours, six ou huit fois les mêmes phénomènes se reproduisirent. Un jour une image s'est trouvée collée contre la porte par un afficheur invisible; le lendemain, le dessin disparaissait également par suite d'une intervention mystérieuse.

« Un autre jour, on lie un paquet de plomb et de roquets qui sont renfermés dans un tiroir; dans la soirée, les plombs et les roquets s'échappent du tiroir et viennent s'éparpiller au milieu de la chambre. Le lendemain c'étaient des pierres qui semblaient sortir du plafond, et étaient lancées violemment contre la paroi intérieure de la porte d'entrée qui porte encore la marque de leurs coups.

« Les voisins, les ouvriers, sont accourus en foule. L'affaire a fait du bruit, la police s'est transportée sur les lieux. Des sergents de ville ont été mis en permanence. A la chute

(1) Notre collègue du *Salut Public*, de Lyon, n'est pas à la hauteur du siècle quand il a l'air de se moquer du magnétisme; et les magnétiseurs dont il parle n'étaient sans doute que des farceurs ou des maladroits.

Note de MANLIUS SALLES.

de plombs et de roquets est venue se joindre celle des co-
mestibles parmi lesquels se trouvaient des noix. Un sergent
de ville, voulant savoir si ces noix avaient un goût de roussi,
en a mangé une et l'a trouvée excellente.

« Ce dernier fait se passait il y a une dizaine de jours.
A la même époque, un personnage (1) s'introduisait mysté-
rieusement chez la dévideuse, souffla sur les mécaniques,
fit quelques signes cabalistiques et assura aux habitants que
tout était fini et que le diable les laisserait tranquilles.

« Se trouvant sous la protection de la police, rassurés
aussi par la promesse du visiteur mystérieux qui avait pris
à leurs yeux les proportions de l'esprit malin, le sieur C...
et ses ouvriers se crurent débarrassés de toute funeste influence, et, en effet, quelques jours s'écoulèrent et il sembla
que le farceur, comme l'appelaient les esprits forts, avait
mis fin à ses mauvaises plaisanteries; mais voilà que la danse
diabolique a recommencé. Les roquets voltigent des mécaniques au milieu de la chambre. Il y a trois jours les amandes
ont remplacé les noix, et la maison a été de nouveau mise
sous la surveillance de la police.

« Nous n'avons pas la prétention de pénétrer ce mystère,
le diable qui se livre à de pareils ébats, finira bien par montrer sa queue ou ses cornes et on verra alors si l'on a à faire
à quelque échappé de l'enfer, à quelque démon familier ou
à quelque cerveau troublé.

(1) Je ne puis comprendre qu'un vrai magnétiste, tenté par le temps
qui court, de faire cesser des manifestations du genre de celles dont
il est question ci-dessus. Ne vaudrait-il pas mieux les provoquer pour
les étudier que de les traiter en choses diaboliques. Ne serait-il pas
plus sage d'expérimenter avec calme, à la manière des spiritistes raisonnables, consciencieux, afin de se mettre en relation avec la où
les puissances spirituelles qui provoquent ces sortes de phénomènes?
Tous les sergents de ville du monde réunis, ne pourront jamais rien
contre les auteurs de pareils faits. Le sang froid des spectateurs seul,
peut les faire cesser, ou les rendre utiles à l'éducation psychologique
de la société.

Note de MANLIUS SALLES

« Quoi qu'il en soit, le sieur C... et ses ouvriers n'ont plus un moment de tranquillité d'esprit et ne parlaient rien moins que d'abandonner leur domicile. Pourtant, Mme C..., qui se trouvait dans un état état intéressant assez avancé, vient d'y faire ses couches ; mais, malgré la présence de la garde, les phénomènes ont continué. »

On lit dans le *Salut Public* du 15 novembre :

« Dans notre numéro du 9 novembre nous avons entretenu nos lecteurs des faits et gestes du diable (autant vaut ce nom qu'un autre), qui a élu domicile dans un atelier de dévidage, rue Vieille-Monnaie. Il ne faudrait pas croire que nos révélations aient mis un terme aux scènes cabalistiques que nous avons signalées. Dès le lendemain, samedi, elles se reproduisaient sous la forme de crachats, qui arrivaient à la figure et sur les vêtements des ouvrières. Ce jour-là, du reste, a été mémorable par la présence de magnétiseurs accourus avec la ferme résolution de mettre en fuite l'esprit malin (1).

(1) L'un des magnétiseurs intervenus osa cependant parler de la puissance d'une influence fluidique malfaisante quelconque. Celui-ci, je crois, était moins dans l'erreur que ses collègues ; mais oser qualifier de malfaisant quelque chose de spirituel et d'aussi instructif c'est commettre une grande faute et enrayer la marche des progrès naturels. Je crois, moi, que tout ce qui existe, tant matériellement que spirituellement, ne peut conserver sa nature composée, son corps proprement dit, sans être placé sous la sauvegarde d'une puissance spirituelle qui, à un moment donné, peut l'animer comme nous le sommes nous-même.

On croit que la matière dont est composé un corps animal est plus capable par elle même d'agir, de marcher, de parler, que ne l'est celle qui compose le fer, le bois ou tout autre corps. — Tout ce qui se conserve en corps palpable ou visible n'est probablement pas mort, car la mort vraie, c'est le néant. Donc tout ce qui vit peut, à un moment donné, devenir l'instrument intermédiaire d'une puissance spirituelle, l'agent, autrement dit, d'un ou de plusieurs esprits désirant se produire visiblement dans la société humaine.

Note de Manlius Salles.

« L'un d'eux a déclaré que les effets surnaturels qui se produisaient étaient le résultat de l'influence magnétique ; qu'une des personnes présentes ayant été magnétisée, le fluide avait envahi les habitants, et les objets se trouvant dans la maison, il s'agissait de faire disparaître ce fluide malfaisant.

« Vers cinq heures de l'après-midi, au moment où deux ou trois personnes attendaient la manifestation des phénomènes, le magnétiseur apparut. Ce personnage arpenta la chambre à grands pas, d'un air inspiré. Il traça une croix sur la porte d'entrée, embrassa sur le front les personnes de la maison, leur fit sur le dos des signes de croix ; puis, s'avançant au milieu de la chambre, lança d'un geste dramatique, sur le carreau, une carafe qui vola en éclats, et dont le contenu se répandit sur le plancher. A l'odeur âcre qui s'est subitement emparée de leur appareil olfactif, les témoins ont pensé que le liquide devait être du vinaigre, au milieu duquel nageaient des morceaux d'ognon cru.

« Après ce sacrifice à la vinaigrette, le magnétiseur se démena comme un diable dans un bénitier, exécuta force passes magnétiques, et élevant la voix, s'écria : « Je jure par le Christ, que le sort jeté cessera ! Je voue à la mort ceux qui voudraient le renouveler. Du reste, si les effets se représentaient, qu'on vienne me chercher. Voici mon adresse. » Et il distribua aux personnes présentes quelques cartes imprimées en rouge sur fond blanc, en tête desquelles on lit :

MAGNÉTISME ET DOUBLE-VUE

Consultations à domicile.

« Comme on le pense, nous ne reproduisons pas en entier le discours de l'opérateur, qui a été assez long, et à la suite duquel il fit une sortie théâtrale.

« Nous ignorons si les passes et les invocations du magnétiseur ont été couronnées de succès. Nos renseignements s'arrêtent à la matinée de dimanche, et il nous a été dit que le diable ne travaillait pas ce jour-là. Ce diable-là nous paraît bien imbu de ses devoirs religieux. Nous serions tenté de croire que ce jour-là, il abandonne la maison pour aller à la messe, à vêpres et à la promenade.... pour recommencer le lundi.

« Pourtant, tout cela ne durera probablement pas longtemps, et les mystificateurs pourraient bien devenir les mystifiés. Nous apprenons que la police a fait une nouvelle descente sur les lieux et agira rigoureusement, si les faits que nous avons signalés ou d'autres du même genre se reproduisent. »

On parle beaucoup dans le monde parisien d'un jeune *médecin*, qui laisse bien loin derrière lui le fameux M. Home. C'est aussi un Américain. Il se nomme Smith et était rédacteur d'un journal de Boston. M. Home faisait parler les tables; M. Smith (1), sans un effort physique, soulève les tables les plus lourdes, des tables de cuisine et les envoie par derrière, retomber sur un canapé. Il a fait dernièrement cette expérience dans une soirée, chez M. Delamarre, directeur de la *Patrie*.

(1) Je pense que notre collègue de *l'Abeille Agenaise*, veut parler de M. Squire qui doit aussi porter le nom de Smith.

MANLIUS SALLES.

C.